EUL VERLAG

Reihe: Economy and Labour · Band 14

Herausgegeben von EUR ING Prof. Dr.-Ing. Hans-Georg Nollau FBCS, Roßdorf

Prof. Dr.-Ing. Hans-Georg Nollau
Dipl.-Bw. (FH) Uli Gottfried

# Entscheidungskompetenz durch Anwendung der Vektor-Nutzwertanalyse

EUL VERLAG

**Bibliographische Information der Deutschen Bibliothek**

Die Deutsche Bibliothek verzeichnet diese Publikation in der Deutschen Nationalbibliothek; detaillierte bibliographische Daten sind im Internet über <http://dnb.ddb.de> abrufbar.

ISBN 978-3-89936-761-4
1. Auflage Januar 2009



JOSEF EUL VERLAG GmbH
Brandsberg 6
53797 Lohmar
Tel.: 0 22 05 / 90 10 6-6
Fax: 0 22 05 / 90 10 6-88
http://www.eul-verlag.de
info@eul-verlag.de

**Bei der Herstellung unserer Bücher möchten wir die Umwelt schonen. Dieses Buch ist daher auf säurefreiem, 100% chlorfrei gebleichtem, alterungsbeständigem Papier nach DIN 6738 gedruckt.**

# Vorwort

Im vorliegenden 14. Band der **Schriftenreihe Economy and Labour** mit dem Titel **„Entscheidungskompetenz durch Anwendung der Vektor-Nutzwertanalyse“** wird die fachliche Vorgehensweise zur Entscheidungs-Analyse vorgestellt und daran anschließend die methodische Prozedur der Entscheidungs-Findung hergeleitet und ausführlich beschrieben.

Die Besonderheit dieser Methodik besteht darin, dass die klassische Nutzwertanalyse sowohl in der Anwendungsbreite als auch in der Ergebnisverifikation modifiziert wurde durch

- die Möglichkeit, auch „quantitative Daten“ in die Untersuchung einbeziehen zu können und
- die Vektordarstellung der Nutzwertkomponenten und deren Projektion auf den maximalen Gesamtnutzwertvektor.

Es steht somit eine universelle Methodik zur Entscheidungskompetenz zur Verfügung, die sich in der Praxis bestens bewährt.

Diese ganzheitliche und vernetzte Vorgehensweise zur Entscheidungsfindung insbesondere bei betriebswirtschaftlichen Fragestellungen ist deshalb besonders geeignet, Problemlösungen im Sinne der Kundenorientierten Ganzheitlichen Vernetzten Logistik KGVL® aufzuzeigen:

- **Auswahl von Unternehmensstandorten** (siehe vorliegenden E&L Bd. 14)
- Investitionsentscheidungen (siehe E&L Bd. 5)
- **Lieferantenbewertung (**siehe vorliegenden E&L Bd. 14)
- **Zeit- und Arbeitssystembewertung** (siehe vorliegenden E&L Bd. 14).

Die hier vorgestellten Verfahren und Methoden stellen die überarbeitete Fassung der Diplomarbeit von Dipl.-Bw. (FH) Uli Gottfried dar, die an der FH Regensburg im Fachbereich Betriebswirtschaft, Fachgebiet Logistik, unter der Betreuung von Prof. Dr. Hans-Georg Nollau erstellt wurde.

Für die komplette formale und inhaltliche Überarbeitung danke ich Herrn Dipl.-Math. Walter Nollau. Auch dem Eul Verlag, und insbesondere Frau Karen Kuhlmann, möchte ich für die erfolgreiche Zusammenarbeit danken.

Roßdorf, im Januar 2009

Hans-Georg Nollau

## Errata

Seite 50: In Abbildung 19 ist die Angabe DM für die Geldeinheit durch Euro zu ersetzen.

Seite 109: In der Tabelle der Abbildung 67 entfällt in der Spalte „Ergebnisse“ die Angabe „Erfüllungsgrad“, und [Cent/km] bedeutet die Dimension der Kosten.

Seite 122: In den Zusatzangaben zur Formel für $g_1$ ist am Schluß hinzuzufügen: und $v_1(a_1)$>0.

Seite 124: In der drittletzten Zeile der Seite innerhalb der Gleichungskette für $g_1$ ist im zweiten Bruch der Faktor $g_2$ anzufügen.

Seite 142: In der vorletzten Zeile der Tabelle ist der letzte Zahlenwert 0,5457052 *nicht* das Ähnlichkeitsmaß D für die Alternative II sondern (1-D), sodaß (wie in der Erläuterung angegeben) gilt: D = 1-0,5457052 = 0,454.

# Inhaltsverzeichnis

**Vorwort** .......... **V**

**Abbildungsverzeichnis** .......... **XI**

**1. Einsatzgebiete der Nutzwertanalyse und Problemstellung der Arbeit** .......... **1**
1.1 Einsatzgebiete der Nutzwertanalyse .......... 1
1.2 Problemstellung der Arbeit .......... 2

**2. Vorstellung der Firma Grammer AG** .......... **5**
2.1 Entstehung und Unternehmensverbund .......... 5
2.2 Vorstellung der Produktbereiche der Grammer AG .......... 6
2.3 Bisheriger Entscheidungsprozeß der Grammer AG .......... 6

**3. Die Kundenorientierte, Ganzheitliche, Vernetzte Logistik (KGVL®)** .......... **9**
3.1 Historischer Rückblick .......... 9
3.2 Bedeutung der Kundenorientierten, Ganzheitlichen, Vernetzten Logistik (KGVL®) .......... 11
3.2.1 Einleitende Gedanken .......... 11
3.2.2 Kundenorientierung in der KGVL® .......... 13
3.2.2.1 Der Kunde .......... 13
3.2.2.2 Der Mensch im Mittelpunkt der Kundenorientierung .......... 16
3.2.3 Ganzheitlichkeit und Vernetztheit in der KGVL® .......... 22
3.2.3.1 Insel- und Mauerdenken .......... 24
3.2.3.2 Kundenorientierte Aufbau- und Ablauforganisation .......... 26
3.2.4 Die Logistik in der KGVL® .......... 26
3.2.4.1 Die Logistikkette .......... 27
3.2.4.2 Das Fließprinzip .......... 33
3.2.4.3 Logistikkosten, Logistikleistung, Logistikcontrolling .......... 38
3.3 Die neue Herausforderung an die Logistik – Das virtuelle Unternehmen .......... 41
3.4 Ausgewählte Instrumente der KGVL® .......... 43
3.4.1 Die Simulation .......... 43
3.4.2 Die ABC-Analyse .......... 45
3.4.3 Die Zeitreihenanalyse .......... 45
3.4.4 Die Nutzwertanalyse (NWA) .......... 47

**4. Grundlagen der Nutzwertanalyse** .......... **49**
4.1 Nutzwertanalyse und KGVL® .......... 49
4.2 Die gute Entscheidung .......... 51
4.3 Vorgehensweise bei der Kosten-Nutzen-Analyse .......... 51
4.3.1 Planung, Abgrenzung der Aufgabe, Zieldefinition .......... 52
4.3.2 Ablauf der Nutzwertanalyse (NWA) .......... 55

4.3.2.1 Das Zielsystem ........ 55
4.3.2.1.1 Anforderung an die Zieldefinition ........ 56
4.3.2.1.2 Ablauf der Zieldefinition ........ 60
4.3.2.2 Durchführung der Gewichtung ........ 61
4.3.2.2.1 Verfahren der Zielkriteriengewichtung ........ 61
4.3.2.2.2 Beurteilung der Verfahren ........ 68
4.3.2.2.3 Das Problem der Gewichtungsfindung im Team ........ 74
4.3.2.2.4 Die Gewichtung des Zielsystems ........ 75
4.3.2.2.5 Ablauf der Zielgewichtung ........ 79
4.3.2.3 Aufstellen der Wertefunktionen ........ 79
4.3.2.3.1 Wertefunktion (geschlossene Form) ........ 82
4.3.2.3.2 Wertefunktion (Tabellenform) ........ 86
4.3.2.3.3 Anmerkungen zu Wertefunktionen ........ 87
4.3.2.3.4 Vorgehensweise beim Aufstellen von Wertefunktionen ........ 88
4.3.2.4 Offenlegung und Bewertung der Alternativen ........ 88
4.3.2.5 Berechnung der Nutzwerte und Ermittlung der Rangfolge ........ 90
4.3.2.6 Empfindlichkeitsanalyse / Sensitivitätsanalyse ........ 93
4.3.2.7 Beurteilung und Darstellung der Nutzwertanalyseergebnisse ........ 97
4.3.3 Die Kostenanalyse ........ 101
4.3.3.1 Statische Investitionsrechnung ........ 102
4.3.3.1.1 Kostenvergleichsrechnung ........ 102
4.3.3.1.2 Gewinnvergleichsrechnung ........ 103
4.3.3.1.3 Rentabilitätsvergleichsrechnung ........ 103
4.3.3.1.4 Amortisationsvergleichsrechnung ........ 104
4.3.3.2 Dynamische Investitionsrechnung ........ 105
4.3.3.2.1 Kapitalwertmethode ........ 105
4.3.3.2.2 Interne Zinsfuß-Methode ........ 106
4.3.3.2.3 Annuitätenmethode ........ 107
4.3.4 Nutzwert-Kosten-Gegenüberstellung und Auswahl der günstigsten Alternative ........ 108
4.3.4.1 Der Nutzwert-Kosten-Quotient ........ 109
4.3.4.2 Nutzwert-Kosten-Diagramm ........ 110
4.3.4.3 Transformation der Kosten ........ 111
4.3.5 Präsentation der Ergebnisse ........ 115
4.3.6 Abschließende Bemerkung zur Vorgehensweise ........ 115

**5. Die Problematik der Zielgewichtung ........ 117**
5.1 Der Bandbreiteneffekt ........ 117
5.2 Zielgewichtung mit dem Trade-off-Verfahren ........ 121
5.3 Untersuchung des Trade-off Verfahrens ........ 125

**6. Die Problematik der Ermittlung der Gesamtnutzwerte ........ 131**
6.1 Problematik der Vorgehensweise bei der konventionellen Methode ........ 131

6.2 Die vektorielle Darstellung der Nutzwerte ... 133
6.2.1 Das Abstands- bzw. Entfernungsmaß (Subtraktionsmethode) ... 140
6.2.2 Die Orthogonalprojektion als Ähnlichkeitsmaß (Projektionsmethode) ... 143
6.2.3 Untersuchung der Substituierbarkeit der Teilnutzen ... 151
6.2.4 Zusammenfassende Feststellungen ... 158
6.2.4.1 Geometrische Deutung der skalaren Nutzmaße ... 158
6.2.4.2 Geometrische Orte der substituierenden Vektoren ... 159
6.2.4.3 Graphische Darstellung der Gesamtnutzwertvektoren ... 159
6.2.4.4 Untersuchung der Additivität für die einzelnen Gesamtnutzenmaße ... 160

**7. Operationalisierung der Projektionsmethode ... 171**
7.1 Bemerkungen zur Realisierung der Anwendung der Nutzwertanalyse unter Verwendung unterschiedlicher Entwicklungswerkzeuge ... 172
7.2 Operationalisierung der Nutzwertanalyse mit MS-Excel ... 175
7.3 Operationalisierung der Nutzwertanalyse mit MS-Access (ONUWAA1) ... 184
7.4 Ergebnisvergleich zwischen konventioneller Methode und Projektionsmethode ... 195

**8. Implementierung der Projektionsmethode im Bereich Beschaffungsmarketing der Grammer AG ... 199**
8.1 Vorstellung der Einsatzgebiete der Nutzwertanalyse im Beschaffungsbereich ... 199
8.2 Implementierung der Projektionsmethode im Rahmen der Lieferantenbewertung der Firma Grammer AG ... 203
8.2.1 Entwicklung der Lieferantenbewertung bei der Grammer AG ... 203
8.2.2 Der Kriterienbaum der Grammer AG für die Lieferantenbewertung ... 205
8.2.3 Datenbankprogrammierung von ONUWAA1 / LBG1 ... 207

**9. Ausblick: Das „Neue“ Steuerungsinstrument – Die Balanced Scorecard (BSC) ... 209**

**10. Zusammenfassung und Schlußbemerkung ... 215**

**Anhang: ... 221**
Anhang 1:Frühwarnsysteme ... 221
Anhang 2: Bewertung von Arbeitssystemen (exemplarisch) ... 224
Anhang 3: Bewertung möglicher Varianten bei der Fabrikplanung (exemplarisch) ... 224
Anhang 4: Investitionsentscheidungen (exemplarisch) ... 224
Anhang 5: Nutzwertanalyse als Instrument zur Risikoanalyse von Projekten ... 226
Anhang 6: Lösung spezieller linearer Gleichungssysteme ... 230
Anhang 7: Zwei Beziehungen für die EUKLIDische Vektornorm ... 233
Anhang 8: Grundsätzliches zu Excel ... 236
Anhang 9: Abbildung des Algorithmus der Projektionsmethode in Access ... 238
Anhang 10: Definition der logischen Sichten ... 239

Anhang 11: Aufzeigen der Möglichkeiten von Sensitivitätsanalysen ........ 240
Anhang 12: Bedienungsanleitung für ONUWAA1 / LBG1 ........ 241
Anhang 13: Ausdruck aus ONUWAA1 / LBG1 ........ 246

**Literatur- und Quellenverzeichnis ........ 247**

# Abbildungsverzeichnis


Abbildung 1: Unternehmensumwelt ... 1
Abbildung 2: Entwicklung der Grammer AG ... 6
Abbildung 3: Übersicht Logistik ... 12
Abbildung 4: Die Bedeutung des Kunden ... 13
Abbildung 5: Bedürfnispyramide nach MASLOW ... 17
Abbildung 6: Möglichkeiten der Bedürfnisbefriedigung ... 18
Abbildung 7: Magisches Dreieck ... 20
Abbildung 8: Magisches Dreieck (falsch) ... 20
Abbildung 9: Auswahl von Einflußgrößen auf die Erlebniswelt ... 21
Abbildung 10: Ganzheitliche, vernetzte Vorgehensweise ... 23
Abbildung 11: Uhrwerk ... 25
Abbildung 12: Die Logistikkette ... 28
Abbildung 13: Beschaffung ... 28
Abbildung 14: Logistikkette und Fließprinzip ... 34
Abbildung 15: Realisierung des Fließprinzips ... 35
Abbildung 16: Das Logistikcontrolling als KVP-Prozeß ... 39
Abbildung 17: Der Logistikkorridor ... 40
Abbildung 18: Zeitreihe ... 46
Abbildung 19: Nutzwertanalyse und Kosten-Nutzen-Analyse in der Übersicht ... 50
Abbildung 20: Ablauf der Kosten-Nutzen-Analyse ... 52
Abbildung 21: Planung, Abgrenzung der Aufgabe, Zieldefinition ... 53
Abbildung 22: Ablauf der Nutzwertanalyse ... 55
Abbildung 23: Zielsystem ... 56
Abbildung 24: Redundanzen ... 57
Abbildung 25: Konfliktlösung des Fundamentalitätsproblems ... 59
Abbildung 26: Ablauf der Zieldefinition ... 60
Abbildung 27: Doppelbewertungsprüfung ... 61
Abbildung 28: Methode der direkten Gewichtung ... 62
Abbildung 29: Methode des einfachen singulären Vergleichs ... 63
Abbildung 30: Methode des verfeinerten singulären Vergleichs ... 63
Abbildung 31: Methode der absoluten Gewichtung ... 64
Abbildung 32: Methode der sukzessiven Vergleiche ... 65
Abbildung 33: Methode des vollständigen paarweisen Vergleichs ... 66
Abbildung 34: Methode der kombinierten Gewichtung nach UTERMARCK ... 68
Abbildung 35: Vor- und Nachteile der direkten Gewichtung ... 68
Abbildung 36: Vor- und Nachteile des einfachen, singulären Vergleiches ... 69

Abbildung 37: Vor- und Nachteile der Methode der absoluten Gewichtung ... 70
Abbildung 38: Methode der sukzessiven Vergleiche ... 70
Abbildung 39: Problem des Paarvergleichs ... 71
Abbildung 40: Vor- und Nachteile der Methode des paarweisen Vergleiches ... 72
Abbildung 41: Sensitivität bei kleiner Abweichung ... 73
Abbildung 42: Sensitivität bei maximaler Abweichung ... 73
Abbildung 43: Die fortlaufende Mittelung benachbarter Werte ... 74
Abbildung 44: Gewichtung des Zielsystems ... 76
Abbildung 45: Ablauf der Gewichtsvergabe ... 79
Abbildung 46: Beispiel für eine Kardinalskalierung ... 80
Abbildung 47: Beispiel einer Verhältnisskala ... 81
Abbildung 48: Wertefunktionstypen ... 81
Abbildung 49: Wertefunktionen für die Kriterien Geschwindigkeit bzw. Bremseigenschaften ... 82
Abbildung 50: Beispiel für das Umgehen von Ja-Nein-Entscheidungen ... 86
Abbildung 51: Ablauf des Aufstellens der Wertefunktionen ... 88
Abbildung 52: Bewertung mit Wertetabelle ... 89
Abbildung 53: Bewertung mit Wertefunktionen ... 90
Abbildung 54: Ablauf der Bewertung ... 90
Abbildung 55: Beispiel Reihenfolgebildung ... 91
Abbildung 56: Ablauf der Nutzwertberechnung ... 93
Abbildung 57: Aufstellen der Unsicherheitsintervalle für die Bewertungsnoten ... 95
Abbildung 58: Ablauf der Empfindlichkeitsanalyse ... 96
Abbildung 59: Balkendiagramme zur Darstellung der Erfüllungsgrade ... 98
Abbildung 60: Sterndiagramm für die Darstellung der Erfüllungsgrade ... 99
Abbildung 61: Liniendiagramm zur Darstellung der Erfüllungsgrade ... 99
Abbildung 62: Liniendiagramm zur Darstellung der Ergebnisse der Empfindlichkeitsanalyse 1 ... 100
Abbildung 63: Liniendiagramm zur Darstellung der Ergebnisse der Empfindlichkeitsanalyse 2 ... 100
Abbildung 64: Ablauf der Darstellung der Nutzwertanalyseergebnisse ... 101
Abbildung 65: Übersicht über die Kostenanalyse ... 102
Abbildung 66: Durchschnittlicher Kapitaleinsatz ... 104
Abbildung 67: Nutzwert-Kosten-Quotient ... 109
Abbildung 68: Nuztwert-Kosten-Diagramm ... 110

Abbildung 69: Kostentransformation ... 112
Abbildung 70: Reihenfolgeermittlung mit transformierten Kosten ... 112
Abbildung 71: Kriterienbaum mit Kostenkriterium ... 113
Abbildung 72: Sinnvolle Gewichtung unter Berücksichtigung des Bandbreiteneffekts ... 118
Abbildung 73: Bandbreiteneffekt ... 118
Abbildung 74: Wertefunktionen für Beispiel 2 ... 120
Abbildung 75: Nutzwertberechnung für Beispiel 2 (konventionell) ohne Beachtung der Trade-offs ... 120
Abbildung 76: Nutzwertberechnung unter Beachtung der Trade-offs ... 121
Abbildung 77: Wertefunktionen für Beispiel 3 ... 123
Abbildung 78: Zielhierarchie zur Problematik des Trade-off Verfahrens ... 126
Abbildung 79: Notendurchschnitt ... 131
Abbildung 80: Vektorielle Darstellung der Nutzwerte ... 134
Abbildung 81: Maximalnutzenvektor ... 135
Abbildung 82: Vektorraum ... 135
Abbildung 83: Pattsituation ... 136
Abbildung 84: Beispiel vektorielle Darstellung von Nutzwerten (2 Dimensionen) ... 137
Abbildung 85: Beispiel für vektorielle Darstellung von Nutzwerten (m Dimensionen) ... 138
Abbildung 86: Verdeutlichung Subtraktionsmethode ... 140
Abbildung 87: Vektorielle Darstellung der Subtraktionsmethode ... 141
Abbildung 88: Subtraktionsmethode Beispiel ... 142
Abbildung 89: Verdeutlichung der Projektionsmethode ... 143
Abbildung 90: Darstellung der Projektionsmethode in DIRAC'scher Bezeichnungsform ... 146
Abbildung 91: Beispielvergleich für verschiedene Gesamtnutzenmaße ... 150
Abbildung 92: Geometrischer Ort aller Punkte der Substituierbarkeit (konventionelle Methode) ... 152
Abbildung 93: Geometrischer Ort aller Punkte der Substituierbarkeit (Projektionsmethode) ... 155
Abbildung 94: Geometrischer Ort aller Punkte der Substituierbarkeit (Subtraktionsmethode) ... 157
Abbildung 95: Vorgehensweise für ONUWAE1 ... 176
Abbildung 96: Formularerstellung Kriteriengewichtung ... 178
Abbildung 97: Eingabemaske ... 179
Abbildung 98: Vertikaldarstellung ... 180
Abbildung 99: Intervallumrechnung ... 180
Abbildung 100: Nutzwertermittlung ... 181

Abbildung 101: Rangermittlung ... 182
Abbildung 102: Sortierungsumstellung ... 183
Abbildung 103: Sensitivitätsprüfung ... 183
Abbildung 104: Makro zur Sortierung der Gesamtnutzwerte ... 184
Abbildung 105: Vorgehensweise für ONUWAA1 ... 186
Abbildung 106: Datentypen für die Tabellen „Bewertungstabelle“ und „Gewichtetabelle“ ... 187
Abbildung 107: Schritte zur Realisierung der Projektionsmethode in MS-Access ... 188
Abbildung 108: Erstellung einer logischen Sicht ... 191
Abbildung 109: Iconabfrage ... 192
Abbildung 110: Komplex Sensitivitätsanalyse ... 193
Abbildung 111: Ergebnisvergleich ... 196
Abbildung 112: Vektordarstellung für die Nutzwertvektoren der Standorte C und D (k=3,4) und des Referenzvektors ... 197
Abbildung 113: Lieferantenbewertung der Grammer AG Ebene 1 ... 205
Abbildung 114: BKZ ... 205
Abbildung 115: LKZ ... 205
Abbildung 116: EKZ ... 206
Abbildung 117: Ursachen-Wirkungskette ... 210
Abbildung 118: Vorgehensweise bei der Abbildung des Algorithmus der Projektionsmethode in MS-Access ... 238
Abbildung 119: Vorgehensweise bei der Erstellung von logischen Sichten in MS-Access ... 239
Abbildung 120: Vorgehensweise bei d. Erstellung einer Sensitivitätsanalyse in MS-Access ... 240
Abbildung 121: Hauptmenü ONUWAA1 / LBG1 ... 241
Abbildung 122: Menü Gewichtungen ONUWAA1 / LBG1 ... 241
Abbildung 123: Benotungsformular ONUWAA1 /LBG1 ... 242
Abbildung 124: Fehlermeldung ONUWAA1 / LBG1 ... 243
Abbildung 125: Menü Lieferantenentwicklung ONUWAA1 / LBG1 ... 244
Abbildung 126: Lieferantenmittelwert ONUWAA1 / LBG1 ... 244
Abbildung 127: Ausdruckvorbereitung ONUWAA1 / LBG1 ... 245

# 1. EINSATZGEBIETE DER NUTZWERTANALYSE UND PROBLEMSTELLUNG DER ARBEIT

## 1.1 Einsatzgebiete der Nutzwertanalyse

Die Nutzwertanalyse als ein mächtiges Instrument der Kundenorientierten, Ganzheitlichen, Vernetzten Logistik (KGVL®) hat ein weitreichendes Einsatzspektrum. An dieser Stelle soll ein exemplarischer Auszug genügen:

- Nutzwertanalyse als betriebliches **Früherkennungssystem** der 2. Generation
  Die wachsende Zahl ökonomischer Krisen hat die betriebswirtschaftliche Forschung dazu veranlaßt, Systeme zu entwickeln, die Krisen frühzeitig erkennen lassen, um somit rechtzeitig geeignete Gegenmaßnahmen ergreifen zu können ([1], S. 31).
  Mit Hilfe der Nutzwertanalyse kann die gesamte Makro- und Aufgabenumwelt des Unternehmens beobachtet werden:

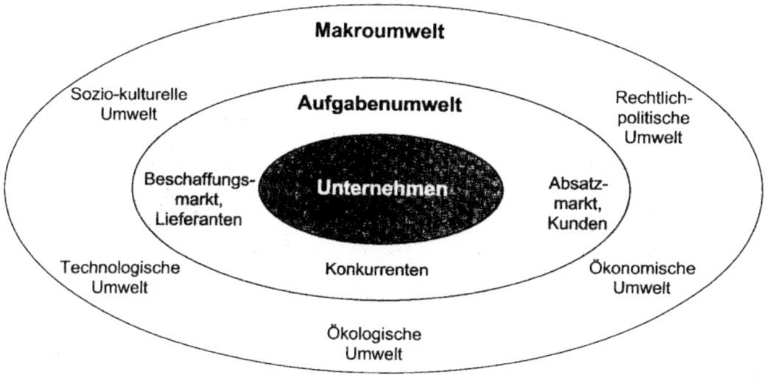


**Abbildung 1: Unternehmensumwelt ([2], S. 7)**

Ein exemplarischer Auszug der Indikatoren ist in Anhang 1 zusammengestellt.

- Nutzwertanalyse als Instrument zum **Umweltschutz** (siehe [3])
- Bewertung von **Organisationsstrukturen**
- Bewertung von **Arbeitssystemen** (siehe Anhang 2)
- Bewertung möglicher Varianten bei der **Fabrikplanung** (siehe Anhang 3)
- Bewertung der Alternativen bei **Investitionsentscheidungen** (siehe Anhang 4)

- Nutzwertanalyse als Instrument zur **Risikoanalyse** von EDV-Projekten (siehe Anhang 5)
- Bewertung von **Standortalternativen** (siehe Kapitel 7)

## 1.2 Problemstellung der Arbeit

Die Nutzwertanalyse ist ein mächtiges Instrument, um ganzheitliche Entscheidungen zu erzielen. Sie reduziert die Komplexität, um dann bei weniger umfangreichen Einzelproblemen objektiver bewerten zu können. Trotz der mit ihr verbundenen Vorteile hat die klassische Nutzwertanalyse auch einige Schwachstellen. Auf zwei dieser Schwachstellen soll im Rahmen der vorliegenden Arbeit genauer eingegangen werden.

- Die Problematik der Zielgewichtung
  Bei der Ermittlung der Gewichtungen der einzelnen Kriterien werden Bandbreiteneffekte übersehen. Dies führt zu fehlerhaften Bewertungen der einzelnen Alternativen bzw. zu einer verfälschten Wiedergabe der Präferenzen des Entscheiders. Deswegen soll hier ein Lösungsansatz dargelegt werden, der dieses Problem mit einer neuartigen Ermittlung der Kriteriengewichte zu lösen versucht.

- Die Problematik der Berechnung der Nutzwerte
  Das Problem der konventionellen Methode besteht darin, daß die Teilnutzen additiv zu Gesamtnutzen zusammengefaßt werden, um mit diesen Vergleiche anstellen zu können, ob eine bestimmte Alternative besser, d. h. nützlicher ist als eine andere oder nicht. Diese Vorgehensweise ist die Ursache für die wichtigsten Kritikpunkte der konventionellen Methode, nämlich die mangelnde Interpretierbarkeit und die Substituierbarkeit der Nutzwerte der einzelnen Alternativen. Auch dieses Problem soll im Rahmen dieser Arbeit analysiert und geeignete Lösungsansätze entwickelt werden.

Dabei soll zunächst die Basis für ein logistisches Verständnis im Rahmen einer Kundenorientierten, Ganzheitlichen, Vernetzten Logistik (KGVL®) gelegt werden. Als wichtiger Baustein einer derartigen KGVL® soll dann auf die konventionelle Nutzwertanalyse eingegangen werden, die im Rahmen eines ganzheitlichen Ansatzes in die Kosten-Nutzen-Analyse integriert wird. Im Anschluß daran werden die oben beschriebenen Problematiken behandelt und Lösungsansätze entwickelt. Danach soll einer dieser Lösungsansätze im Rahmen einer konkreten betrieblichen Aufgabenstellung in die Industrie eingeführt werden.

# 2. VORSTELLUNG DER FIRMA GRAMMER AG

## 2.1 Entstehung und Unternehmensverbund

Die Firma Grammer wurde 1880 von Willibald Grammer in Amberg gegründet. Damals beschränkte sich die Produktion auf Pferdesättel. 1923 übernahm sein Sohn den Betrieb und fertigte neben Pferdegeschirren auch Zelte für die Reichsbahn.1954 übernahm Georg Grammer die Firma und baute eine ganz neue Produktpalette auf. Stufenweise wurde sie um Traktoren- und Gabelstaplersitze, gefederte Fahrersitze, Bürostühle, LKW- und Bahnsitze erweitert. 1985 kam dann der neue Produktbereich PKW-Ausstattungen hinzu. 1989 wurde das Unternehmen in eine Aktiengesellschaft umgewandelt ([4]).Seit der Hauptversammlung im Juli 1998 wird die Grammer AG von einem dreiköpfigen Vorstandsteam geleitet:

- Martin Grammer (Sohn von Georg Grammer), Produktbereich PKW-Ausstattung.
- Peter Nagel, Produktbereich Fahrersitze.
- Wolfgang Steinbach, Produktbereich Passagiersitze, kaufmännische Zentralbereiche.

Der bisherige Vorstandsvorsitzende Georg Grammer hat sich aus dem operativen Geschäft zurückgezogen und stellt seine Erfahrungen und sein Know-how dem Unternehmen seitdem als Vorsitzender des Aufsichtsrats zur Verfügung ([46], S. 4,5). Seit dem Börsengang hat die Firma Grammer AG enorm expandiert. Betrachtet man die Entwicklung des Umsatzes und der Mitarbeiterzahlen, so läßt sich leicht abschätzen, welche Dynamik das Unternehmen in den letzten Jahren aufzuweisen hat.

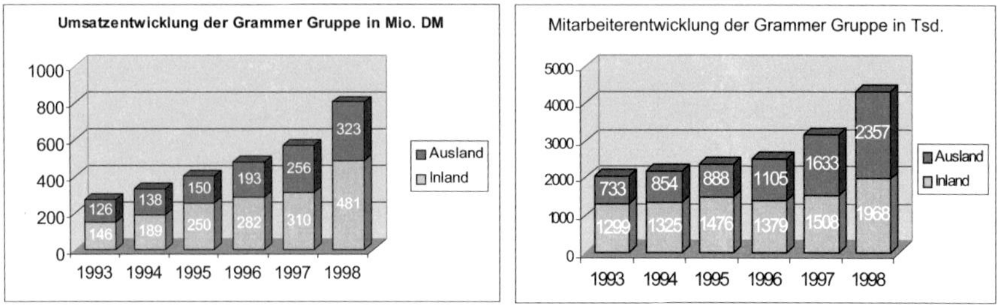


**Abbildung 2: Entwicklung der Grammer AG ([46], S. 16,20)**

## 2.2 Vorstellung der Produktbereiche der Grammer AG

Die Grammer AG ist divisionalisiert differenziert (Spartenorganisation). Dabei versuchen zentrale Dienstleistungsbereiche Synergieeffekte innerhalb der Funktionsbereiche zu nutzen, sowie Kompetenzeinheiten zu bilden.

Somit ergeben sich 3 Divisionen:

- Fahrersitze Umsatz 1998: 272 Mio. DM
- Passagiersitze Umsatz 1998: 72 Mio. DM
- PKW-Ausstattungen Umsatz 1998: 444 Mio. DM ([46], S. 1)

## 2.3 Bisheriger Entscheidungsprozeß der Grammer AG

Bisher stützte sich die Firma Grammer AG bei betrieblichen Entscheidungen zumeist auf finanzwirtschaftliche Aspekte, wie z. B. den Kapitalwert ab. Man erkannte aber bald, daß eine derartig einseitige Orientierung in Richtung Finanzen zu Problemen bei der Realisation von Projekten führt, die dann oft höhere Aufwendungen zur Folge haben, als man vorher berechnet hat.

Aus diesem Grund versuchte man bei Entscheidungen auch sogenannte weiche Faktoren, also Größen, die nicht - oder nur schwer monetär quantifizierbar sind, einzubeziehen. Um dieses Problem zu lösen, wurden bisher grob strukturierte Punktverfahren eingesetzt, mit denen man diese weichen Kriterien zu erfassen versuchte.

Der Schwerpunkt, und das hat man als Schwäche erkannt, liegt dennoch im finanzwirtschaftlichen Bereich.

Um diese einseitige Orientierung zu kompensieren, sollen neue Methoden wie z. B. die Nutzwertanalyse, die im Rahmen dieser Arbeit vorgestellt wird, vermehrt eingesetzt werden. Auch die Balanced Scorecard (siehe Kapitel 9), eine moderne Form der Nutzwertanalyse, soll zur strategischen Ausrichtung des Unternehmens eingeführt werden ([49]).

# 3. Die Kundenorientierte, Ganzheitliche, Vernetzte Logistik (KGVL®)

Die **Kundenorientierte, Ganzheitliche, Vernetzte Logistik (KGVL®)** ist die moderne Form des Verständnisses der Logistik. Bevor jedoch die Inhalte dieser Logistikkonzeption genauer betrachtet werden, soll zunächst kurz auf die Entwicklung des Logistikgedankens eingegangen werden.

## 3.1 Historischer Rückblick

Logistik leitet sich von dem griechischen Wortstamm „logos“ ab. „Logos“ läßt sich mit Logik in Verbindung bringen. Logik ist die Lehre von den Prinzipien des richtigen, d. h. schlüssigen Denkens und Beweisführens. Als logisch richtig wird diejenige Beziehung zwischen Voraussetzungen und Schluß angesehen, bei der wahre Voraussetzungen zu einem wahren Schluß führen ([5]).

Zu Zeiten des römischen Kaiserreiches sorgten die „logistas“ für die Versorgung der Legionen mit Nahrungsmitteln. Später - im byzantinischen Reich - prägte Kaiser Leontos VI (886 – 911) den Begriff Logistik als *Lehre von der Strategie und Taktik.*

General Jomini (spätes 18. Jahrhundert) betrachtete die Logistik als ein Medium zur Versorgung und Bewegung von Truppen und Waffen ([6]).

Der Gedanke der Logistik wurde im Militär kontinuierlich erweitert. So stellt sich die Logistik im militärischen Bereich heute wie folgt dar:

*In der Militärwissenschaft umfaßt die Logistik alle Operationen, die zur Unterstützung von Kampfeinheiten ausgeführt werden. Zur Logistik gehören die Beschaffung, Unterhaltung und der Transport von militärischem Personal, Versorgungsgütern und Ausrüstung. Die Vielschichtigkeit der modernen Kriegführung macht eine umfangreiche logistische Unterstützung erforderlich. Dazu gehören die Verlegung von Streitkräften und die Beschaffung von Lebensmitteln, Unterkünften und die Gewährleistung medizinischer Versorgung. Die logistische Unterstützung für Kampftruppen wird von Feldzeug-, Signal- und Transporteinheiten gestellt. Eine ähnliche Unterstützung erhalten kämpfende Schiffe auf See von einer Vielzahl von Versorgungsschiffen ([7]).*

In den zivilen Bereich wurde die Logistik erst sehr spät übernommen. Mitte der sechziger Jahre hielt sie Einzug in die amerikanischen und später auch in die europäischen Unternehmen. Der Grund lag darin, daß die Wirtschaftsentwicklung dieses Jahrhunderts, die durch starke Unternehmensexpansionen auf unterschiedlichen Märkten gekennzeichnet war, eine übergreifende Koordination und Überwachung der logistischen Aktivitäten erzwang ([8]). Die immer größer werdenden Unternehmen strebten damals nach Komplexitätsreduzierung. Durch Differenzierung trennten sie, was eigentlich zusammengehörte.

Als Beispiel hierfür kann die **Bayer AG** genannt werden:

- 1963 hat die Spezialisierung (d. h. Arbeitsteilung) dazu geführt, daß logistische Funktionen aufgespaltet, zu Kollektiven zusammengefaßt und ohne Beachtung ihrer engen Verbindungen und Wechselwirkungen in die Organisation eingefügt wurden.

- Nur langsam erkannte man dann die wahre Bedeutung der Logistik. So bemerkte man erst Anfang der achtziger Jahre, daß die Logistikkosten auf etwa 10 – 15 % der Gesamtkosten geschätzt werden können. Dies entsprach bei einem Kostenblock von 13,3 Milliarden DM ca. 2 Mrd. DM, was für die Bayer AG Anlaß genug war, auf diesem Gebiet tätig zu werden ([9], S. 4,6).

## 3.2 Bedeutung der Kundenorientierten, Ganzheitlichen, Vernetzten Logistik (KGVL®)

### *3.2.1 Einleitende Gedanken*

Die noch vor einigen Jahren hoch gepriesene deutsche Wirtschaft gerät in letzter Zeit auf dem internationalen Markt immer mehr ins Hintertreffen. Trotz intensiver Bemühungen und Anstrengungen wächst der Vorsprung insbesondere amerikanischer und japanischer Konkurrenten. Dabei ist festzustellen, daß die deutschen Unternehmen in sämtlichen Bereichen, d. h. von der Produktivität über die Umsatzrendite bis hin zur Qualität und Durchlaufzeit, deutlich hinter der Konkurrenz stehen. ([36])

Die Ursache für diesen Vorsprung der Konkurrenz liegt darin, daß sich die deutschen Unternehmen nicht richtig der veränderten Umwelt angepaßt haben. Der Wandel hin zum Käufermarkt, der veränderte Faktor Mensch (entgegen der Sicht von Taylor nun qualifiziert), die veränderte Kostenstruktur, neue Techniken, gewandelte Auftragsstrukturen und andere Möglichkeiten des Einsatzes von EDV, sowie nicht zuletzt ein **verändertes Kundenverständnis** erzwingen neue Maßnahmen.

Dabei sollte man sich nicht zu sehr an der Konkurrenz orientieren, denn ein Volkssprichwort sagt: „Wer immer in den Fußspuren anderer geht, kann niemals überholen!“. Aus diesem Grund muß versucht werden, mit Hilfe **neuer Denkansätze** und Technologien die Lücke zu schließen bzw. die Konkurrenz zu überholen. Diese Denkansätze liegen in einer **ganzheitlichen Betrachtungsweise** bzw. in dem ganzheitlichen Denken und Verstehen von Systemen. In dieser Denkweise müssen **neue**, auf das veränderte Denken angepaßte **Organisationsformen** entwickelt und eingesetzt werden. ([10])

Die ganzheitliche Betrachtungsweise ist besonders in der **Logistik** von entscheidender Bedeutung.

Logistik hat sich seit Mitte der achtziger Jahre zunehmend zu einem Schlagwort entwickelt, für das man die unterschiedlichsten Begriffsdefinitionen von Fachleuten und Verbänden findet. Auffallend ist außerdem, daß die Begriffe „Beschaffung", „Einkauf" und „Materialwirtschaft" oft mit der Logistik gleichgestellt werden ([8], S.1). Logistik bedeutet die marktorientierte, ganzheitliche, vernetzte Planung, Gestaltung, Abwicklung und Kontrolle des gesamten **Material- und dazugehörigen Informationsflusses** zwischen einem Unternehmen und seinen Lieferanten innerhalb des Unternehmens sowie zwischen einem Unternehmen und seinen Kunden. Die nachfolgende Abbildung soll zur Klärung dieses Sachverhalts beitragen ([10]):

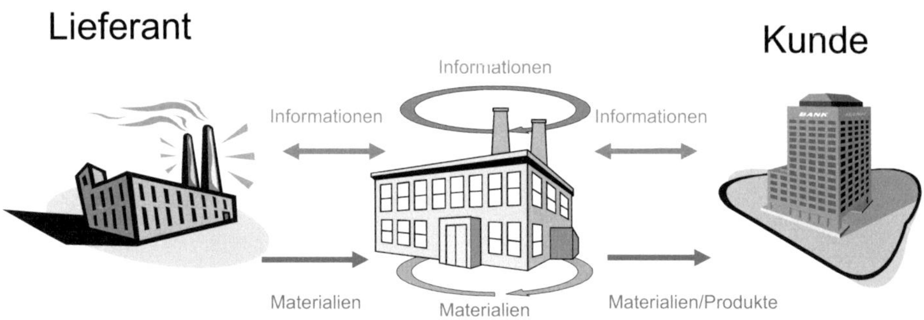


**Abbildung 3: Übersicht Logistik**

Ein etwas weiterer Ansatz wurde von NOLLAU gewählt, der die Bedeutung der Logistik in der **Bereitstellung von Verfügbarkeit** sieht.

Die **Aufgabe der Logistik** ist es dabei, die **7 Rs der Logistik** den Kunden gegenüber jederzeit vollständig zu erfüllen ([10]), nämlich:

- DIE RICHTIGE MENGE
- DER RICHTIGEN OBJEKTE
- AM RICHTIGEN ORT
- MIT DER RICHTIGEN INFORMATION
- ZUM RICHTIGEN ZEITPUNKT
- IN DER RICHTIGEN QUALITÄT

- ZU DEN RICHTIGEN KOSTEN

bereitzustellen.

## 3.2.2 *Kundenorientierung in der KGVL®*

An dieser Stelle soll zunächst die Bedeutung des Kunden für den Erfolg eines Unternehmens geklärt werden. Davon ausgehend wird dargestellt, welche zentrale Rolle der Mensch in einem Unternehmen spielt, um die Kundenorientierung überhaupt umsetzen zu können.

### *3.2.2.1 Der Kunde*

Der Kunde ist der Mittelpunkt einer jeden Unternehmung. Er sorgt für die Existenzsicherung und den Fortbestand des Unternehmens, indem er der Auslöser für den Wertschöpfungsprozeß ist. Daraus folgt, daß ein Unternehmen alle Aktivitäten im Sinne des Kunden ausrichten muß. Die Frage „Dienen die Prozesse und die Organisation den Interessen des Kunden“ muß Unternehmensphilosophie werden ([10]).
Die Bedeutung des Kunden für die Unternehmung:

- Der **Kunde** ist kein Störfaktor unserer Arbeit, sondern ihr Inhalt.
- Wir sind für jede **Kunden**anfrage dankbar, so "dumm" sie uns auch erscheinen mag.
- Nicht der **Kunde** ist auf uns angewiesen, sondern wir auf ihn.
- Jeder **Kunde** verdient es, respektvoll behandelt zu werden.
- Die Zufriedenheit des **Kunden** ist unser oberstes Ziel.
- Nur ein zufriedener **Kunde** wird unser Geschäft wieder betreten.
- Der **Kunde** ist keine Unterbrechung unserer Arbeit, sondern ihr Sinn und Zweck.
- Wir müssen mit den Launen der **Kunden** leben lernen.
- Verkaufen läßt sich nur, was vom **Kunden** nachgefragt wird.
- Die Konkurrenz schläft nicht im Kampf um die **Kunden.**

**Abbildung 4: Die Bedeutung des Kunden ([11])**

Durch die Änderung des Umfeldes muß sich das Unternehmen nun auf die Parameter einstellen, die den Erfolg beim Kunden beeinflussen. Diese lauten wie folgt:

- Qualität
- Preis
- Liefertreue
- Lieferzeit
- Flexibilität

Die Prozesse in der Unternehmung müssen so gesteuert werden, daß die Erfolgsparameter dem Kunden optimal erscheinen. Nur so kann sich das Unternehmen seinen Fortbestand sichern.

- **Hohe Qualität** steht hier an oberster Stelle. Umgesetzt werden muß dabei ein **Total Quality Management-Konzept (TQM)**. Dies bedeutet, daß alle Aktivitäten in der Unternehmung am Qualitätsziel ausgerichtet werden. Hierbei bezeichnet Qualität nicht nur die Fehlerfreiheit, vielmehr wird die Qualität durch die Zufriedenheit des Kunden bestimmt (so steht z. B. nicht die maximale, sondern die optimale Technologie im Vordergrund). Die Erfüllung des Kundenwunsches gemäß den 7 Rs der Logistik (Qualität ist hier explizit einbezogen) und die Erlebniswelt des Kunden, auf die später eingegangen werden soll, ist hierbei stets zu berücksichtigen.

  Dabei ist das einzig aktive Element in der Unternehmung der Mensch. Nur er kann von sich aus tätig werden und auch andere, inaktive Elemente in Bewegung setzen. Der TQM-Gedanke ist am Prozeß („mach es gleich richtig") und am Kundenbedarf orientiert. Der Mensch ist hierbei nicht beliebig anpaßbar wie durch eine Stellschraube, vielmehr muß versucht werden, daß die Mitarbeiter diesen Gedanken verinnerlichen und danach leben. Dies hat als Voraussetzung, daß der TQM-Gedanke von den Führungskräften vorgelebt wird ([10]).

- Der **Preis**, der nicht mehr den alleinigen Differenzierungsfaktor gegenüber der Konkurrenz darstellt, ist zwar immer noch ein wichtiges Kriterium, verliert aber in Zeiten der langfristigen, partnerschaftlichen Zusammenarbeit mehr und mehr an entscheidender Bedeutung.

- Abgelöst wird die Preisorientierung auch immer mehr von **Liefertreue, Lieferzeit und Flexibilität.** Darunter versteht man die absolute Mengen- und Termintreue gegenüber dem Kunden. Flexibilität bedeutet die Fähigkeit, auf Änderungen der Kundenwünsche schnell und kurzfristig reagieren zu können. In diesem Bereich sind die logistischen Strukturen in der Unternehmung von entscheidender Bedeutung.

Im Rahmen der Kundenorientierung ist die **fraktale Sichtweise** anzuwenden. Diese besagt, daß das, was im Kleinen gilt, auch im Großen gelten muß und umgekehrt ([10]). Nach dieser Regel ist (mit einigen Einschränkungen) unsere ganze Natur, ja auch unser Universum aufgebaut (z. B. Physik im Mikrokosmos und Makrokosmos). Sollten wir nicht gemäß dem Vorbild der Natur die Fraktalität auch in der Logistik nutzbar machen? ([12], S. 2,3) Sicherlich stellt sich jetzt die berechtigte Frage, wie dies auf die Kundenorientierung in der Logistik übertragen werden kann. Die Antwort lautet: Der Kunde darf nicht nur überbetrieblich gesehen werden, d. h. nicht nur der Kunde des Unternehmens ist Kunde, vielmehr ist jeder vor- oder nachgelagerte Prozeß (bzw. Stelle) im Unternehmen wie ein Kunde bzw. wie ein Lieferant zu behandeln **(Kunden-Lieferanten-Prinzip)**. Die Produktion ist also Kunde des Einkaufes, die Distribution Kunde der Produktion usw. ([10]).Ebenfalls gibt es Ansätze, die Fabrik als solche fraktal zu gestalten. Die **fraktale Fabrik** läßt durch die Aufspaltung (Fraktalisierung) der ehemals einheitlichen Fabrikationsabläufe in produktgruppenspezifische Einzelabläufe deutliche Effizienzverbesserungen erwarten ([13], S. 4).

Entscheidend ist dabei, daß diese Prinzipien, d. h. TQM und Kunden-Lieferanten-Prinzip, das ja das TQM eigentlich beinhaltet, wirklich **gelebt** werden. Nur der Mensch, niemals aber eine Maschine kann diese Prinzipien umsetzen. Aus diesem

Grund soll im folgendem noch einmal ausführlich auf die Bedeutung des Menschen in einem Unternehmen eingegangen werden ([10]).

#### *3.2.2.2 Der Mensch im Mittelpunkt der Kundenorientierung*

In diesem Abschnitt soll auf 3 grundlegende Elemente der KGVL® in Bezug auf den Menschen eingegangen werden:

- Der Mensch als Mitarbeiter
- Der Mensch als Kunde
- Der Mensch als Lieferant

Das **einzig aktive Element** in der Unternehmung ist der Mensch. Dies wird durch die Betonung in den 7 Rs der Logistik noch einmal unterstrichen, denn dort wird die Festlegung, was unter „Richtig" zu verstehen ist, allein vom Menschen als Kunde vorgenommen.

**a) Der Mensch als Mitarbeiter**

Als Mitarbeiter ist der Mensch der entscheidende Wertschöpfungsfaktor. Jedoch darf man in diesem Zusammenhang aber niemals die Tatsache aus den Augen verlieren, daß der Mensch von Gefühlen und Bedürfnissen bestimmt und geleitet wird. **Bedürfnisse** bezeichnen einen Mangel, der mit einem inneren psychischen Spannungszustand verbunden ist. Der Mensch versucht, diesen Spannungszustand zu beseitigen, indem er den Mangel zu beheben versucht. MASLOW hat die Bedürfnisse nach ihrer Dringlichkeit geordnet und davon die sog. Bedürfnispyramide abgeleitet.

**Abbildung 5: Bedürfnispyramide nach MASLOW ([14], S. 33)**

Die Befriedigung der physiologischen Grundbedürfnisse ist die absolute Notwendigkeit für das Überleben. Sind diese als relativ befriedigt angesehen, so wendet sich das Individuum der nächst höheren Ebene, hier also den Sicherheitsbedürfnissen, zu. Gemäß dieser Logik wird die Pyramide durchlaufen.

Aufgrund der Bedürfnispyramide von MASLOW muß man dem jeweiligen Individuum das anbieten, was es in seiner jeweiligen Entwicklungsphase benötigt, um es auf diese Weise zufriedenstellen und motivieren zu können ([14], S.32-34).

Nachfolgend werden in Abb. 6 beispielhafte Möglichkeiten zur Bedürfnisbefriedigung und somit zur Motivationssteigerung des Mitarbeiters dargelegt:

| Bedürfnisse | Möglichkeiten der Bedürfnisbefriedigung |
|---|---|
| Physiologische Bedürfnisse (Essen, Trinken, Wohnen) | Lohn, Gehalt, Urlaubsregelungen, Kantine, ärztliche Betreuung, verbilligte Einkaufs- und Wohnmöglichkeiten |
| Sicherheitsbedürfnisse (Schutz vor Willkür, Drohung, Entbehrung) | Sicherheit des Arbeitsplatzes, Sicherung des Einkommens, Altersversorgung, Versorgung bei Krankheit und Unfall |
| Soziale Bedürfnisse (Freundschaft, Gesellung, Zugehörigkeit zu einer Gruppe) | Kommunikation am Arbeitsplatz, Information auch über nicht-arbeitsplatzgebundene Informationen, Problemlösungsgespräche, Zugehörigkeit zu einer Gruppe |
| Wertschätzung (Anerkennung, Respekt, Würde, Status) | Übertragung von Kompetenzen, verbale und materielle Anerkennung, Erlangen eines bestimmten Status oder Ehrentitels, Verfügungsmacht über ein Dienstfahrzeug |
| Selbstverwirklichung (Selbständigkeit, Selbstentfaltung, Selbstverantwortung und Selbsterfüllung) | Mitbestimmung, Selbstverantwortung, Weiterbildung, Aufstiegsmöglichkeiten |

**Abbildung 6: Möglichkeiten der Bedürfnisbefriedigung ([14], S. 34)**

Neben den Bedürfnissen ist auch auf **ergonomische Aspekte** im Rahmen der KGVL® zu achten. Der Begriff Ergonomie leitet sich dabei aus den griechischen Wörtern „ergon“ = Arbeit und „nomos“ = Regel, Gesetz ab. Die Ergonomie beschäftigt sich mit der Entwicklung von Regeln und Verfahren zur Beurteilung und Gestaltung menschlicher Arbeit.

Menschengerechte Gestaltung der Arbeit bedeutet, daß die Arbeitenden weder über - noch unterfordert werden. Dabei soll nicht nur die Schädigungsfreiheit gegenüber dem Menschen verwirklicht werden, Ergonomie beginnt vielmehr schon bei der Beeinträchtigungsfreiheit des Mitarbeiters und soll die Voraussetzungen dafür schaffen, daß *eine Anpassung der Arbeit an den Menschen* möglich ist. Dies kann durch folgende Maßnahmen erreicht werden:

- durch Gestaltung des Arbeitsplatzes und der Arbeitsmittel
- durch Gestaltung der Arbeitsumgebung
- durch Gestaltung der Arbeitsorganisation.

Sollte dies nicht möglich sein, dann kann auch eine Anpassung des Menschen an die Arbeit in Betracht kommen, und zwar durch

- Personalplanung und Personaleinsatz
- Unterweisung und Einarbeitung ([15], S. 1)

Im Sinne der KGVL® muß eine Harmonisierung zwischen *Humanität und Wirtschaftlichkeit* angestrebt werden. Dabei müssen die **Betroffenen zu Beteiligten** gemacht werden. Dies kann nur durch Partizipation verwirklicht werden ([16], S. 6).

Betrachtet man den Menschen als Mitarbeiter genauer, dann sticht auch die Bedeutung der **Personalentwicklung** in der KGVL® ins Auge. Im Rahmen eines Change-Management müssen zuerst die Voraussetzungen geschaffen werden, damit die Mitarbeiter zum einen die Bereitschaft und zum anderen die Befähigung erlangen, ständig Veränderungsprozesse im Unternehmen durchzuführen, um so die lernende Organisation zu verwirklichen. 70 % aller Veränderungsprojekte in Unternehmen führen bisher zu unbefriedigenden Ergebnissen oder sind ganz zum Scheitern verurteilt, da der Faktor Mensch, der die Veränderung eigentlich tragen muß, nicht ausreichend berücksichtigt wurde ([25], S. 18-20). Zitate zum Thema Personalentwicklung: "Der Treibstoff für Wohlstand und Arbeit heißt Wissen" ([25], S. 8). „Personalentwicklung ist die Investition in die Zukunft" ([25], S. 12).

Im Rahmen der KGVL® ist auch zu beachten, daß der Mensch in der Unternehmung nicht durch andere Produktionsfaktoren ersetzt werden kann, da er das einzige aktive Element darstellt. Wenn man z. B. nur den Bereich der EDV allein ausbauen würde, hätte dies zur Folge, daß es dem Menschen bald am nötigen Know-how zur Ausnützung der EDV fehlen würde. Es müßte also neben der EDV auch der Wissensstand der Menschen erweitert werden.

Auf Grund der geschilderten Aspekte ergibt sich das **magische Dreieck**:

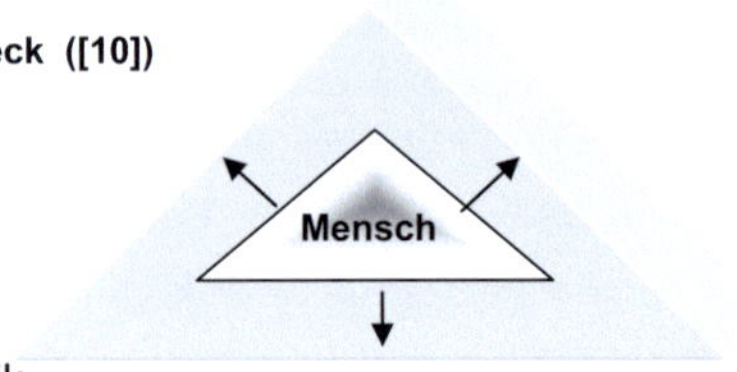


**Abbildung 7: Magisches Dreieck ([10])**

Setzt man seine Prioritäten nur in einem Bereich, hätte dies eine Verzerrung des Dreiecks zur Folge. Zu beachten ist hier wiederum die zentrale Rolle des Menschen in der Unternehmung, der nicht wie in Zeiten des Leanmanagement (=schlankes Unternehmen) einfach wegrationalisiert werden kann.

Falsch wäre daher:

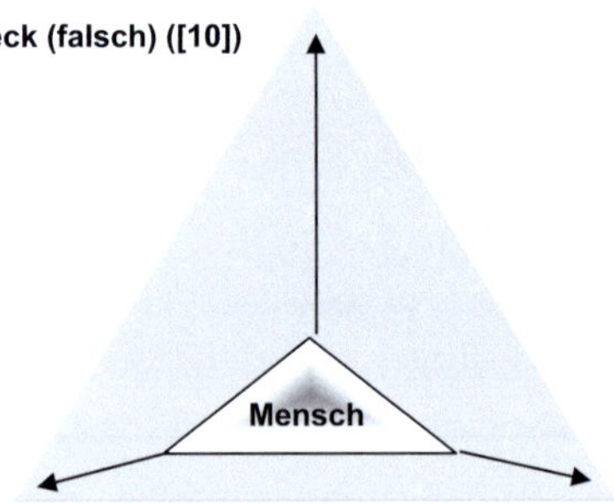


**Abbildung 8: Magisches Dreieck (falsch) ([10])**

Um den Menschen in der KGVL® hinreichend zu beachten, und damit auch TQM bzw. Kundenorientierung umsetzen zu können, kann zusammenfassend gesagt werden, daß die Arbeit gemäß der Vierstufenhierarchie folgende Kriterien zu erfüllen hat:

- Ausführbarkeit
- Erträglichkeit

  Notwendige Bedingung (objektiv meßbar: Pulsfrequenz, Körpertemperatur usw.)

- Zumutbarkeit
- Zufriedenheit ([16], S.6)

  Hinreichende Bedingung (subjektiv meßbar: Fragebogen, Interview, Beobachtung, usw.)

**b) Der Mensch als Kunde**

Aufgabe der KGVL® ist es ja, die Bedürfnisse des Menschen als Kunde (Kunden-Lieferanten-Prinzip) gemäß der 7 Rs zu befriedigen. Dabei muß das Unternehmen diese Wünsche und Bedürfnisse des Kunden zunächst einmal erfassen, um diese dann durch die Gestaltung interner Prozesse befriedigen zu können. Ein Mittel hierfür wäre das ECR (Efficient Consumer Response), auf das hier jedoch nicht näher eingegangen werden soll. Es liegt in der Natur der Sache, daß ein Kunde von jeder Berührung mit einem Unternehmen geprägt wird. Diese „Berührungen" stellen jedoch nicht nur das einfache Produkt, sondern die gesamte **Erlebniswelt des Kunden** dar. Exemplarisch soll in nachfolgender Abbildung die Erlebniswelt des Kunden dargestellt werden.

**Abbildung 9: Auswahl von Einflußgrößen auf die Erlebniswelt ([10])**

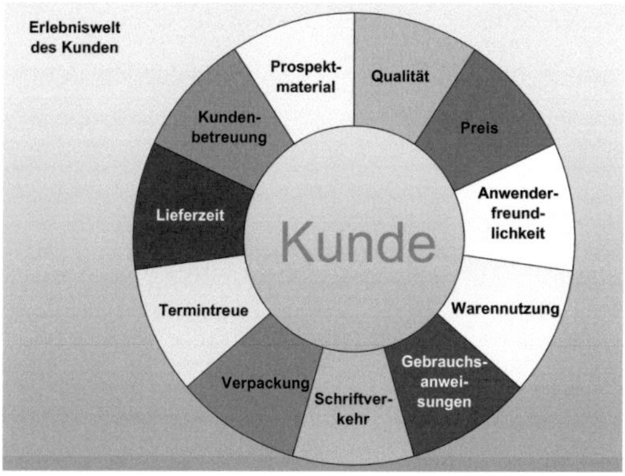


Der Kunde muß als Partner gesehen werden, um so eine gemeinsame Zusammenarbeit anstreben zu können. Nur derjenige, der die Wünsche und Bedürfnisse des Partners kennt, kann auch optimal gestalten ([17], S. 2).

**c) Der Mensch als Lieferant**

Neben einer partnerschaftlichen Zusammenarbeit zwischen den Unternehmen und Kunden muß weiterhin auch großer Wert darauf gelegt werden, ein positives Verhältnis zwischen den Unternehmen und den Beschäftigten der Lieferanten aufzubauen. Besonders hier ist die Partnerschaft Basis für die optimale Ausnützung des Wissens beider Seiten durch Assoziation. Diese Akkumulation des Wissens muß koordiniert werden. Eine wesentliche Aufgabe kommt hier dem Einkauf zu. Er muß den Kontakt zu den richtigen Partnern herstellen, mit denen eine langfristige, offene Zusammenarbeit möglich ist.

Am erfolgreichsten wird die Partnerschaft in der ersten Phase neuer Produkte durch gegenseitige Konstruktions- und Entwicklungsberatung realisiert werden können. Man muß sich aber im klaren sein, daß ein derartiges Zusammenspiel nicht mit allen Lieferanten möglich sein kann. Die Zahl der Lieferanten muß deshalb drastisch gesenkt werden, um somit die Basis für geeignete Verhältnisse schaffen zu können. Die Erfahrung zeigt, daß durch die Beratung von Lieferanten, Bauteile reduziert werden konnten und somit der Grundstock zu drastischen Kostensenkungen gelegt werden kann. Der Lieferant bekommt bei dieser Kooperation die Informationen, die er benötigt, um auch kostengünstiger produzieren zu können. Der Einkäufer wird dabei zum Prozeßberater des Lieferanten. So entsteht eine „Win-Win-Situation“, d. h. sowohl der Lieferant, als auch der Abnehmer haben einen Nutzen von dieser partnerschaftlichen Zusammenarbeit. Dieser Nutzen wird sich auf den Märkten durchsetzen, da er im **Sinne des Kunden** ist ([17], S. 2)

### *3.2.3 Ganzheitlichkeit und Vernetztheit in der KGVL®*

Jedes Unternehmen ist durch erhebliche **Komplexität** gekennzeichnet. Diese ist auf Grund ihrer Mehrdimensionalität (7Rs = 7 Dimensionen) **nicht steuerbar**. Deswegen muß versucht werden, sie handhabbar zu machen. Ganzheitlichkeit heißt, daß man die wesentlichen Teile des Ganzen erkennt und diese dann aus verschiedenen Blickwinkeln betrachtet. Ausgehend von diesen unterschiedlichen Sichtweisen wird versucht, Wechselwirkungen und Abhängigkeiten zwischen den Elementen herauszufinden. Dabei geht man vom **Groben ins Detail.** Anschließend werden Einwirkungen von - und nach außen in die Betrachtungen mit einbezogen und abschließend alles Vorgenannte miteinander vernetzt. Aufgrund der **fraktalen Sichtweise** können Rückschlüsse auf das Gesamtsystem gezogen werden.

Bildliche Darstellung der Betrachtung aus verschiedenen Blickwinkeln:

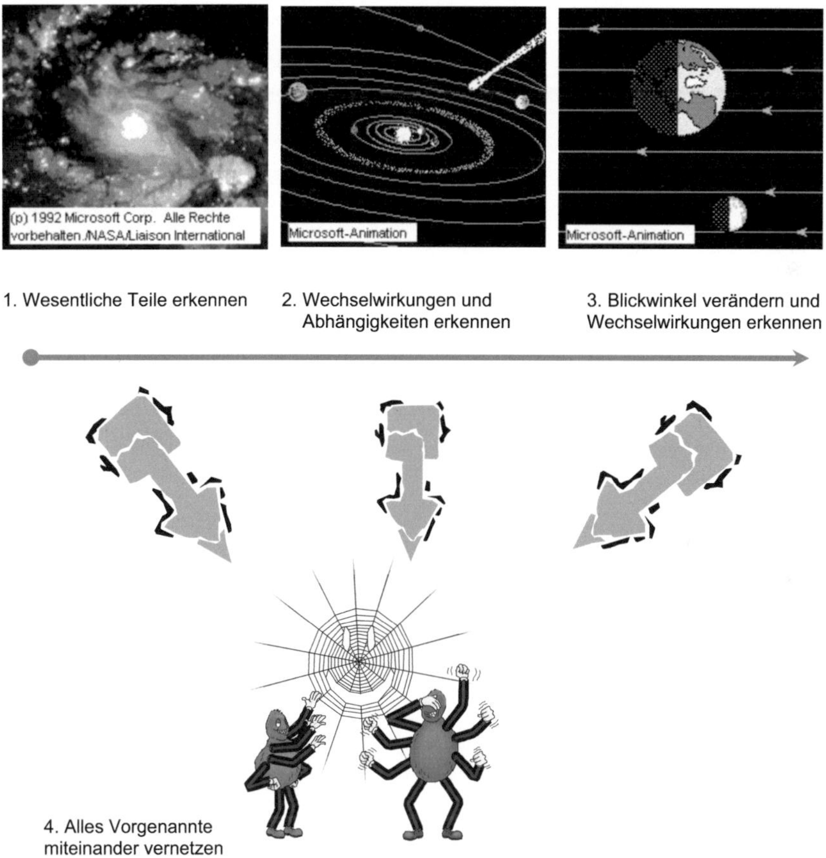


**Abbildung 10: Ganzheitliche, vernetzte Vorgehensweise**

### 3.2.3.1 *Insel- und Mauerdenken*

Die Implementierung und die Nutzung neuartiger Technologien erscheint für die Lösung von Problemen sehr oft besonders attraktiv. Dabei wird z. B. versucht, Arbeitsstrukturprobleme allein durch das Ausschöpfen von Rationalisierungspotentialen mit Hilfe der Datenverarbeitung zu lösen. Diese EDV-Systeme werden zumeist in eng abgegrenzten Bereichen eingesetzt. Natürlich lassen sich so Verbesserungen erzielen, aber in den angrenzenden Bereichen oder gar unternehmensweit bleibt alles beim alten. Das Ergebnis einer solchen Rationalisierung ist dadurch stets nur eine **Insellösung**.

Anders ausgedrückt könnte man sagen, daß die einzelnen Bereiche nicht über den „Tellerrand" hinaus blicken. Die Konzentration auf die eigenen Aufgaben führt zum **Mauerdenken**.

Die Folgen zeigen sich dann in der Realisationsphase, wenn z. B. die neuen Module nicht in das bestehende Gefüge, in die existierenden Strukturen hineinpassen. Man versucht durch Modifikation der Insel eine akzeptable Lösung zu schaffen, was zusätzlich kostenintensives Schnittstellenmanagement zur Folge hat.

Oftmals sind dafür folgende Gründe zu nennen:

- Teilaspekte wurden bei der Ist-Zustands-Analyse übersehen oder als unwesentlich bewertet bzw. bewußt weggelassen.
- Zusammenhänge zwischen den Komponenten des Systems werden übersehen, Wechselwirkungen zu bereichsübergreifenden Systemen nicht erkannt.
- Der Mitarbeiter als Faktor Mensch, wird nicht in den Problemlösungsprozeß eingebunden.

Dabei liegt in dieser isolierten Vorgehensweise sicherlich keine böse Absicht. Meist hat man es einfach so gelernt, geübt und bisher schon immer so gemacht. Sukzessive werden die Teilbereiche hinreichend analysiert. Ist man mit einem Bereich fertig, wendet man sich dem nächsten zu, um sich schließlich eine Vorstellung vom Gesamtkomplex machen zu können. Es ist jedoch eine unbestrittene Tatsache, daß das

Wissen, um viele Einzelheiten das Ganze in seiner Gesamtheit nicht verständlicher und einsichtiger macht, sondern vielmehr das Gegenteil bewirkt: Der Blick wird verstellt ([10]).
Das Ganze ist dabei mehr als die Summe seiner Teile. Ein Beispiel soll diesen Zusammenhang verdeutlichen: Die Aneinanderreihung von Wörtern ergibt noch lange keinen sinnvollen Satz. Die Wörter müssen hierfür nach einem Konstruktionsprinzip miteinander verknüpft werden.
Die Teile müssen also nicht nur zueinander passen, sondern auch untereinander im richtigen Verhältnis stehen. Dies bedeutet aber auch, daß alle Komponenten dazu beitragen müssen, daß das Gesamtsystem funktioniert. Einzelne Teile können nicht herausgelöst, singulär optimiert, modifiziert oder rationalisiert werden.

Beispiel Uhrwerk:

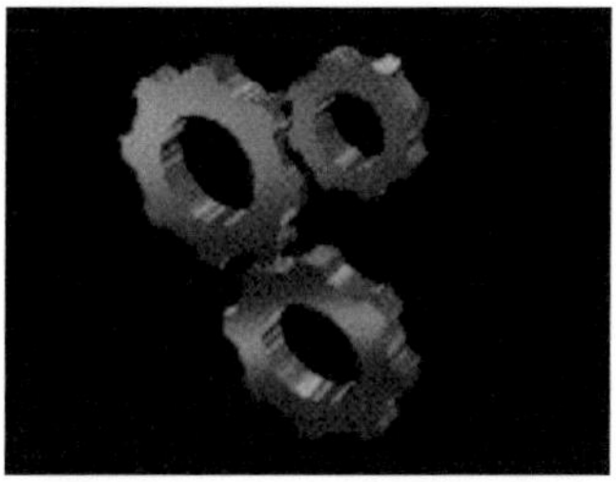

Einzelne Zahnräder dürfen nicht herausgelöst oder in ihrer Größe geändert werden. Sonst funktioniert die Uhr nicht mehr.

**Abbildung 11: Uhrwerk**

Das Ziel der ganzheitlichen Denk- und Betrachtungsweise ist es nicht, möglichst viele Einzelheiten und Detailzusammenhänge zu erfassen, sondern vielmehr geht es hierbei um das Erkennen und Verstehen des Gesamtzusammenhangs. Der Aufbau und die Wirkungsweise werden klarer, je mehr Zusammenhänge und Wechselwirkungen in die Überlegungen einbezogen werden. Das Kollektiv dieser Zusammenhänge und Wechselwirkungen gibt überlegeneren Überblick über das System ([10]).

Um eine derartig neue Vorgehensweise in die Praxis umsetzen zu können und damit das Mauer- und Inseldenken aus den Köpfen der Mitarbeiter zu verbannen, muß auch der organisatorische Rahmen anderen Voraussetzungen angepaßt werden. Man benötigt eine kundenorientierte Aufbau- und Ablauforganisation.

#### 3.2.3.2 Kundenorientierte Aufbau- und Ablauforganisation

Bisher wurden ablauforganisatorische Lösungen im Rahmen der bestehenden Aufbaustruktur entwickelt, d. h. daß die Ablauforganisation in die Aufbauorganisation hineingezwängt wurde. Im Rahmen der KGVL® ergibt sich hier eine entscheidende Änderung. Sie definiert die Aufbauorganisation gemäß den Prozessen **(Prozeßorganisation)**, wobei die Prozesse im Sinne des Kunden gestaltet werden müssen. Dies bedeutet flache Strukturen und klare Verantwortung.

Eine herausragende Rolle erhält dabei die **Gruppenarbeit- bzw. Teamarbeit**. Für die ***Produktion*** versteht man darunter die Bildung von organisatorischen Einheiten (=Fertigungsgruppen) mit der Zielsetzung, die Vorteile der Werkstätten- und Fließfertigung zu vereinen. Angestrebt wird dabei eine Komplettbearbeitung von Teilefamilien (gewisses Werkstückspektrum). Dabei werden keine festen Stellenbeschreibungen definiert. Es herrscht flexible Art- und Mengenteilung, die Mitarbeiter organisieren sich je nach Bedarf selbst. Ideale Voraussetzung ist die Anordnung der Fertigung in U-Form. So werden Lauf- und Transportwege verkürzt und ideale Voraussetzungen für die Werkerselbstkontrolle geschaffen, denn Fremdkontrolle ist im Rahmen einer KGVL® aus den Unternehmen zu bannen. Die Arbeiter übernehmen Tätigkeiten selbständig und tragen für diese die Verantwortung ([8], S. 190-193).Auch in der ***Verwaltung*** eines Unternehmens ist diesem Prinzip Rechnung zu tragen. Ebenso wie in der Produktion muß auch hier versucht werden, Teamgeist, ja eine Art „Wir-Gefühl" und ein Gemeinschaftserlebnis zu erreichen. Basis hierfür ist die Bereitschaft der Vorgesetzten, Kompetenzen abzugeben und effiziente Kommunikationsbeziehungen zu schaffen, die eine Vernetzung des Wissens zum Wissensnetzwerk ermöglichen (lernende Organisation) ([10]).

### 3.2.4 Die Logistik in der *KGVL®*

Schon im Abschnitt 3.2.1 wurde kurz auf den Begriff der Logistik eingegangen, um somit eine Basis für die nachfolgenden Ausführungen zu schaffen. An dieser Stelle soll explizit auf die Rolle der Logistik im Rahmen der KGVL® eingegangen werden.

Logistik als die Summe von Einzellogistikprozessen ist die kundengerechte, zielgerichtete Gestaltung aller Material- und Informationsprozesse unternehmensintern, vom Unternehmen zum Kunden und zum Lieferanten ([10]) (vgl. Abb. 3). Sie hat somit eine Querschnittsfunktion durch alle Unternehmensbereiche. Dies bedeutet, daß trotz konkurrierender Ziele zwischen Entwicklungs-, Absatz-, Beschaffungs- und Produktionsbereichen optimale, bereichsübergreifende Logistikentscheidungen zur Erfüllung von Umsatz- und Kostenzielen verwirklicht werden müssen ([8 ], S. 5).

In der Unternehmung werden durch eine ganzheitliche, vernetzte Sichtweise zahlreiche konkurrierende Ziele sichtbar. Hier nur eine kleine Auswahl:

| Bereich | Ziel 1 | Ziel 2 |
|---|---|---|
| **Absatzbereich** | • Hohe Lieferbereitschaft erfordert Lagerbestände | • Niedrige Kapitalbindungskosten, niedrige Lagerhaltungskosten, |
| | • Kundennähe durch viele Läger vor Ort | • Geringe Bereitstellungskosten |
| **Produktion** | • Niedrige Fertigungsstückkosten durch größere Lose | • Niedrige Lagerhaltungskosten, Kapitalbindungskosten |
| | • Produktion strebt nach wenig Varianten | • Marketing will dem Kunden ein umfangreiches Sortiment anbieten ([8]), S. 11) |

Ziel der KGVL® ist es, diese unterschiedlichen Ziele so abzustimmen, daß ein Unternehmensgesamtoptimum erreicht wird.

### *3.2.4.1 Die Logistikkette*

Die Logistikkette ist die durchdachte, synchronisierte Aneinanderreihung der einzelnen logistischen Teilbereiche.

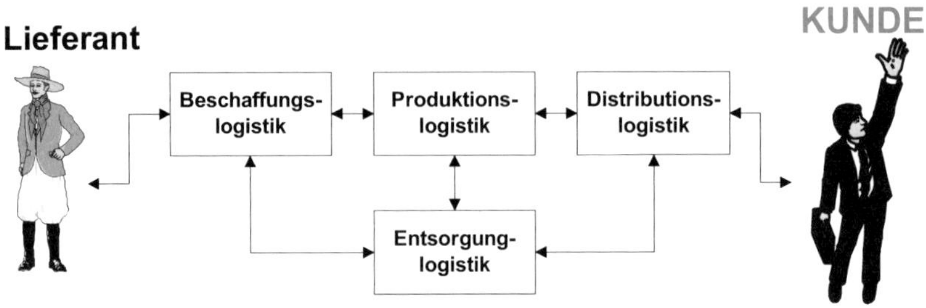


**Abbildung 12: Die Logistikkette**

**a) Die Beschaffungslogistik**

Die Beschaffung hat allgemein die Aufgabe der Versorgung des Unternehmens mit betriebsfremden Gütern. Dabei wird sie in den Einkauf und die Beschaffungslogistik differenziert (siehe Abbildung 13) ([8], S. 127).

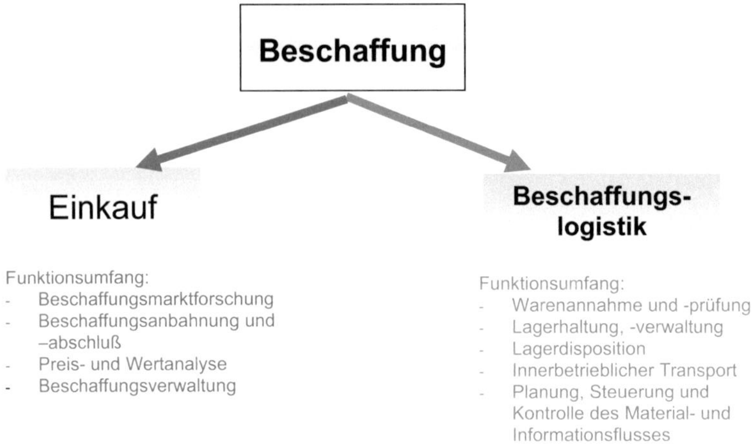


**Abbildung 13: Beschaffung ([8], S.127)**

Durch die Güterknappheit in den fünfziger Jahren wurde eine Versorgung um jeden Preis angestrebt. Jedoch führte die industrielle Entwicklung schon in den sechziger Jahren immer mehr zur Durchführung von Preisvergleichen. In den siebziger Jahren wuchs das Bewußtsein über die enorme Bedeutung des Einkaufs für den Unternehmenserfolg. In den achtziger Jahren wurde dann eine durchgängige Organisation des Informations- und Materialflusses angestrebt. Aus diesem Grund trennte man den Beschaffungsbereich in Einkauf und Logistik ([8], S.128f).

Der Einkauf stellt dabei den objektbezogenen Ausgleich zwischen Bedarfsanforderungen und dem Beschaffungsmarkt her, wohingegen die Beschaffungslogistik die Aufgabe hat, den Informations- und Materialfluß zwischen Beschaffungsmarkt und den bedarfsanfordernden Stellen im Unternehmen zu optimieren ([18], S. 45-61).

Im Rahmen der Beschaffungslogistik gewinnt **die produktionssynchrone Beschaffung** (Just-in-Time-Konzept =JIT) immer mehr an Bedeutung. Ausgangspunkt war hier der zunehmende Wettbewerbsdruck sowie das Streben nach qualitativem Wachstum und eine stärkere Ausrichtung an den Kundeninteressen. Ziel der JIT-Konzeption ist die Erreichung eines Gesamtkostenoptimums im Rahmen der Investitionsstrategie (= langfristige Partnerschaft mit dem Lieferanten) durch optimierte Informations- und Materialflußgestaltung. Kerninhalte sind dabei optimale, aktuelle, aufbearbeitete Informationen und die Eliminierung von Redundanzen und Verschwendung in allen Bereichen ([19], S. 13-32).

**b) Produktionslogistik**

Die Produktionslogistik hat neben der bereits erwähnten Querschnittsfunktion insbesondere zwei Aufgaben:

- eine materialflußgerechte Fabrikstruktur (Fabrikplanung) zu erzeugen und
- die Produktion zu planen und zu steuern (PPS).

**Fabrikplanung**

Die Hauptziele der Fabrikplanung gliedern sich in 4 Bereiche:

- optimaler Produktions- bzw. Materialfluß
- menschengerechte Arbeitsbedingungen
- gute Flächen- und Raumausnutzung
- optimale Flexibilität von Bauten, Anlagen und Einrichtungen.

Durch diese unterschiedlichen Zielsetzungen kommt es zu einer Vielzahl von konkurrierenden Zielen, die z. T. nicht oder nur schwer quantifizierbar sind, was die Komplexität noch erhöht ([8], S. 117f).

**Die Produktionsplanung und Steuerung (PPS)**

Aufgaben und Funktionen der PPS:

**Die Produktionsplanung** ist in 3 Teilbereiche differenziert:

- Produktionsprogrammplanung (Ermittlung der zu produzierenden Enderzeugnisse nach Art, Menge und Termin)
- Mengenplanung (Festlegung der zu fertigenden Teile bzw. Baugruppen sowie der zu beschaffenden Materialien)
- Termin- und Kapazitätsplanung (Bestimmung der Start- und Endtermine für alle Arbeitsvorgänge zur Verwirklichung einer termingerechten Versorgung des Kunden (Kunden-Lieferanten-Prinzip))

**Die Produktionssteuerung** ist in 2 Teilbereiche differenziert:

- Auftragsveranlassung (Auftragsfreigabe zur Fertigung, Auftragsverteilung an die einzelnen Arbeitsplätze)
- Auftragsüberwachung (Soll-Ist-Vergleiche und Abstimmung ([8], S. 177f, 203,205,237).

Diese Aufgaben werden in den meisten Unternehmen von der EDV unterstützt. Dabei kann das PPS-System verschiedenartig **zentralisiert** werden:

- *Zentral organisierte PPS Systeme* (z. B. MRP, MRPII, Fortschrittszahlenkonzept) sind dadurch gekennzeichnet, daß alle Entscheidungen (bezüglich der Erfüllung der Aufgaben) von zentraler Stelle aus getroffen werden. Die Fertigung hat lediglich ausführende und überwachende Tätigkeiten zu erledigen.
- Bei *dezentralen PPS-Systemen* (z. B. KANBAN, BOA) werden von zentraler Stelle jedoch nur noch grobe Vorgaben gemacht. Die Fertigung übernimmt innerhalb dieses Spielraums die PPS-Funktionen selbständig und eigenverantwortlich.
- Bereichsweise *zentralisierte Systeme* (z. B. OPT) sind eine Mischform aus obigen Systemen. Da die Stärken der dezentralen Systeme die Schwächen der zentralen Systeme sind (angesprochen ist die Produktionssteuerung), ergänzen sich beide sehr gut ([8], S. 247f, 266).

**c) Distributionslogistik**

Sie stellt die Verbindung zwischen der Produktion und der Abnehmerseite des Unternehmens dar und umfaßt dabei alle Lager- und Transportvorgänge von Waren zum Abnehmer sowie die damit verbundenen Informations-, Steuerungs- und Kontrolltätigkeiten.

Ziel ist es hier, insbesondere die 7 Rs der Logistik gegenüber dem Kunden zu verwirklichen. Auch dessen Erlebniswelt darf nicht außer acht gelassen werden.

Dabei muß ein optimaler Ausgleich (im Sinne des Unternehmens und des Kunden) zwischen Lieferservice und Kosten gefunden werden. Es geht also darum, die passenden Absatzwege zu wählen, um die Zielsetzungen zu erfüllen.
Die wichtigsten Problemstellungen hierbei lauten:

- Wo ist der richtige Standort für die Distributionslager?
- Wie wird die Lagerhaltung organisiert?

- Wie wird die Auftragsabwicklung gestaltet?
- Wie läuft die Kommissionierung ab, welche Verpackung wird gewählt?
- Welche Alternativen bieten sich im Warenausgang und bei der Ladungssicherung an?
- Wie wird das Transportproblem gelöst?

Gleichzeitig steigen die Anforderungen der Kunden derzeit enorm. Wie bereits angesprochen, stehen auch diese unter großem Rationalisierungsdruck, was die Forderung nach Just-in-Time Konzeptionen wachsen läßt. Veränderungen ergeben sich auch durch die Globalisierung der Märkte. Die Öffnung Osteuropas verlangt neue Distributionsnetze. Die zunehmende Umweltorientierung erfordert neue, intelligente Lösungen von Transport und Verpackung. Desweiteren werden im Rahmen einer übergreifenden Zusammenarbeit Aufgaben vom Abnehmer auf den Lieferanten übertragen ([8], S. 275, 277f).

**d) Die Entsorgungslogistik**

Die Entsorgungslogistik umfaßt die Handhabung der Abfallstoffe. Ihr Aufgabenbereich erstreckt sich von den Methoden der Sammlung, des Umschlages und der Tourenplanung über die Entwicklung von Möglichkeiten der Weiterverwendung, Weiterverwertung und wirtschaftlichen Nutzung bis hin zur Konzeptionierung eines abfallwirtschaftlichen Gesamtkonzepts ([20], S. 3). Entsorgung beginnt dabei eigentlich schon bei der Konstruktion. Schon an dieser Stelle muß darauf geachtet werden, daß Abfallstoffe möglichst erst gar nicht entstehen. Desweiteren sollte auf die Abmessungen der Produkte geachtet werden (für Standardbehälter im Versand). Die Erfüllung der gesetzlichen Anforderungen durch recyclingfähige Materialien sind ebenfalls wichtige Kernaufgaben der Entsorgungslogistik ([10]).

Historisch hat sich die Entsorgungslogistik erst sehr spät entwickelt. Zu Beginn der siebziger Jahre wurde die Hauptmasse der Abfälle immer noch einfach auf Mülldeponien abgesetzt, die keine besonderen Vorsichtsmaßnahmen hatten. Auf Druck des Gesetzgebers erfolgte schließlich eine stärkere Umweltorientierung. Erstmals in der Geschichte der Abfallbeseitigung der Bundesrepublik wurde am 29. September 1971 ein Umweltprogramm formuliert. 1975 wurde ein Abfallwirtschaftsprogramm verabschiedet. Unter Abfallwirtschaft verstand man dabei zum ersten Mal nicht die Entsorgung, sondern die Vermeidung und Verminderung des Abfalls. Somit wurde der Wiederverwertung und Wiederverwendung der Abfallstoffe eine entscheidende Rolle zugewiesen. Seither gab es eine Vielzahl von gesetzlichen Erweiterungen. Die Unternehmen mußten sich auf diese veränderten Rahmenbedingungen einstellen. Somit gewann die Entsorgungslogistik zunehmend an Bedeutung ([20], S. 6-9).

Die **Objekte der Entsorgungslogistik** sind:

- Produktionsrückstände (nicht mehr verwendete Roh-, Hilfs- und Betriebsstoffe, unerwünschte Kuppelprodukte, Emissionen)
- Konsumrückstände (ausgediente Produkte und Produktrückstände)
- Transferrückstände (Transport- und Umverpackungen oder Retouren) ([8], S. 308)

Die Eliminierung dieser Objekte ist dabei anzustreben.

#### *3.2.4.2 Das Fließprinzip*

Das Fließprinzip beschreibt den Informations- und Materialfluß, der beim Kunden (z. B. mit einer Bestellung) beginnt. Diese erste Information startet den unternehmensinternen Informationsfluß, der dann einen Materialfluß bewirkt und diesen bis zur endgültigen Auslieferung der Ware begleitet. Der Materialfluß endet hier, nicht jedoch der Informationsfluß. Vom Kunden erhält man dann meist noch ein Informationsfeedback über seine Zufriedenheit mit der Auftragserfüllung. Der Informationsfluß eilt also dem Materialfluß voraus, begleitet ihn und bewertet ihn durch den Kunden ([10]).

Das Fließprinzip soll durch nachfolgende Abbildung noch einmal dargestellt werden:

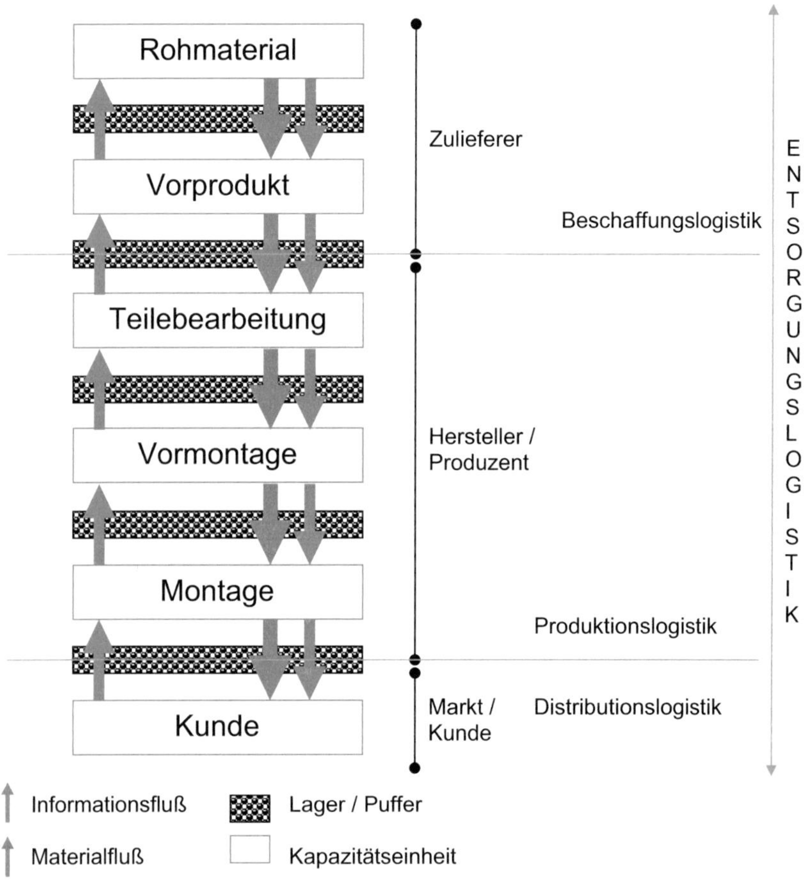


**Abbildung 14: Logistikkette und Fließprinzip ([19], S. 33)**

Ziel des Fließprinzips in der KGVL® ist es, die Informationen und Materialien innerhalb der gesamten Logistikkette stetig, d. h. unterbrechungsfrei, „fließen" zu lassen. Unterbrechungen des Materialflusses werden als unerwünscht angesehen, da sie zur Verlängerung der Durchlaufzeit führen sowie Bestände aufbauen, die wiederum

Kosten zur Folge haben. Unterbrechungen des Informationsflusses bewirken ebenfalls längere Durchlaufzeiten.

Besonders hier zeigt sich die Bedeutung der KGVL®. Früher hatte z. B. das isolierte Ziel der Produktion, nämlich die hohe, gleichbleibende Kapazitätsauslastung, die negative Auswirkung, daß sich im Lager aufgrund des unstetigen Absatzes, Bestände auftürmten. Unter ganzheitlicher Betrachtung sollen nur noch dort Bestände gehalten werden, wo sie ökonomisch sinnvoll sind ([8], S. 3, [10]).

**Wie realisiert man nun das Fließprinzip?**

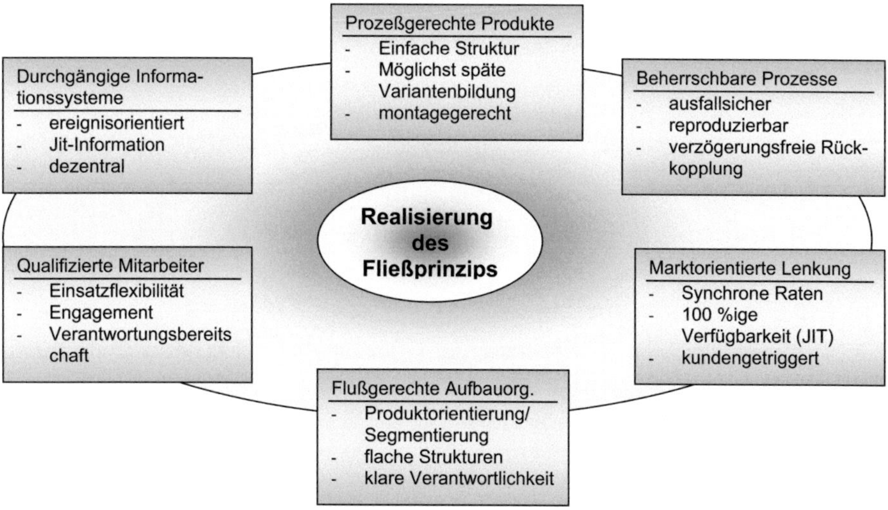


**Abbildung 15: Realisierung des Fließprinzips ([10])**

Nachfolgend sollen noch einige Erläuterungen zur Realisierung des Fließprinzips gemäß Abbildung 15 dargelegt werden:

**a) Prozeßgerechte Produkte:**

Nur der Prozeß ist von Interesse. Dieser soll eine einfache Struktur aufweisen und standardisiert sein. Es soll eine spät möglichste Variantenbildung erfolgen, da nur so größere Lose in den vorgelagerten Prozessen realisiert und die Komplexitäten reduziert werden können.

**b) Beherrschbare Prozesse**

- **ausfallsicher:** Dies bedeutet, daß ein kontinuierlicher Fertigungsprozeß gewährleistet sein muß, um Kosten zu vermeiden. Die Gegenstände des Prozesses (Material oder Informationen) müssen fließen.
- **reproduzierbar**: Die Prozesse müssen nachvollzogen werden können. Sie dürfen nicht dem Zufall unterliegen, da sonst keine Suche nach Fehlern möglich ist, und etwaige Verbesserungen keinen Ansatzpunkt haben.
- **verzögerungsfreie Rückkopplung:** Aktuelle Daten sind Ausgangspunkt für jede Regelung. Stellt man sich vor, man fährt Auto, sieht aber in der Windschutzscheibe ein Bild, das die Geschehnisse vor 5 Minuten wiedergibt, dann kann man sich leicht vorstellen, was passieren wird. Das Auto kann nicht gesteuert werden. Deswegen ist ein effizientes BDE-System unabdingbar.

**c) Marktorientierte Lenkung**

- Der Kunde belegt die Kapazitäten und steuert die Prozesse im eigenen Unternehmen. JiT-Konzeptionen sollen bei annähernd 100%iger Verfügbarkeit Material durch Informationen ersetzten.

**d) Flußgerechte Aufbauorganisation:** Die Aufbauorganisation soll flache Strukturen aufweisen, da bei einer tiefen Gliederung der Hierarchien Reibungsverluste durch Schnittstellen auftreten. Die Aufbauorganisation darf nicht an Hierarchien orientiert, sondern muß am Prozeß orientiert sein, um eine optimale Produktion zu gewährleisten (Prozeßorientierung). Eine flache Struktur erfordert allerdings eine klare Festlegung der Kompetenzen und Verantwortungsbereiche, damit Schuldzuweisungen unterbleiben.

**e) Qualifizierte Mitarbeiter:** Fach- und Führungskompetenz sowie Methodenkenntnisse müssen vorhanden sein.

**f) Durchgängige Informationssysteme**

Dies bedeutet, daß Strategien geschaffen werden müssen, die Insellösungen im Bereich des Informationsaustausches eliminieren. Die Informationen müssen jedem verfügbar gemacht werden, der diese benötigt. Eine Strategie hierfür ist die CALS-Strategie.

CALS (Computer-aided Acquisition and Logistic Support) beschreibt das rechnergestützte Beschaffungs- und Unterstützungswesen. Tayloristisch bedingte Funktionsinseln, die nicht zuletzt zu redundanter und inkonsistenter Datenhaltung führen, werden dabei durch ein durchgängiges System zu einem Ganzen vereint ([21], S. 12).

Die generelle Leitlinie von CALS lautet:

> Informationen sollen so bearbeitet und gespeichert werden, daß sie - einmal erzeugt - für alle berechtigten Nutzer über elektronischen Datenaustausch zur Verfügung stehen ([21], S. 14)

Die Ziele, die mit dieser Leitlinie verbunden sind, lauten:

- Vereinfachung und durchgängige Gestaltung von Geschäftsprozessen
- Vernetzung von Funktionsinseln
- Ermöglichung des Zugriffs auf verteilte Datenbanken

Damit soll erreicht werden:

- ✓ Beschleunigung der Abläufe
- ✓ Steigerung der Qualität
- ✓ Reduzierung der Kosten
- ✓ Abbau von Risiken

Die Kernzielsetzung liegt darin, daß man einen schnellen, papierlosen unternehmensübergreifenden Datenaustausch entlang der Wertschöpfungskette verwirklichen will ([21], S. 14 ).

#### 3.2.4.3 Logistikkosten, Logistikleistung, Logistikcontrolling

**a) Logistikkosten**

Da die Logistik eine Querschnittsfunktion im Unternehmen hat, ist es sehr schwierig, ihre Kosten exakt festzulegen. Die gemeinsame Nutzung der Ressourcen birgt das Problem der Abgrenzung der Kosten in sich. Als Beispiel kann hierfür das Personal gesehen werden, das zeitlich nacheinander Produktionsanlagen bedient und dann Handlingsarbeiten an dem bearbeiteten Material bzw. den ausgebrachten Zwischen- und Endprodukten auszuführen hat. Die Lohnkosten eines Arbeiters wären einerseits Logistikkosten und andererseits anteilig Fertigungskosten ([47], S. 68f).

Die Logistikkosten können jedoch grob in fünf Kostenblöcke eingeteilt werden:

- *System- und Steuerungskosten*
  Kosten der Gestaltung, Planung, Kontrolle des Informations- und Materialflusses, Kosten der Disposition, Auftragsabwicklung, Fertigungssteuerung usw.
- *Bestandskosten*
  Kapitalkosten zur Finanzierung der Bestände, Versicherungen, Abwertungen, Verluste usw.
- *Lagerkosten*
  Bereitstellungskosten der Lagerkapazität, Kosten der Ein- und Auslagerung
- *Transportkosten*
  Bereitstellungskosten für den Transport (Stapler), Energiekosten des Transportes usw.
- *Handlingskosten*
  Verpackungs-, Kommissionierkosten usw. ([8], S. 8)

**b) Logistikleistung**

Wie bei den Logistikkosten finden sich in der Literatur auch verschiedene Abgrenzungskriterien der Logistikleistung ([47], S. 111). Die zutreffendsten dürfte SCHULTE in seinem Werk „Logistik“ (siehe [8]) aufgestellt haben, das die Logistikleistung wie folgt definiert:

Der Kunde nimmt logistische Leistungen in Form der folgenden Parameter wahr:

- Lieferzeit
- Lieferzuverlässigkeit
- Lieferqualität und
- Informationsfähigkeit ([8], S. 6f).

**c) Logistikcontrolling**

Logistikcontrolling bedeutet nicht nur die Kontrolle, ob Logistikleistung und Logistikkosten in einem wirtschaftlichen Verhältnis zueinander stehen. Es hat vielmehr eine **steuernde Funktion.** Die Prozesse innerhalb des Unternehmens müssen so aufeinander abgestimmt werden, daß eine Erfüllung der 7 Rs der Logistik dem Kunden einen echten Nutzen bringt. Der **Kunde** bewertet durch seine Kaufentscheidung, ob Logistikkosten und Logistikleistung in einem wirtschaftlichen Verhältnis zueinander stehen.

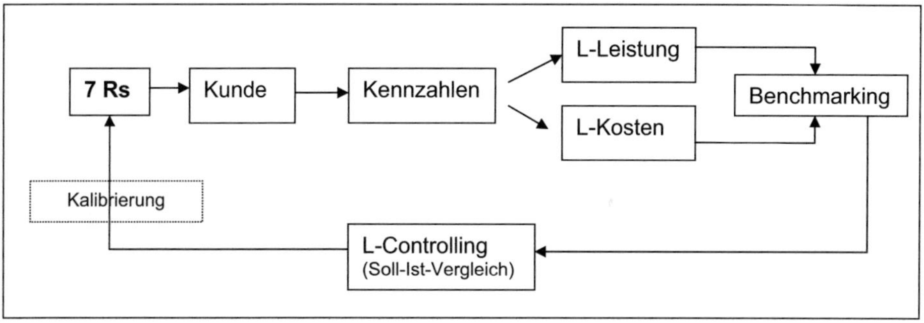


**Abbildung 16: Das Logistikcontrolling als KVP-Prozeß ([10])**

Der in Abbildung 16 dargestellte Ablauf soll im folgenden kurz beschrieben werden:

Nach dem **Grundprinzip von PORTER** (Aufwände minimieren, Erträge maximieren) ist es notwendig, die beiden konkurrierenden Ziele - hohe Logistikleistung und geringe Logistikkosten - im Sinne des Kunden aufeinander abzustimmen. Zu diesem Zweck müssen Kennzahlen gebildet werden, um die Leistung und Kosten sichtbar und bewertbar zu machen. Diese Kennzahlen stellen die Grundlage für das Benchmarking dar, also den Vergleich der eigenen Leistungsfähigkeit mit einem Vergleichspartner (intern, extern). Diese Informationen verwendet dann das Logistikcontrolling, um Schwachstellen ganzheitlich zu eliminieren. Dabei steht auch fest, daß ein erfolgreiches Logistikcontrolling erst über die **Prozeßkostenrechnung** ermöglicht wird, die sich über den gesamten Wertschöpfungsprozeß erstreckt. Durch die Erkenntnisse, die das Logistikcontrolling erbringt, muß ein Verbesserungsprozeß angestoßen werden, der die 7 Rs der Logistik kontinuierlich nachkalibriert (KVP-Prozeß).

Moderne Ansätze wie die KGVL® nehmen bei der Definition ihres Unternehmensziels Verluste in Kauf (siehe Abb. 17), um in der Totalperiode des Unternehmens in einem Logistikkorridor bleiben zu können und so den Fortbestand der Unternehmung auf Dauer zu sichern.

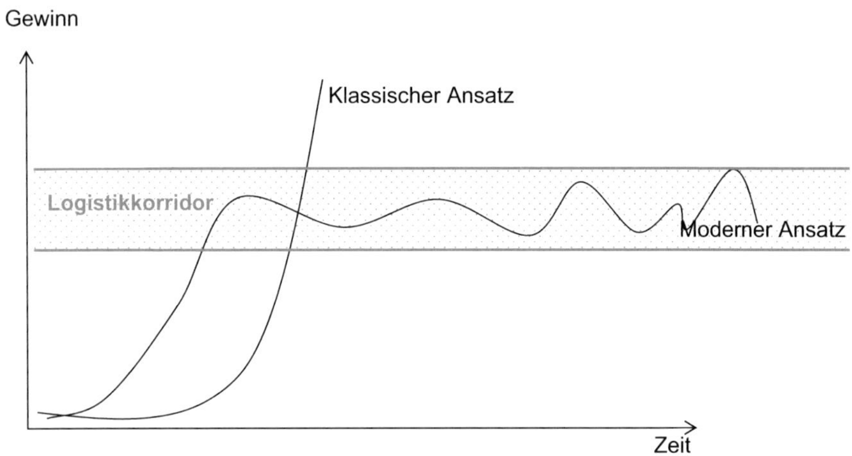


**Abbildung 17: Der Logistikkorridor ([10])**

Nach dem Motto „fittest for the best“ wird heute nicht mehr unbedingt versucht, der Beste zu sein; vielmehr möchte man sich mit dem Besten messen können, um so den Veränderungen der Umwelt auf Dauer gewachsen zu sein. Die Lösungsansätze, die sich aus diesen Vergleichen ergeben, müssen dabei logistiksystemgestaltend sein, um nicht nur punktuell einzelne Bereiche zu optimieren, was nie das Gesamtoptimum des Unternehmens erreichen läßt. Logistiksystemgestaltung durch ganzheitliche Lösungen beinhaltet:

- Ausführbarkeit,
- Erträglichkeit,
- Zumutbarkeit und
- Harmonisierung von Wirtschaftlichkeit und Humanität ([10]).

] der Arbeit für den **Menschen.**

## 3.3 Die neue Herausforderung an die Logistik – das virtuelle Unternehmen

Die Globalisierung der Märkte, verbunden mit immer kürzer werdenden Innovationszyklen, führt zu ständig steigendem Konkurrenz- und Kostendruck. Das virtuelle Unternehmen ermöglicht es, neue Märkte zu erschließen, neue Produkte anzubieten und flexibel auf neue Marktanforderungen bzw. Kundenwünsche einzugehen. Das virtuelle Unternehmen bildet sich durch Zusammenschluß unabhängiger Unternehmen, die ein gemeinsames Geschäftsverständnis haben. Die Unternehmen werden dabei im Rahmen ihrer Kernkompetenzen zusammengeführt, um ein Optimum an Know-how im Netzwerk zu realisieren. Es entsteht ein fluides Gebilde, wobei das Unternehmen, das dem Kunden am nächsten ist, die Führung des virtuellen Unternehmensverbundes übernimmt.

Charakteristisch für diesen Verbund ist das gegenseitige Vertrauen, die intensive Nutzung von Informations- und Kommunikationstechnik sowie der Verzicht auf detaillierte Verträge und spezifische Investitionen. Die beteiligten Unternehmen treten gegenüber dem Kunden als Einheit auf.

Die neue **Anforderung an die Logistik** ist die Notwendigkeit, Güterflüsse durch Informationsflüsse zu ersetzen.
Wenn man den Flußgedanken in der Logistik unter diesen Bedingungen betrachtet, der die gesamte Logistikkette ja als Einheit auffaßt, die sich nicht durch rechtliche oder organisatorische Grenzen eines Unternehmens einengen läßt, dann erscheint

die Möglichkeit gegeben, daß logistische Netzwerke in Form von virtuellen Unternehmen zukünftig durchaus verwirklicht werden könnten ([22], S, 3).
Der Einsatz von modernsten Kommunikationsmedien stellt eine wichtige bzw. entscheidende Voraussetzung für das Funktionieren eines derartigen Netzwerkes dar. So bringt beispielsweise der Einsatz von Workflow-Systemen in Verbindung mit standardisierten Datenaustauschformaten (EDI) eine signifikante Verbesserung der Effektivität der Zusammenarbeit mit sich ([23], S. 30).

Unter **Workflow** versteht man dabei die computergestützte Geschäftsprozeßabwicklung, deren Reihenfolge vorgegeben (modelliert) ist und durch ein Softwaresystem ausgeführt wird ([24]).
**EDI** steht für Electronic Data Interchange, was den elektronischen Austausch von Geschäftsdokumenten wie Texten und Grafiken sowie (seit CALS) technischen Informationen zwischen Computeranwendungen unter Verwendung strukturierter, vereinheitlichter Formate beschreibt ([21], S. 12).

Virtuelle Unternehmen gemäß der oben aufgeführten Definition sind zur Zeit jedoch noch Fiktion, also im wahrsten Sinne des Wortes virtuell. Es gibt jedoch schon verschiedene Unternehmen, die die angestrebten Kriterien weitgehend erfüllen. Ob es das virtuelle Unternehmen jemals in seiner Reinform geben wird, ist wohl äußerst fraglich. Fest steht aber, daß sich Gebilde entwickeln werden, die erheblich höhere Anforderungen an die Logistik stellen, als dies heute überhaupt erahnt werden kann ([22], S. 4f, [36]).

Abschließend kann zu diesem Trend angemerkt werden:

| | |
|---|---|
| „Das Tempo des Wandels bekommt eine atemberaubende Geschwindigkeit. Wer nicht mit der Zeit geht, geht mit der Zeit". | ([25], S. 12) |
| „Geniale Lösungen sind einfach" | ([26], S. 3) |

## 3.4 Ausgewählte Instrumente der KGVL®

### *3.4.1 Die Simulation*

Das 7-dimensionale Optimierungsproblem der 7 Rs der Logistik zu lösen und das Unternehmen so zu einem ganzheitlichen Optimum zu führen, ist wegen der hohen Komplexität mit erheblichen Schwierigkeiten verbunden. Ein möglicher Ansatz, um dieses Problem einigermaßen in der Griff zu bekommen, stellt die Simulation dar. Moderne Simulationssysteme ermöglichen die Nachbildung dynamischer Prozesse in einem Modell, um so Erkenntnisse zu erlangen, die auf die Wirklichkeit, also auf den tatsächlichen Prozeß, übertragbar sind. So werden Planungsgrundlagen geschaffen, die einen besseren Umgang mit komplexen, stark vernetzten und voneinander abhängigen Systemen ermöglichen.

Eine Detailierung der Unternehmensplanung wird durch Simulationsverfahren auf

- strategischer (Auswirkungen strategischer Entscheidungen auf Unternehmensziele z. B. Budget)
- taktischer (Ablaufstrukturen, Materialfluß, Auftragsprogrammplanung, Ablaufsteuerverfahren) oder
- operativer Unternehmensebene (Ressourcenbelegungspläne wie Betriebspersonal-, Durchlauf- und Auslastungsplanung)

unterstützt.

Der große Nutzen der Simulation liegt darauf aufbauend in

- Minimierung der Investitions- und Betriebskosten
- Gewinnung eines kostengünstigen und risikolosen Experimentierfeldes
- Vermeidung von Planungsfehlern
- Pflichtenhefterstellungen und
- Animation.

Mit Hilfe der Simulation läßt sich ein komplexes System anschaulich visualisieren, woraus sich ein **Demonstrationseffekt** ergibt. Der Mitarbeiter wird sich nur schwer an endlosen Ergebnistabellen orientieren können. Wird der Monitor jedoch zum Leben erweckt, d. h. sieht man, wie z. B. ein Fließband den innerbetrieblichen Transport von Maschine A nach B übernimmt, dann wird sich der einzelne eine wesentlich bessere Vorstellung vom System machen können.

Desweiteren können Engpässe schneller erkannt und behoben werden **(Erklärungseffekt).**

Der Anwender kann Fehler mit Hilfe der Simulation besser nachvollziehen und so leichter beseitigen bzw. korrigieren **(Diagnoseeffekt)**.

Ob nun die Notwendigkeit der Problemlösung mit Hilfe der Simulation besteht oder nicht, ist immer unter strikter Kosten- und Nutzenbetrachtung zu entscheiden. Ein leistungsfähiges Simulationsmodul ist als sehr kostenintensiv anzusehen, nicht zuletzt ist hier auch der Bedienungs-, Wartungs- und Systempflegeaufwand zu berücksichtigen ([27]).

Nähere Ausführungen sind dem Band 13 der Schriftenreihe „Economy and Labour" [28] zu entnehmen.

Zusammenfassend kann festgestellt werden:

**Die Simulation stellt ein effizientes Werkzeug zur ganzheitlichen Betrachtung, Analyse und Gestaltung der logistischen Abläufe dar.**

### 3.4.2 Die ABC-Analyse

Die Simulation ist ein rechnergestützter Ansatz zur Lösung von Problemen hoher Komplexität in der Logistik. Man kann sich aber auch partieller Optimierungsmethoden bedienen. Die ABC-Analyse stellt dabei eine analytische Methode dar, die **zwei** konkurrierende Ziele des 7-dimensionalen Optimierungsproblems der 7 Rs der Logistik, nämlich das **Kosten-Mengen-Gefüge** zu optimieren versucht. Dabei hat sie die Aufgabe, bei der Planung die Ressourcen des Unternehmens auf die Unternehmensbereiche zu konzentrieren, die bei entsprechend genauer Planung die größten Wirtschaftlichkeitseffekte vermuten lassen (PORTER-Prinzip). So sollen durch diese Methode ineffiziente Anstrengungen vermieden, das Wesentliche vom Unwesentlichen getrennt und die Schwerpunkte von Rationalisierungsmaßnahmen gesetzt werden. Die ABC-Analyse bedient sich dabei einer Klassifizierung in A-, B- und C-Komponenten, die anhand einer LORENZ-Kurve veranschaulicht werden können. Eine Konzentration der Planung erfolgt zuerst nur auf die A-Komponenten.

Durch die Planung und Steuerung des Material- und Informationsflusses (Fließprinzip), der durch alle logistischen Bereiche entlang der Wertschöpfungskette läuft, ist die ABC-Analyse auch für die Logistikkette von Bedeutung. Sie ist dabei flexibel einsetzbar. In Verbindung mit der XYZ-Analyse wird die Effizienz der ABC-Analyse noch gesteigert ([10]).

### 3.4.3 Die Zeitreihenanalyse

Eine Zeitreihe ist eine geordnete Zahlenreihe, die zu gleichabständigen Zeitpunkten gewonnene Werte einer Meßgröße umfaßt. Die Werte der Zeitreihe zeichnen sich durch eine Korrelation untereinander aus (Autokorrelationen), unterliegen aber auch zufälligen Einflüssen. Eine Zeitreihe stellt den Ausgangspunkt einer Prognoserechnung dar. Bei den 7 Rs der Logistik werden hier die Bereiche **Menge und Zeit** angesprochen.

Wichtig für jede planerische Tätigkeit ist eine **aussagekräftige Prognoserechnung**. Dabei nimmt man als Basisdatenmaterial den IST-Zustand zusammen mit Vergangenheitswerten der Meßgröße und versucht dann, mit mathematischen Verfahren die zukünftige Entwicklung abzuschätzen. Risiken ergeben sich, wenn das Basisdatenmaterial, also eine Zeitreihe (z. B. Produktionsdaten), falsch analysiert wird und darauf aufbauend falsche Berechnungsmethoden angewendet werden. Wendet man beispielsweise auf eine Zeitreihe mit einem steigenden Trend eine Prognose anhand eines saisonalen Modells an, so ergibt sich ein Fehler in der Gestalt, daß die Prognose aufgrund der saisonalen Schwankung niedriger ausfallen wird als tatsächlich zu erwarten ist. Bei richtiger Anwendung kann die Zeitreihe und die darauf aufbauende Prognose als unerläßliches, entscheidungsunterstützendes Instrument gesehen werden. Durch sie können:

- ✓ Trends, Saisonalitäten und Ausreißer graphisch und somit leicht verständlich dargestellt werden.
- ✓ Die Autokorrelationsfunktion bestimmt werden, die die Abhängigkeiten in der Zeitreihe herauskristallisiert.
- ✓ Prognosen mit einem gewissen Genauigkeitsgrad aufgestellt werden.

Veranschaulichung einer Zeitreihe:

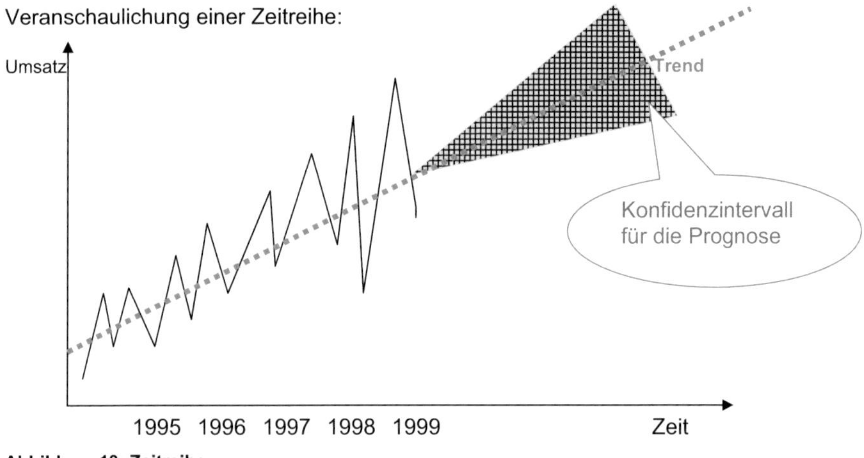


**Abbildung 18: Zeitreihe**

Die althergebrachte Methode der gleitenden Mittelwerte, die derzeit noch in vielen PPS-Systemen im Rahmen der Mengenplanung angeboten wird, kann neuerdings durch ein genaueres Verfahren, nämlich der **Box-Jenkins-Methode** ersetzt werden. Diese stellt kein Geradeausverfahren dar, sondern ist vielmehr ein zyklisches Verfahren, das aus 3 Phasen besteht, die wiederholt durchlaufen werden können:

- Identifizierung des Modells
- Statistische Schätzung der Modellparameter
- Verifikation des Modells.

An dieser Stelle soll jedoch nicht näher auf die Box-Jenkins-Methode eingegangen werden. Fest steht jedoch, daß es für die Akzeptanz dieser Systeme von herausragender Bedeutung ist, eine optimale Anpassung an die Bedürfnisse des Anwenders vorzunehmen. Viele Systeme werden nämlich wegen ihrer Komplexität und Unübersichtlichkeit nicht genutzt, da sie eher vom Verarbeitungscharakter als vom Anwendungscharakter geprägt sind ([10]).

### *3.4.4 Die Nutzwertanalyse (NWA)*

Die Nutzwertanalyse ist ein weiteres wichtiges Instrument zur Komplexitätsreduzierung in der KGVL®. Aus diesem Grund soll die Beschreibung und Anwendung der NWA der Hauptgegenstand dieser Arbeit sein. Die konventionelle Methode, die im Kapitel 4 beschrieben werden soll, hat allerdings einige Schwächen. Diese Schwächen sollen durch die vorliegende Arbeit aufgezeigt sowie geeignete Lösungsvorschläge erarbeitet und dargelegt werden.

# 4. Grundlagen der Nutzwertanalyse

## 4.1 Nutzwertanalyse und KGVL®

Die Nutzwertanalyse stellt ein wichtiges Instrument zur Operationalisierung der KGVL® dar. Sie optimiert dabei das **Kosten-Mengengefüge der 7 Rs** der Logistik und unterstützt so die ganzheitliche Entscheidungsfindung ([10]).Dabei können sowohl monetäre als auch nicht monetäre, quantitative sowie qualitative Kriterien in die Entscheidungen einbezogen werden. Eine isolierte Betrachtung z. B. von Kosten wird durch sie vermieden. Die Nutzwertanalyse ergänzt durch ihre **ganzheitliche Betrachtungsweise** die althergebrachte Kosten- bzw. Gewinnvergleichsrechnung und die Investitionsrechnung ([29], S. 1).

Aufgrund der enormen **Komplexität** wichtiger Entscheidungen, die durch eine Vielzahl entscheidungsrelevanter Aspekte gekennzeichnet sind, ist das menschliche Individuum in der Regel nicht in der Lage, rational begründbare, ganzheitliche Entscheidungen zu treffen. Bestenfalls kann der Mensch 9 Informationseinheiten parallel verarbeiten.

Durch die Nutzwertanalyse wird der Nutzen nicht monetär bewertet. An die Stelle eines monetären Maßstabes tritt eine dimensionslose Skalierung. Nur so sind unterschiedliche Dimensionen (z. B. Meter, Kilogramm) vergleichbar und bewertbar ([30], S. 9).

Durch die **Zerlegung komplexer Probleme** in kleinere Komponenten hilft die Nutzwertanalyse dem Menschen, diese transparenter, überschaubarer und handhabbarer zu machen. Anschließend werden diese Teilprobleme dann getrennt voneinander analysiert und die Einzelbewertungen zu einer Gesamtlösung zusammengeführt ([31], S. 1).

Der Begriff Nutzwert setzt sich aus den Wörtern Nutzen und Wert zusammen.

- Unter **Nutzen** versteht man in erster Linie das Maß für die Bedürfnisbefriedigung, das ein Wirtschaftssubjekt aus dem Konsum eines Gutes zieht, aber auch das Maß für den Vorteil, der aus einem wirtschaftlichen Geschäft gezogen oder erwartet werden kann. Der Nutzen ist dabei objektiv nicht meßbar. Er hängt von der Einschätzung des einzelnen ab. Voraussetzung für den Nutzen ist daher die Nützlichkeit, d. h. die Eignung einer Sache zur Befriedigung eines subjektiven Bedürfnisses ([32]).
- Der **Wert** drückt das Ergebnis einer Messung in einer Zahl aus.

Der Begriff Nutzwert bezeichnet also einen in Zahlen ausgedrückten Grad der Bedürfnisbefriedigung, der sich durch Aggregation von Teilnutzwerten ergibt.

Bei Entscheidungen, die mit einem monetären Aufwand verbunden sind, muß die Nutzwertanalyse durch die Kostenrechnung ergänzt werden. Da dies in der betrieblichen Praxis fast ausschließlich so ist, wird auf die Nutzwertanalyse im Rahmen der Nutzen-Kosten-Analyse eingegangen.

| | | Nutzen | | |
|---|---|---|---|---|
| | | nicht berücksichtigt | nicht monetär | monetär |
| Aufwand | nicht berücksichtigt | | Nutzwert-Analyse<br>mehrdimensional<br>Punktwerte | Erlösrechnung<br>eindimensional<br>DM |
| | nicht monetär | Aufwandswert-schätzung<br>eindimensional<br>Punktwerte | Nützlichkeits-analyse<br>eindimensional<br>Punktwerte/Punktwerte | in der Praxis nicht bekannt |
| | monetär | Kostenvergleichs-rechnung<br>eindimensional<br>DM | Nutzwert-Kosten analyse<br>mehrdimensional<br>Punktwert/DM | Wirtschaftlich-keitsrechnung<br>eindimensional<br>DM (oder DM/DM) |

**Abbildung 19: Nutzwertanalyse und Kosten-Nutzen-Analyse in der Übersicht** ([30], Seite 8)

## 4.2 Die gute Entscheidung

Von einer **guten Entscheidung** könnte man immer dann sprechen, wenn die Entscheidung im Endeffekt zu einem wünschenswerten Ergebnis führt. Dies wäre jedoch nicht sinnvoll, da bei einer derartigen Betrachtung nur auf das Ergebnis geschaut wird, die Logik der Entscheidungsfindung jedoch unberücksichtigt bliebe. Zur Verdeutlichung ein Beispiel: Man hat die Wahl zwischen zwei Automobilen, um damit ohne Panne zur Arbeit zu fahren, und zwar das Automobil A, 20 Jahre alt, mit Beulen und Rostflecken und das Automobil B, 1 Jahr alt, in hervorragenden Zustand. Hier wird man sich wohl für das Automobil B entscheiden. Der Grund liegt darin, daß die Wahrscheinlichkeit einer Panne bei diesem geringer ist. Wenn man aber nun das Auto B gewählt und trotzdem eine Panne hat, kann man doch nicht sagen, daß die Entscheidung für das Auto B schlecht oder falsch war. Entscheidend für die Qualität der Entscheidung ist also der **Informationsstand zum Zeitpunkt der Entscheidung** ([31], S. 1f).

## 4.3 Vorgehensweise bei der Kosten-Nutzen-Analyse

Nachfolgend wird der Ablauf der Nutzwertanalyse dargestellt. Als Darstellungsform soll dabei das Struktogramm gemäß [55] eingesetzt werden, da dieses eine einfache, übersichtliche Darstellung der Prozesse ermöglicht. Nachdem der grobe Ablauf einer Kosten-Nutzen-Analyse geklärt ist, wird explizit auf die Teilbereiche des Struktogramms eingegangen. Für ein ganzheitliches Verständnis wird dabei auch auf monetäre Größen eingegangen (Kosten-Nutzen-Analyse), wobei der Schwerpunkt der vorliegenden Arbeit bei der Nutzwertanalyse liegen soll.

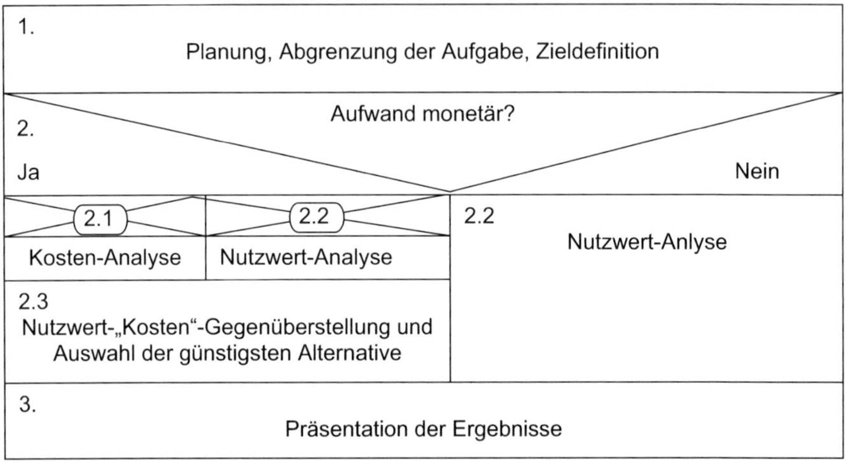


**Abbildung 20: Ablauf der Kosten-Nutzen-Analyse ([30], S. 25)**

## *4.3.1 Planung, Abgrenzung der Aufgabe, Zieldefinition*

Ein Sprichwort sagt: „Sag mir wie ein Projekt beginnt, und ich sage dir, wie das Projekt endet.“ Auch aus diesem Grund ist es wichtig und ratsam, einen genau definierten Projektstart einzuhalten.

Ablauf:

1. (Abschnitt 4.3, Abb. 20)
Planung, Abgrenzung der Aufgabe, Zieldefinition

1.1.1
Beschreibung der Bewertungsaufgabe

1.1.2
Benennung eines Bewertungsteams

1.1.3 Aufgabe von erheblicher Komplexität?
Ja | Nein

1.1.3.1
Verabschiedung der Vorgehensweise

1.1.3.2
Verabschiedung des Zeitrahmens

0

1.1.4
Verabschiedung eines Kostenrahmens

1.1
Wiederhole, bis die Aufgabe ausreichend genau beschrieben ist

1.2.1
Formulieren der Hauptziele

1.2.2
Ableiten der unabdingbaren Forderungen

1.2
Wiederhole, bis alle unabdingbaren Forderungen vollständig festgelegt sind

**Abbildung 21: Planung, Abgrenzung der Aufgabe, Zieldefinition ([39], S. 32, 35)**

Eine exakte Beschreibung der Bewertungsaufgabe legt die Basis für die erfolgreiche Durchführung der Kosten-Nutzen-Analyse. So werden die bekannten Kommentare „Ja, aber haben Sie auch das berücksichtigt“ vermieden (Block 1.1.1).

Anschließend muß ein interdisziplinäres Bewertungsteam, das alle Betroffenen und Entscheidungsträger enthält, zusammengestellt werden (Block 1.1.2).

Wenn die Aufgabe hohe Komplexität aufweist, empfiehlt es sich, eine inhaltliche, zeitliche und ggf. kostenmäßige Planung durchzuführen (Blöcke 1.1.3.1 und 1.1.3.2).

Im Projektteam müssen anschließend zusammen mit den Entscheidern, die Hauptziele des Projektes definiert werden (Block 1.2.1) ([30], S. 32). Gemäß dem bekannten Prinzip von PORTER muß man versuchen, die Anzahl der Alternativen schon im Vorfeld zu reduzieren. Dies kann durch das Setzen sogenannter Anspruchsniveaus (= unabdingbare Forderungen) geschehen. Dabei handelt es sich um Mindestanforderungen, die eine Alternative mindestens zu erbringen hat, um im Entscheidungsmodell weiterverarbeitet zu werden (Block 1.2.2).

Problematisch beim Setzen von Anspruchsniveaus ist, daß evtl. attraktive Alternativen eliminiert werden.

Beispiel: Das Anspruchsniveau liegt bei 800 € Miete.
Eine Wohnung, die 801 € kostet, würde nach diesem Prinzip ohne weitere Prüfung eliminiert werden, obwohl sie vielleicht sehr groß ist, ruhig und ideal gelegen ([31], S. 28f).

Deswegen sollte die folgende Regel beachtet werden:

**VORSICHTIGER UMGANG MIT ANSPRUCHSNIVEAUS!**

## *4.3.2 Ablauf der Nutzwertanalyse (NWA)*

Den Ablauf der Nutzwertanalyse zeigt das folgende Strukturgramm

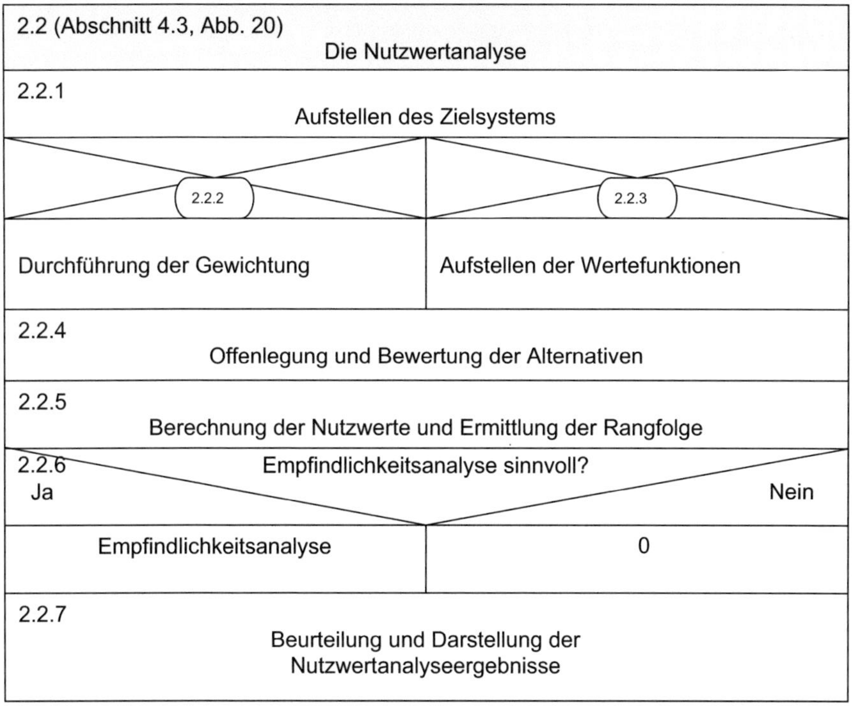


**Abbildung 22: Ablauf der Nutzwertanalyse ([30], S. 39)**

### *4.3.2.1 Das Zielsystem*

Jedes Ziel muß meßbar und bewertbar gemacht werden. Auf eine detaillierte und in sich widerspruchsfreie Zieldefinition ist dabei als Ausgangspunkt der Nutzwertanalyse besonders zu achten. Deswegen ist die Aufstellung eines Zielsystems erforderlich.

Unter Zielsystem versteht man eine Menge von Zielen, die in einer Zielhierarchie strukturiert sind. Dabei werden in dieser Zielhierarchie die Ziele sukzessive von

Ebene zu Ebene weiter konkretisiert und verfeinert ([31] S. 14, 25). Man muß also das Oberziel durch Teilziele, die das Oberziel erreichen lassen, beschreiben.

Beispiel: Beurteilung der Qualität einer Wohnung:

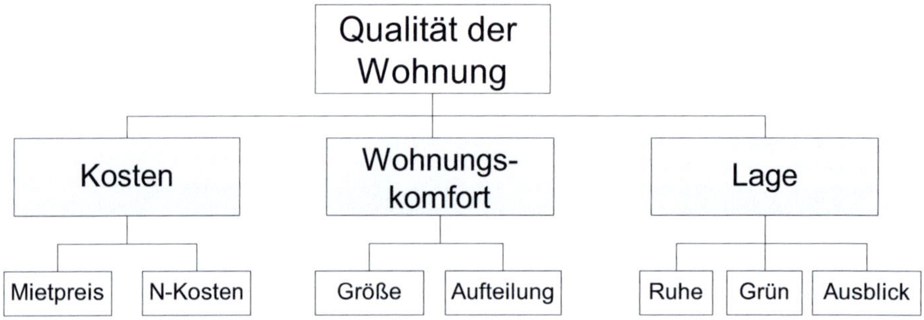


**Abbildung 23: Zielsystem ([31] , S. 25)**

Die Unterziele konkretisieren in dieser Hierarchie die Oberziele. Dabei hat das Zielsystem die Vorteile, daß erstens die Übersichtlichkeit gesteigert und zweitens die Kontrolle, ob die Ziele auch die Zielanforderungen ( siehe nächster Abschnitt) erfüllen, erleichtert wird.

#### *4.3.2.1.1 Anforderung an die Zieldefinition*

Beim Aufstellen des Zielsystems muß darauf geachtet werden, daß die Anforderungen an das Zielsystem erfüllt sind. Diese lauten wie folgt:

**a) Vollständigkeit**

Alle bewertungsrelevanten Aspekte müssen im Zielsystem berücksichtigt sein. Dies ist besonders für den ganzheitlichen Ansatz und somit die „Richtigkeit“ des Ergebnisses der Nutzwertanalyse ausschlaggebend.

**b) Fundamentalität**

Ein Ziel sollte einen eigenen Wert besitzen, d. h. fundamental sein. Es soll nicht nur deshalb aufgeführt werden, weil es für ein anderes Ziel förderlich ist. Wenn es diesen eigenen Wert nicht hat, aber trotzdem ein Fundamentalziel fördert, dann bezeichnet man dieses Ziel als sogenanntes „Instrumentalziel“.

Beispiel:

| | |
|---|---|
| **Durchlaufzeit** | **Instrumentalziel** von niedriger Kapitalbindung |
| **Niedrige Kapitalbindung** | **Instrumentalziel** von niedrigen Zinskosten |
| **Niedrige Zinskosten** | **Instrumentalziel** von hohem Gewinn |
| **Hoher Gewinn** | **Fundamentalziel** ([31], S. 14, 25) |

**c) Redundanzfreiheit**

Dies bedeutet, daß sich Bewertungskriterien nicht nebeneinander – direkt oder indirekt – auf gleiche Objekteigenschaften beziehen. Hierbei würde die Gefahr bestehen, daß eine einseitige Beurteilung des betreffenden Objektes erfolgen könnte.

Beispiel:

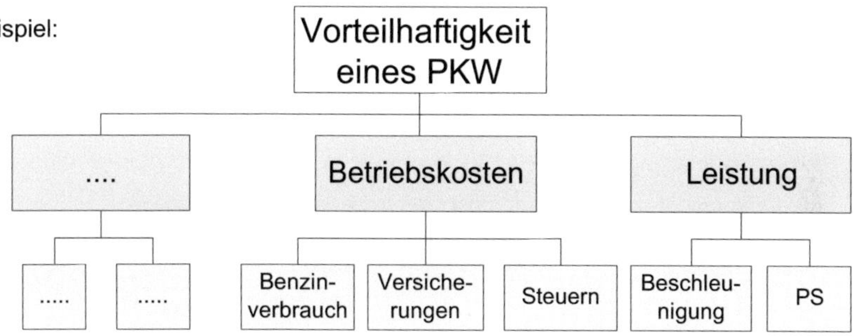


**Abbildung 24: Redundanzen ([33], S. 281)**

Man erkennt hier schnell, daß die gewählten Kriterien stark voneinander abhängen. So korrelieren die Betriebskosten mit der Leistung, die Beschleunigung mit der PS-Stärke ([33], S. 281).

**d) Präferenzunabhängigkeit**

Präferenzunabhängigkeit bezeichnet die Unabhängigkeit der Bewertung eines Zieles von einem anderen. Grundsätzlich können sich zwei Arten von Präferanzabhängigkeiten ergeben:

*Abhängigkeit bei der zielspezifischen Bewertung*

Beispiel: Man findet einen schwarzen Opel besser als einen roten, aber zugleich einen roten VW besser als einen schwarzen.

*Abhängigkeit bei der Vergabe der Zielgewichte*

Beispiel: Anforderungsprofil eines Schriftstellers ist Fachkenntnis und Schreibtalent. Die Fachkenntnis allein nützt nichts, wenn man das Wissen nicht zu Papier bringen kann. Man kann also das Ziel, Schriftsteller zu werden, nicht erreichen, wenn man nicht beide Fähigkeiten besitzt. Es besteht eine Präferenz zwischen Fachkenntnis und Schreibtalent ([31], S. 18f).

**e) Meßbarkeit**

Die Ziele müssen meßbar sein, bzw. gemacht werden. Dabei gibt es 3 mögliche Formen der Messung:

- Natürliche, kontinuierliche Skalen (z. B. Entfernung in Meter, Gewinn in Euro)
- Proxyattribute ( begründet durch kausale oder statistische Zusammenhänge, z. B. Führungsqualität anhand der Anzahl der Jahre Berufserfahrung)
- Diskrete Punkteskalen
  Über eine Punktbewertung soll hier die „Präferenzstärke“ ausgedrückt werden.

  Beispiel: Ort der nächsten Beschäftigung:

| Zielausprägung | Punktwert |
|---|---|
| Frankfurt | **10** |
| München | **30** |
| Regensburg | **80** |

Im Rahmen der Nutzwertanalyse bedient man sich der Punkteskalen ([31], S. 21, 23)

Kernaussage:

- Je fundamentaler die Zieldefinition, desto geringer die Präferenzabhängigkeit und Redundanzgefahr, und desto schwieriger wird
- Die Messbarkeit ([31], S.27f).

Veranschaulichung des Problems:

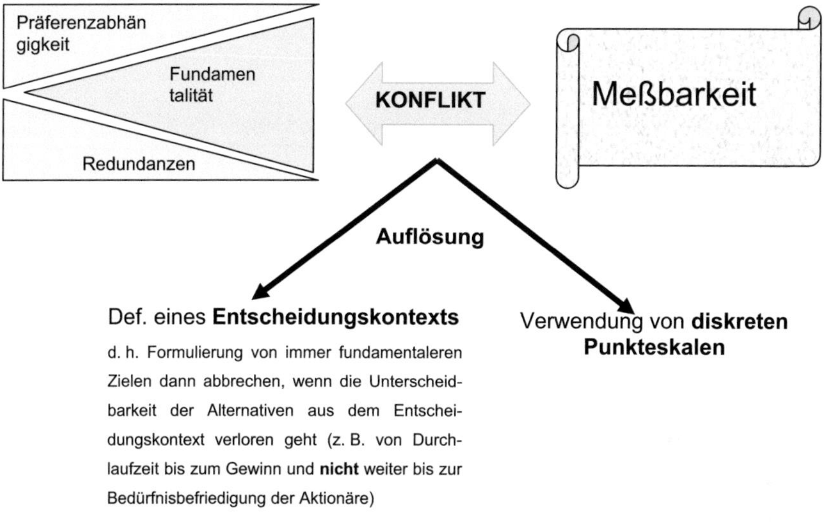


**Abbildung 25: Konfliktlösung des Fundamentalitätsproblems ([31], S. 27f)**

### *4.3.2.1.2 Ablauf der Zieldefinition*

2.2.1 (Abschnitt 4.3.2, Abb. 22)
Aufstellen des Zielsystems

2.2.1.1
Sammlung der Teilziele

2.2.1.2
Ordnung der Teilziele

2.2.1.3
Vervollständigung des Zielsystems

2.2.1.4
Überprüfung des Zielsystems auf Doppelbewertung

2.2.1
Wiederhole, bis das Bewertungsziel ausreichend beschrieben ist

**Abbildung 26: Ablauf der Zieldefinition ([30], S. 55)**

Aufgabe des Teams ist es, ein Zielsystem zu kreieren, das die Anforderungen gemäß Abschnitt 4.3.2.1.1erfüllt. Dabei empfiehlt es sich, eine Art Brainstorming oder auch die Metaplantechnik, auf die hier jedoch nicht weiter eingegangen werden soll, anzuwenden. Zuerst werden alle Zielsetzungen ungeordnet gesammelt (Block 2.2.1.1). Anschließend wird versucht, die Beziehungen, die zwischen den Zielsetzungen bestehen, zu erkennen und die Teilziele dementsprechend zu ordnen (Block 2.2.1.2), bevor ihre Vollständigkeit noch einmal überprüft wird (Block 2.2.1.3).

Ist dieser Block abgearbeitet, werden die Teilziele noch auf eine evtl. vorkommende Doppelbewertung geprüft (Block 2.2.1.4). Hierfür kommt gegebenenfalls die Beziehungsmatrix in Betracht. Die Abbildung 27 verdeutlicht an einem Beispiel den Inhalt dieser Beziehungsmatrix:

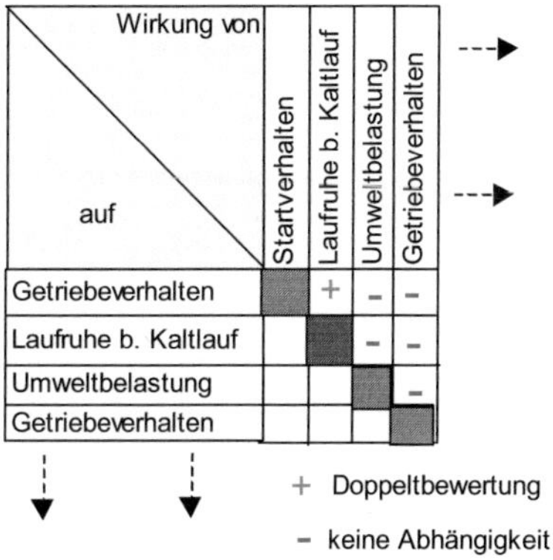


Es kann durchaus vorkommen, daß ein Kriterienname unter verschiedenen Teilzielen genannt wird, ohne daß jedoch eine Doppelbewertung vorliegt, z. B. die Radaufhängung als Teilziel für Komfort und Sicherheit.

**Abbildung 27: Doppelbewertungsprüfung ([30], S. 46)**

### *4.3.2.2 Durchführung der Gewichtung*

Die Zielgewichtung hat die Aufgabe, die relative Bedeutung (Wichtigkeit) der Zielkriterien zueinander, festzulegen. Würde dies unterlassen, dann wären alle Teilziele gleich wichtig. Beim Beispiel Automobil wäre dann z. B. die Wartung gleichrangig mit den Antriebseigenschaften.

#### *4.3.2.2.1 Verfahren der Zielkriteriengewichtung*

Es gibt mehrere Verfahren, mit denen eine Gewichtung der Zielkriterien durchgeführt werden kann. Prinzipiell ist es möglich, eine rein intuitive Gewichtung vorzunehmen. Dabei geht der Entscheidungsträger innerlich jedoch auch nach einem bestimmten Modell vor, das er jedoch nicht offenlegt. Ein externer Betrachter kann somit die Entscheidung nicht nachvollziehen. Aus diesem Grund empfiehlt es sich, die Gewichtung mit systematischen Verfahren durchzuführen. Man sollte die Kriterien dabei vorher noch einmal verbal genau definieren, so daß jeder im Entscheidungsteam genau weiß, was mit diesem Kriterium gemeint ist und aus welchen Komponenten es sich zusammensetzt ([29], S. 46).

### a) Methode der direkten Gewichtung

Charakteristisch für die direkte Gewichtung ist, daß im Anschluß an eine Rangordnungsbildung die Gewichte direkt von dieser abgeleitet werden. Dabei erfolgt die Gewichtung subjektiv; sie ist zugeschnitten auf die Rahmenbedingungen des jeweiligen Objektes ([29], S. 47f).

Beispiel:

| Kriterien | Rangfolge | Gewichtungsvergabe |
|---|---|---|
| Preis | 1 | 0,30 |
| Qualität | 1 | 0,30 |
| Menge | 2 | 0,20 |
| Zeit | 3 | 0,15 |
| Ort | 4 | 0,05 |
| **Summe** | | **1** |

**Abbildung 28: Methode der direkten Gewichtung ([29], S. 49)**

### b) Methode des singulären Vergleichs

Der Unterschied zur Methode der direkten Gewichtung liegt darin, daß hier nach der Bildung der Rangfolge ein Zwischenschritt eingeschaltet ist, von dem dann die Gewichtungsfaktoren abgeleitet werden. Es gibt zwei Verfahren des singulären Vergleichs:

#### Einfacher singulärer Vergleich

Bei diesem Verfahren erfolgt ebenfalls zuerst eine Reihenfolgebildung. Im zweiten Schritt werden den Kriterien entsprechend ihrer Rangfolge Zahlen zugeordnet. Dabei erhält das bedeutendste Kriterium (Rang 1) den Zwischenwert 1. Danach wird die jeweilige Bedeutung der verbleibenden Kriterien mit der des wichtigsten Kriteriums verglichen und ein Zwischenwert aus dem Intervall [0,1], entsprechend der subjektiven Beurteilung, zugeordnet. Die Gewichte erhält man als Quotient der Zwischenwerte und deren Summe. Man erreicht damit, daß die Gewichte sich zu 1 addieren ([29], S. 50f).

Beispiel:

| Kriterien | Rangfolge | Zwischenwerte | Gewichtung |
|---|---|---|---|
| Preis | 1 | 1,0 | 1,0/3,4=0,294 |
| Qualität | 1 | 1,0 | 1,0/3,4=0,294 |
| Menge | 2 | 0,7 | 0,7/3,4=0,206 |
| Zeit | 3 | 0,5 | 0,5/3,4=0,147 |
| Ort | 4 | 0,2 | 0,2/3,4=0,059 |
| **Summe** | | **3,4** | **1,000** |

**Abbildung 29: Methode des einfachen singulären Vergleichs ([29], S. 52)**

**Verfeinerter singulärer Vergleich**

Der Unterschied zu der Methode des einfachen singulären Vergleichs besteht darin, daß man nun nicht mehr das wichtigste Kriterium zum Vergleich heranzieht, sondern dasjenige Kriterium, das dem zu gewichtenden Kriterium im Rang zuvorkommt ([29], S. 53).

Beispiel:

| Kriterien | Rangfolge | Vergleich jedes Kriteriums mit dem vorrangigen | Ermittlung der Wichtigkeit | Gewichtungsvergabe |
|---|---|---|---|---|
| Preis | 1 | Preis/Preis =1 | =1,0 | 1,0/3,4=0,294 |
| Qualität | 1 | Qual./Preis =1 | 1,0*1,0=1,0 | 1,0/3,4=0,294 |
| Menge | 2 | Menge/Qual.=0,7 | 1,0*0,7=0,7 | 0,7/3,4=0,206 |
| Zeit | 3 | Zeit/Menge=0,7 | 0,7*0,7=0,5 | 0,5/3,4=0,147 |
| Ort | 4 | Ort/Zeit=0,4 | 0,5*0,4=0,2 | 0,2/3,4=0,059 |
| **Summe** | | | **3,4** | **1,000** |

**Abbildung 30: Methode des verfeinerten singulären Vergleichs ([29], S. 54)**

**c) Methode der absoluten Gewichtung**

Die absolute Gewichtung zeichnet sich durch Zuordnung von Gewichten mittels einer separaten Notenskala aus, wobei die Kriterien einzeln bewertet werden.

Dabei setzt sich dieses Verfahren aus 2 Schritten zusammen:

1. Es wird eine Notenskala aufgestellt.
2. Die einzelnen Kriterien werden mit Hilfe dieser Notenskala bewertet. Von den „Benotungen" werden die Gewichte abgeleitet.

Beispiel:

1. Schritt: Notenvergabe

| *Bedeutung* | *Note (=absolutes Gewicht)* |
|---|---|
| *Äußerst bedeutungsvoll* | 5 |
| *Sehr bedeutungsvoll* | 4 |
| *Bedeutungsvoll* | 3 |
| *Geringe Bedeutung* | 2 |
| *Unbedeutend* | 1 |

↓ ↓ ↓ ↓ ↓ ↓

2. Schritt: Ermittlung der Gewichte

| Kriterien | Absolutes Gewicht / „Note" | Gewichtung |
|---|---|---|
| Preis | 5 | 5/19=0,263 |
| Qualität | 5 | 5/19=0,263 |
| Menge | 4 | 4/19=0,211 |
| Zeit | 3 | 3/19=0,158 |
| Ort | 2 | 2/19=0,105 |
| **Summe** | **19** | **1,000** |

**Abbildung 31: Methode der absoluten Gewichtung ([29], S. 57)**

**d) Methode der sukzessiven Vergleiche**

Die Methode der sukzessiven Vergleiche ist dadurch gekennzeichnet, daß der Versuch einer möglichst genauen Abschätzung der Gewichtungsfaktoren vorgenommen wird. Dies soll dadurch erreicht werden, daß zahlreiche Paarvergleiche zwischen den jeweiligen Gewichtungsfaktoren und den Gewichtungsfaktorsummen vorgenommen werden.

Das Verfahren läuft wie folgt ab:

1. Aufstellen der Rangordnung.
2. Vorläufige Gewichtung gemäß der festgelegten Rangordnung
3. Festlegung der endgültigen Gewichtungsfaktoren durch sukzessiven Vergleich bzw. Abgleich der vorläufigen Gewichte mit der Summe der restlichen Gewichte.

Beispiel:

1. Rangfolge: Preis = Qualität > Menge > Zeit > Ort
2. Zuordnung von vorläufigen Gewichten: 1,0 = 1,0 > 0,8 > 0,5 > 0,2
3. Sukzessiver Vergleich der vorläufigen Gewichtungsfaktoren
   a) Bedingung: Preis = Qualität < (Menge + Zeit + Ort)
      Ist: 1,0 = 1,0 < (0,8 + 0,5 + 0,2)
      Bedingung erfüllt: keine Korrektur
   b) Bedingung: Menge ≤ (Zeit + Ort)
      Ist: 0,8 ≤ (0,5 + 0,2)
      Bedingung nicht erfüllt: Korrektur erforderlich
      0,7 ≤ (0,5 + 0,2)
      Bedingung erfüllt
   c) Bedingung: Zeit > Ort
      Ist: 0,5 > 0,2
      Bedingung erfüllt, keine Korrektur
4. Normierung:

| ***Kriterien*** | ***Absolutes Gewicht*** | ***Normierung*** |
|---|---|---|
| **Preis** | 1,0 | 1,0/3,4=**0,263** |
| **Qualität** | 1,0 | 1,0/3,4=**0,263** |
| **Menge** | 0,7 | 0,7/3,4=**0,206** |
| **Zeit** | 0,5 | 0,5/3,4=**0,147** |
| **Ort** | 0,2 | 0,2/3,4=**0,059** |
| **Summe** | **3,4** | **1,000** |

**Abbildung 32: Methode der sukzessiven Vergleiche ([29] S. 64)**

Begründung des Schritts 3:

Im vorliegenden Beispiel ist bei den Kriterien Preis und Qualität die Annahme getroffen worden, daß das jeweilige Gewicht kleiner als die Summe der Gewichte der restlichen drei Kriterien sein soll. Der Grund lag darin, daß den Hauptkriterien „Preis" und „Qualität" zwar von allen Kriterien die höchste Bedeutung zuerkannt wurde, diese aber nicht höher eingeschätzt werden sollte, als die der verbleibenden Kriterien, da man eine zu einseitige Preis-Qualitätsorientierung vermeiden wollte. Unter ähnlichen Gesichtspunkten wurden auch die übrigen Gewichte festgelegt ([29], S. 60-63).

**e) Methode des vollständigen paarweisen Vergleiches (Paarvergleich)**

Der Paarvergleich ist dadurch gekennzeichnet, daß alle Kriterien miteinander verglichen werden. Dabei ergeben sich im Einzelfall drei mögliche Situationen:

- Vorrangigkeit des betrachteten Kriteriums gegenüber dem Vergleichskriterium, (Kriterium erhält Gewicht 1, Vergleichskriterium Gewicht 0)
- Nachrangigkeit des betrachteten Kriteriums gegenüber dem Vergleichskriterium, (Kriterium erhält Gewicht 0, Vergleichskriterium Gewicht 1)
- Gleichrangigkeit des betrachteten Kriteriums gegenüber dem Vergleichskriterium ([33],S. 288).
  (Beide Kriterien erhalten Gewicht 0,5).

Anschließend erfolgt eine Normierung, indem man die Gewichte durch ihre Summe dividiert.

Beispiel:

| | Preis | Qualität | Menge | Zeit | Ort | Summe | Normierung | |
|---|---|---|---|---|---|---|---|---|
| Preis | 1 | 0,5 | 1 | 1 | 1 | 4,5 | $\frac{4,5}{15}=$ | 0,300 |
| Qualität | 0,5 | 1 | 1 | 1 | 1 | 4,5 | $\frac{4,5}{15}=$ | 0,300 |
| Menge | 0 | 0 | 1 | 1 | 1 | 3 | $\frac{3}{15}=$ | 0,200 |
| Zeit | 0 | 0 | 0 | 1 | 1 | 2 | $\frac{2}{15}=$ | 0,133 |
| Ort | 0 | 0 | 0 | 0 | 1 | 1 | $\frac{1}{15}=$ | 0,067 |
| Summe | | | | | | 15 | | 1,000 |

**Abbildung 33: Methode des vollständigen paarweisen Vergleichs ([29], S. 68)**

**Problem** bei diesem Verfahren:

Es können sich leicht Fehler in die Beurteilung einschleichen, wenn man keine einheitliche Bewertungsform einhält. Diese Gefahr ist insbesondere dann groß, wenn viele Kriterien vorhanden sind. Wenn z. B. das Preiskriterium dem Mengenkriterium und das Mengenkriterium dem Ortskriterium vorgezogen wird, dann darf das Ortskriterium folglich nicht dem Preiskriterium vorgezogen werden. Ansonsten wäre eine eindeutige Rangreihe nicht ableitbar ([29], S. 67). Deswegen empfiehlt sich eine Plausibilitätskontrolle des Bewertungsergebnisses. Sinnvoller als jede Nachprüfung auf Fehler ist jedoch die Vermeidung von Fehlern. Dies kann z. B. dadurch erreicht werden, daß man das Beurteilungsverfahren schon vorher über eine Reihenfolgedefinition festlegt ([29], S. 67).

**f) Kombinierte Gewichtungsmethode nach UTERMARCK (siehe [29])**

Die zuvor dargestellten Gewichtungsverfahren können anhand eines Merkmals unterschieden werden:

- Die direkte Gewichtung, die beiden Anwendungsformen des singulären Vergleichs und der sukzessive Vergleich sind dadurch gekennzeichnet, daß bei ihnen eine stufenlose Gewichtung möglich ist.
- Bei der absoluten Gewichtung und dem vollständigen, paarweisen Vergleich ist dies hingegen nicht möglich, da sich aufgrund der Vorgehensweise konstante Abstände der relativen Gewichtungsfaktoren pro vergebenem Notenpunkt bzw. Vorzugshäufigkeitspunkt ergeben, was als Nachteil aufzufassen ist.

Aus diesem Grund schlägt UTERMARCK eine Kombination aus zwei Gewichtungsverfahren vor.

Das Verfahren läuft wie folgt ab:

- Eingliederung der Kriterien in Zahlenintervalle für verbal beschriebene Bereiche (Methode der absoluten Gewichtung).
- Direkte Vergabe von Gewichten innerhalb der entsprechenden Bereiche (Methode der direkten Gewichtung).

Beispiel:

| Bereich | Bereichsunterteilung | Gewichtsintervalle | Kriterienzuordnung | Gewichtungsfaktoren | Normierung |
|---|---|---|---|---|---|
| 1 | Sehr geringe Bedeutung | 0 – 0,9 | Ort | $g_{(Ort)} = 0,8$ | 0,8/16,6=0,048 |
| 2 | Geringe Bedeutung | 1,0 – 1,9 | | | |
| 3 | Bedeutungsvoll | 2,0 – 2,9 | | | |
| 4 | Sehr bedeutungsvoll | 3,0 – 3,9 | Menge, Zeit | $g_{(Menge)} = 3,6$<br>$g_{(Zeit)} = 3,2$ | 3,6/16,6=0,217<br>3,2/16,6=0,193 |
| 5 | Äußerst bedeutungsvoll | 4,0 – 4,9 | Preis, Qualität | $g_{(Preis)} = 4,5$<br>$g_{(Qualität)} = 4,5$ | 4,5/16,6=0,271<br>4,5/16,6=0,271 |
| **Summe** | | | | **16,6** | **1,000** |

**Abbildung 34: Methode der kombinierten Gewichtung nach UTERMARCK ([29], S. 71)**

### *4.3.2.2.2 Beurteilung der Verfahren*

**a) Methode der direkten Gewichtung**

Die direkte Gewichtung sollte nur dann herangezogen werden, wenn nur wenige Kriterien zur Beurteilung stehen und das Bewertungsteam sich über die Vergabe der Gewichtungsfaktoren einig ist ([30], S. 191). Damit ist die Methode wenig empfehlenswert und sollte in einem Industriebetrieb nur ausnahmsweise, d. h. wenn Entscheidungen mit geringer Tragweite anstehen, verwendet werden ([29], S. 50).

| Vorteile | Nachteile |
|---|---|
| Äußerst geringer Aufwand | Mangelnde Nachvollziehbarkeit der Entscheidungsfindung |
| Einfache Handhabung | |
| Bei Fachkenntnis schnell durchführbar | |

**Abbildung 35: Vor- und Nachteile der direkten Gewichtung ([29], S. 50, [30], S. 191)**

**b) Methode des singulären Vergleichs**

**Einfacher singulärer Vergleich**

Ähnlich wie bei der direkten Gewichtung sollte das Verfahren des einfachen singulären Vergleiches nur verwendet werden, wenn wenige Kriterien vorhanden sind ([30],

S. 191). Bei der Genauigkeit der Ergebnisse lassen sich keine Unterschiede zu der direkten Gewichtung erkennen ([29], S. 53).

| Vorteile | Nachteile |
|---|---|
| Geringer Aufwand | Mangelnde Nachvollziehbarkeit der Entscheidungsfindung |
| Einfache Handhabung | |
| Besser nachvollziehbar als die direkte Gewichtung | |

**Abbildung 36: Vor- und Nachteile des einfachen, singulären Vergleiches ([29], S 53, [30], S. 191)**

### Verfeinerter singulärer Vergleich

Die Angaben in der Literatur sind hier unterschiedlich. Während UTERMARCK keinen Unterschied (bezüglich des Ergebnisses) zum einfachen singulären Vergleich ableiten konnte, räumen RINZA und SCHMITZ diesem durchaus eine Bedeutung ein, wenn mehr als sechs Kriterien zu gewichten sind. Bei ihnen ist er bis max. 10 Kriterien anwendbar ([29], S. 55, [30], S. 191).

Die Vor- und Nachteile sind die gleichen wie die beim singulären Vergleich.

### c) Methode der absoluten Gewichtung

Die absolute Gewichtung ist wegen ihrer hohen Objektivität und hervorragenden Reproduzierbarkeit ein sehr vorteilhaftes Verfahren. Sie wird für normale, d. h. nicht außergewöhnlich komplexe Nutzwertanalysen empfohlen, stößt aber bei 6 – 7 Kriterien an ihre Grenzen ([30], S. 182, 191).

| Vorteile | Nachteile |
|---|---|
| Höhere Genauigkeit als die Methode der direkten Gewichtung | Kritik:<br>Höhere Genauigkeit besteht nur auf den ersten Blick, da es sich nur um eine Offenlegung des Beurteilungsschemas handelt |
| Höhere Objektivität | Kritik:<br>Zuteilung zu den Gewichtungsklassen genauso subjektiv wie in der direkten Gewichtung |
| Geringer Arbeitsaufwand und leichte Handhabbarkeit | Gewichte nicht stufenlos definierbar, da die Abstände zwischen den Gewichten fest gegeben sind.<br>$Gewichtsprung = \frac{1}{\sum der\_absoluten\_Gewichte}$ |
| Gute Reproduzierbarkeit | |

**Abbildung 37: Vor- und Nachteile der Methode der absoluten Gewichtung ([29], S. 59, [30], S. 191)**

## d) Methode der sukzessiven Vergleiche

Aufgrund der nachfolgend aufgeführten Vorteile ist diese Methode der direkten Gewichtung vorzuziehen, wenn es sich um Entscheidungen von hoher Tragweite handelt. Bei vielen Gewichtungskriterien stößt aber auch dieses Verfahren an seine Grenzen, wobei die Genauigkeit nicht größer ist, als bei dem singulären Vergleich. ([30], Seite 186,191)

| Vorteile | Nachteile |
|---|---|
| Verhältnismäßig einfach und vielseitig anwendbar | Gegenmeinung:<br>Schwerer zu handhaben als die anderen Verfahren |
| Verbesserung der Relevanzzahlen gegenüber einer direkten Abschätzung | Kritik:<br>Verbesserung ist zweifelhaft<br>Genauigkeit kann nicht wesentlich gesteigert werden |
| Hoher Grad an Reproduzierbarkeit | Bei vielen Kriterien unübersichtlich und aufwendig |

**Abbildung 38: Methode der sukzessiven Vergleiche ([29], S. 65, [30], S. 186, 191)**

**e) Methode des vollständigen paarweisen Vergleiches (Paarvergleich)**

Verfahrensbedingt stimmen die Gewichte des paarweisen Vergleichens nicht mit den anderen Verfahren überein. Der Grund liegt darin, daß sie bestimmte Abstände zueinander haben, die von der **Summe der absoluten Kriteriengewichte** abhängen.

Verdeutlichung:

| | Preis | Qualität | Menge | Zeit | Ort | Summe | Normierung |
|---|---|---|---|---|---|---|---|
| Preis | 1 | 0,5 | 1 | 1 | 1 | 4,5 | 0,300 |
| Qualität | 0,5 | 1 | 1 | 1 | 1 | 4,5 | 0,300 |
| Menge | 0 | 0 | 1 | 1 | 1 | 3 | 0,200 |
| Zeit | 0 | 0 | 0 | 1 | 1 | 2 | 0,133 |
| Ort | 0 | 0 | 0 | 0 | 1 | 1 | 0,067 |
| Summe | | | | | | 15 | 1,000 |

0,200-0,133=**0,067**

0,133-0,067 =**0,067**

**1 / 15** → **0,067**

$$Gewichtsprung = \frac{1}{\sum der\_Kriterien\_Gewichte}$$

**Abbildung 39: Problem des Paarvergleichs ([29], S. 68)**

Dies bedeutet, daß man die zeitaufwendig ermittelten Rangfolgezahlen über ein starres Verfahren in Gewichtungszahlen umrechnet. RINZA/SCHMITZ schlagen deshalb eine direkte Vergabe von Gewichtungsfaktoren nach der Rangfolgeermittlung vor. UTERMARCK beanstandet diesen Vorschlag, weil dadurch die Durchführung des Paarvergleichs überflüssig werden würde. Eine direkte Gewichtung innerhalb der Methode der paarweisen Vergleiche betrachtet er mit Skepsis, äußert sich jedoch nicht weiter zu diesem Thema ([29], S. 69, [30], S. 189). GROB empfiehlt dagegen eine direkte Gewichtung innerhalb des paarweisen Vergleichs ([34], S. 26-28).

| Vorteile | Nachteile |
| --- | --- |
| Weitgehende Objektivierung durch kreuzweises Vergleichen | Beachtung der Zwangsbedingungen erschwert die ansonsten einfache Anwendung |
| Hoher Formalisierungsgrad | Erheblich aufwendiger als die anderen Verfahren |
| Hoher Grad an Reproduzierbarkeit | Bei sehr vielen Kriterien unübersichtlich |
| Stufenweise differenzierte Gewichte | Abstände der relativen Gewichtungsfaktoren fest vorgegeben |

**Abbildung 40: Vor- und Nachteile der Methode des paarweisen Vergleiches ([29], S. 69f, 191)**

Das Verfahren ist nach UTERMARCK trotz aller Nachteile dazu geeignet, bei Entscheidungen von hoher Tragweite zur Gewichtung der Kriterien herangezogen zu werden ([29], S. 70).

**f) Kombinierte Gewichtungsmethode nach UTERMARCK**

Das kombinierte Verfahren nach UTERMARKCK hat durchaus seine Vorteile. So ist eine fast stufenlose Gewichtung möglich. Die feine Abstufung nach einer vorhergehenden Grobklassifizierung bringt insbesondere bei einer großen Anzahl von Kriterien den Vorteil, daß dann das Gesamtproblem in kleinere Teilprobleme aufgespalten wird, die getrennt bearbeitet werden ([29], S. 74).

Trotz dieser Vorteile soll eine kritische Untersuchung dieser Methode vorgenommen werden, da in der Literatur hierzu keine Angaben gefunden werden konnten.

Zu diesem Zweck wurde das Verfahren einer Sensitivitätsanalyse unterzogen. Untersucht wurde dabei **nur** die Auswirkung der Änderung des Gewichtungsfaktors **Qualität**. Die Ausgangsdaten wurden der Abbildung 34 entnommen. Das Ergebnis gibt zu denken.

| | Kriterium Qualität: | Faktor 4,5 | Faktor 4,4 | |
|---|---|---|---|---|
| **Bereichsunterteilung** | **Gruppierung** | Normierung | Normierung | Abweichung |
| sehr geringe Bedeutung | Ort | 0,048 | 0,048 | 0,000 |
| geringe Bedeutung | | 0,000 | 0,000 | 0,000 |
| bedeutungsvoll | | 0,000 | 0,000 | 0,000 |
| sehr bedeutend | Menge | 0,217 | 0,218 | 0,001 |
| | Zeit | 0,193 | 0,194 | 0,001 |
| äußerst bedeutend | Preis | 0,271 | 0,273 | 0,002 |
| | Qualität | 0,271 | 0,267 | -0,004 |
| **Summe** | | **1,000** | **1,000** | |

Änderung des Gewichts im Kriterium Qualität: $\frac{0,004}{0,271} = 0,015 = 1,5\%$ **absolut: 0,004** **relativ: 1,5 %**

**Abbildung 41: Sensitivität bei kleiner Abweichung**

Daraus folgt, daß eine kleine Veränderung der Gewichtung des Kriteriums Qualität in diesem Fall eine Auswirkung von 0,4 Prozentpunkte (d. h. um 1,5 %) hätte. Im Beispiel wäre bei vollem Ausschöpfen des Bewertungsintervalls eine Änderung um max. 4 Prozentpunkte (d. h. um 14 %) bei der Qualität möglich, was in Abbildung 42 verdeutlicht werden soll:

| | Kriterium Qualität: | Faktor 4,9 | Faktor 4,0 | |
|---|---|---|---|---|
| Bereichsunterteilung | Gruppierung | Normierung | Normierung | Abweichung |
| sehr geringe Bedeutung | Ort | 0,047 | 0,050 | 0,003 |
| geringe Bedeutung | | 0,000 | 0,000 | 0,000 |
| bedeutungsvoll | | 0,000 | 0,000 | 0,000 |
| sehr bedeutend | Menge | 0,212 | 0,224 | -0,012 |
| | Zeit | 0,188 | 0,199 | -0,011 |
| äußerst bedeutend | Preis | 0,265 | 0,280 | -0,015 |
| | Qualität | 0,288 | 0,248 | 0,040 |
| **Summe** | | **1,000** | **1,000** | |

Änderung des Gewichts im Kriterium Qualität: $\frac{0,04}{0,288} = 0,14 = 14\%$ **absolut: 0,04** **relativ: 14 %**

**Abbildung 42: Sensitivität bei maximaler Abweichung**

Zusammengefaßt erscheint es so, als ergebe eine derart stark differenzierte Bewertungsmöglichkeit in der Praxis wenig Sinn. Welcher Entscheider kann schon sagen, ob die Qualität nun mit dem Gewicht 0,271 oder 0,267 bewertet werden muß? Das größere Problem ist die Zuteilung der Kriterien zu den Bereichen, d. h. zum Beispiel ob der Ort nun eine sehr geringe Bedeutung hat oder nur eine geringe (Faktor 0,8 bzw. 1,8). Damit ergäbe sich eine Änderungsspannweite von 15-Prozent-Punkten. Fraglich ist, ob dem gegenüber der Streit im Zehntel-Prozentbereich in der betrieblichen Praxis überhaupt von Relevanz ist.

#### *4.3.2.2.3 Das Problem der Gewichtungsfindung im Team*

Nicht selten kommt es vor, daß ein fünfköpfiges Entscheidungsteam fünf unterschiedliche Gewichtungsvorstellungen hat. Hier sollte natürlich versucht werden, eine Kompromißlösung auf verbaler Ebene zu finden. Wenn dies jedoch nicht möglich sein sollte, dann kann man sich auch mit Mittelwerten behelfen.

Für die Mittelwertbildung kommen in Betracht:

- **das arithmetische Mittel**

  Entspricht der Summe der Werte einer Grundgesamtheit dividiert durch die Anzahl der Werte:

  $\bar{x} = \frac{1}{n}\sum_{i=1}^{n} x_i$ , n = Anzahl der Gewichte.

- **die fortlaufende Mittelung benachbarter Werte**

Dieses Verfahren soll am nachfolgenden Beispiel erklärt werden:

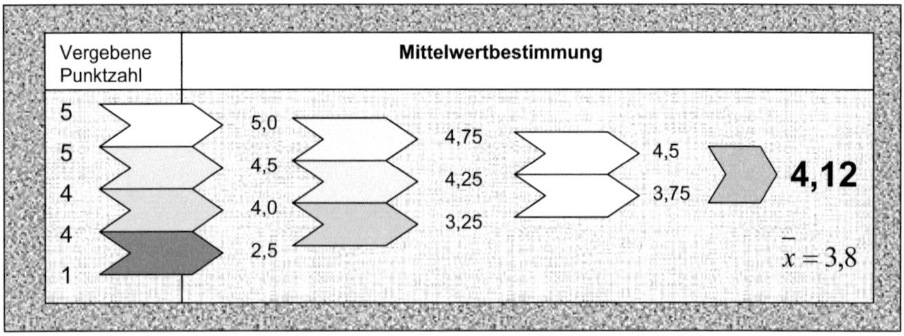


**Abbildung 43: Die fortlaufende Mittelung benachbarter Werte ([30], S. 204)**

Dieses Verfahren bewirkt einen sukzessiven Abgleich der direkten Gewichtung durch Einsatz des arithmetischen Mittels.

Der Einsatz von Mittelwerten ist insofern problematisch, als im Ergebnis zwar ein Kompromiß im mathematischen Sinne gewonnen wird, dieser jedoch nicht das Bild der gespaltenen Meinungen wiedergibt.

#### *4.3.2.2.4 Die Gewichtung des Zielsystems*

Nachdem man die Methode der Gewichtung ausgewählt hat, muß das Zielsystem gewichtet werden. Das Zielsystem stellt, graphentheoretisch gesehen, einen Baum dar.

Ein Graph im Sinne der Graphentheorie ist eine Menge von Knoten und Kanten, die jeweils 2 Knoten verbinden. Zur Veranschaulichung werden geometrische Figuren (Kreise, Rechtecke) für die **Knoten** und beliebige Linien für die **Kanten** verwendet. Bringt man auf den Kanten einen Richtungspfeil an, dann spricht man von einem „**gerichteten Graphen**". Man kann dann bei jedem Knoten einwärts- und auswärtsverlaufende Kanten unterscheiden (Einwährtspfeile bzw. Auswärtspfeile).

Ein Knoten, aus dem eine oder mehrere Kanten herausführen, kann als **Vaterknoten** für die an den Enden dieser Kanten liegenden Knoten bezeichnet werden. Diese unmittelbaren Nachfolger werden dann als **Kindknoten** des betreffenden Vaterknotens bezeichnet.
Ein Knoten, aus dem keine Kante herausführt, der also keine Kindknoten hat (und deshalb auch kein Vaterknoten ist), kann als **Endknoten** bezeichnet werden.

Ein spezieller Graph ist der **gerichtete Baum**. Bei diesem Graphen hat jeder Knoten mit Ausnahme des **Wurzelknotens** (kurz „Wurzel des Baumes") genau eine einlaufende Kante und keine, eine oder mehrere auslaufende Kanten. Endknoten werden auch als **Blattknoten** (kurz „Blätter des Baumes") bezeichnet.

Als **„Ast in einem bestimmten Knoten“** könnte man den Teilbaum bezeichnen, der den betreffenden Knoten als Wurzel hat und alle von dieser Wurzel auf beliebigen Kantenwegen erreichbaren Knoten umfaßt.

In der graphischen Darstellung eines Baumes wird die Wurzel oben gezeichnet und die übrigen Knoten in Schichten oder „Ebenen“ angeordnet, nach unten fortschreitend dargestellt. Der Baum erscheint damit „auf dem Kopf stehend“. Auf diese Weise ist auch eine Pfeilrichtung für die Kanten „von oben nach unten“ implizit festgelegt. Während allgemeine Graphen zur Darstellung beliebiger Netzwerke eingesetzt werden können, dient der Baum zur Veranschaulichung hierarchischer Strukturen. Er wird daher auch zur Darstellung der Zielhierarchie in der NWA verwendet. Hier stellt die Wurzel das Gesamtziel dar, die Knoten bilden die Teilziele, und die Blattknoten sind für die NWA die Bewertungskriterien, wie aus folgender Abbildung ersichtlich ist:

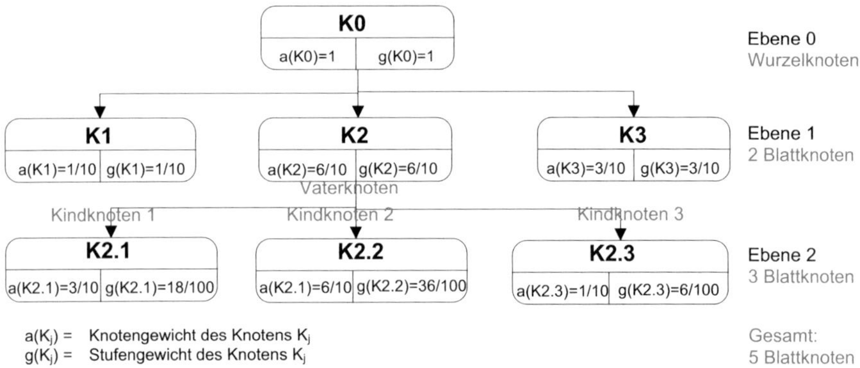


**Abbildung 44: Gewichtung des Zielsystems ([30], S. 68)**

Für die Berechnung der Stufengewichte müssen zuerst die Knotengewichte $a(K_j)$ berechnet werden. Zur Berechnung dieser Knotengewichte werden die im Abschnitt 4.3.2.2.1 vorgestellten Methoden (z. B. absolute Gewichtung) eingesetzt. Dabei ist anzumerken, daß man die Verfahren nicht auf den gesamten Kriterienbaum direkt, sondern vielmehr auf die jeweiligen Kindknoten eines Vaterknotens anwendet. Für den Kriterienbaum gemäß Abbildung 44 würde dies bedeuten, daß die Knotengewichte durch 2 Berechnungen ermittelt werden müssen:

1. Es werden die Knotengewichte für die Kindknoten des Vaterknotens K0 ermittelt, d. h. a(K1), a(K2) und a(K3).
2. Anschließend werden die Knotengewichte für die Kindknoten des Vaterknotens K2 ermittelt, d. h. a(K2.1), a(K2.2) und a(K2.3).

Nachdem nun die Knotengewichte a(Kj) ermittelt wurden, kann mit der Berechnung der Stufengewichte fortgefahren werden, indem man das Stufengewicht des jeweiligen Vaterknotens mit den Knotengewichten der zugehörigen Kindknoten multipliziert.

$$g(K_j) = a(K_j) * g(K_i)$$

$a(K_j)$ = Knotengewicht des Knotens $K_j$, Eigenschaft: $\sum_{j \in Mi} a(K_j) = 1$ für alle Vaterknoten $K_i$
Mi = Indexmenge der Kindknoten des Vaterknotens $K_i$
$g(K_j)$ = Stufengewicht des Knotens $K_j$
$g(K_i)$ = Stufengewicht des Vaterknotens $K_i$, der zum Kindknoten $K_j$ gehört

Die Stufengewichte auf der Ebene 1 für die Kindknoten der Wurzel (d. h. also für die „Hauptkriterien") stimmen mit den entsprechenden Knotengewichten überein:

$$g(K_j) = a(K_j) * 1$$

Dies gilt für alle Knoten Kj auf der Ebene 1 (Kindknoten der Wurzel).

Die Rechnung schreitet dann fort zu den Kindknoten dieser Knoten, wobei jetzt die Knoten auf Ebene 1 jeweils als Vaterknoten betrachtet werden.

Dadurch ergeben sich folgende Eigenschaften:

**1.** $\sum_{j \in Mi} g(K_j) = g(K_i) * \sum_{j \in Mi} a(K_j) = g(K_i)$

Dies bedeutet, daß die Summe der Stufengewichte der Kindknoten des jeweiligen Vaterknotens gleich seinem eigenen Stufengewicht ist.

Beispielhaft für die Stufengewichte der Kindknoten K2.1, K2.2, K2.3 gilt:

$\frac{18}{100}+\frac{36}{100}+\frac{6}{100}=\frac{6}{10}$ = Stufengewicht des zugehörigen Vaterknotens K2

**2.** $$\frac{g(K_j)}{g(K_l)}=\frac{a(K_j)}{a(K_l)} \quad j \in M_i,\ l \in M_i$$

Das Verhältnis der Stufengewichte zweier Kindknoten stimmt mit dem entsprechenden Verhältnis der Knotengewichte überein.

Beispiel für das Verhältnis der Stufengewichte zwischen Kindknoten K2.1 und K2.2:

$$\frac{18/100}{36/100}=\frac{3/10}{6/10}$$

**3.** $$\sum_{l \in B} g(K_l)=\sum_{j \in M_o} g(K_j)=g(K_0)=1$$

B = Indexmenge der Blattknoten im Kriterienbaum
$M_o$ = Indexmenge der Kindknoten der Wurzel = Indexmenge der Hauptkriterien auf Ebene 1

Die Summe der Stufengewichte aller Blattknoten ergibt 1. Dies ist die Normierungsbedingung der Stufengewichte für die Bewertungskriterien.

Beispiel für die Blattknoten K1, K2.1, K2.2, K2.3, K3:

$g(K_1)+(g(K_{2.1})+g(K_{2.2})+g(K_{2.3}))+g(K_3)$ =

$$\frac{1}{10}+\left(\frac{18}{100}+\frac{36}{100}+\frac{6}{100}\right)+\frac{3}{10}=\frac{1+6+3}{10}=1$$

#### *4.3.2.2.5 Ablauf der Zielgewichtung*

2.2.2 (Abschnitt 4.3.2, Abb. 22)
Durchführung der Gewichtung

2.2.2.1
Auswahl eines geeigneten Verfahrens für die Gewichtung

2.2.2.2.1
Für jeden Vaterknoten $K_i$ werden die Knotengewichte $a(K_j)$ der zugehörigen Kindknoten $K_j$ unter Beachtung der Bedingung $\sum_{j \in Mi} a(K_j) = 1$ vergeben.

(vgl. Abschnitt 4.3.2.2.4)

2.2.2.2.2
Da auf Ebene 1 die Stufengewichte mit den Knotengewichten übereinstimmen, beginnt die Rechnung auf Ebene 2. Die Stufengewichte der Kindknoten werden gemäß der Beziehung $g(K_j) = a(K_j) * g(K_i)$ bestimmt als Produkt des betreffenden Knotengewichts und des (zuvor berechneten) Stufengewichts des zugehörigen Vaterknotens.

(vgl. Abschnitt 4.3.2.2.4)

2.2.2.2.3
Überprüfung der Stufengewichte

2.2.2.2
Wiederhole, bis die Rangfolgen der Stufengewichte mit der Wichtigkeit der Kriterien übereinstimmen

**Abbildung 45: Ablauf der Gewichtsvergabe ([30], S. 196)**

### *4.3.2.3 Aufstellen der Wertefunktionen*

Wie bereits im Abschnitt 4.3.2.1.1 angesprochen, müssen die Ziele meßbar und skalierbar sein. Es gibt prinzipiell vier Skalierungen:

- **Nominalskalierung**

  Bei einer derartigen Skalierung kann der Teilnutzen für die einzelnen Bewertungskriterien dadurch bestimmt werden, daß man feststellt, ob die jeweils vorgegebenen Ziele erreicht werden oder nicht. Es handelt sich also um eine Ja-Nein-Entscheidung ([33], S.291).

- Beispiel: Haarfarbe blond (ja oder nein)

- **Ordinalskalierung**

  Ordinalskalierte Merkmale lassen eine Rangfolgebildung zu. So können Nutzenunterschiede gekennzeichnet und deren Richtung angegeben werden, die durch einen Vergleich jeder Alternative mit jeder anderen festgestellt werden.

  Beispiel: Alternative 1 ist besser als Alternative 2

- **Kardinalskalierung**

  Bei dieser Skalierung kann nicht nur eine Rangfolge gebildet werden, vielmehr lassen sich die Nutzwertunterschiede zahlenmäßig abbilden. Dies erreicht man, indem man den Grad der Zielerfüllung direkt mit vorher festgelegten Skalenwerten verknüpft.

  Beispiel:

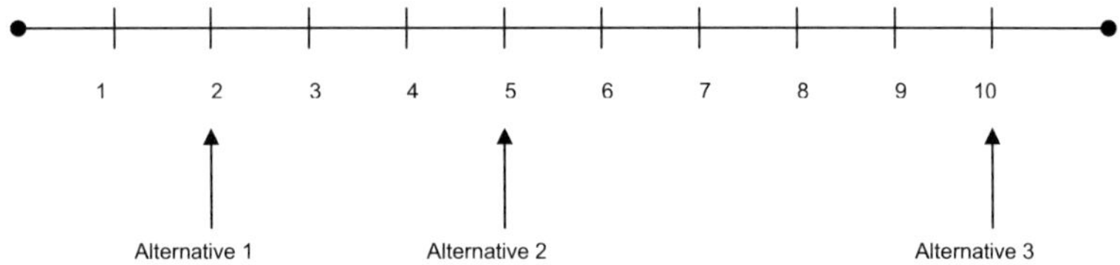


**Abbildung 46: Beispiel für eine Kardinalskalierung ([30], S. 197)**

- **Verhältnisskalierung**

  Sie zeichnet sich dadurch aus, daß die Eigenschaften der zur Auswahl stehenden Alternativen direkt miteinander verglichen, d. h. zueinander ins Verhältnis gesetzt werden können.

Beispiel:
Bewertungskriterium „Fahrgeschwindigkeit“ mit gefordertem Wert 150 km/h
Alternative 1: 180km/h / 150 km/h = 1,2
Alternative 2: 150km/h / 150 km/h = 1,0
Alternative 3: 130km/h / 150 km/h = 0,87

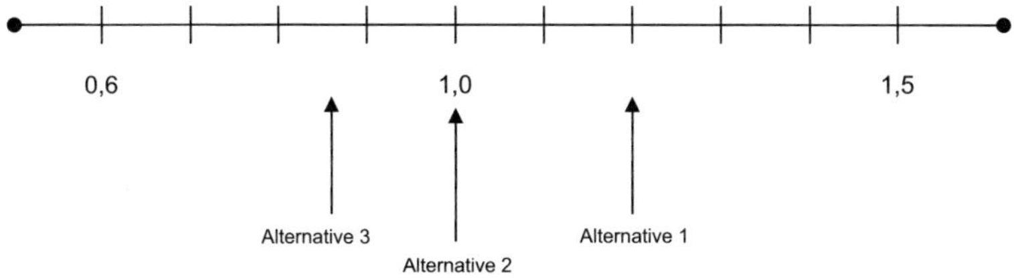


**Abbildung 47: Beispiel einer Verhältnisskala ([30], S. 70)**

Für die Nutzwertanalyse eigenen sich nicht alle Skalierungen gleich gut. Zu präferieren sind aus diesem Grund die **Kardinalskalierung und die Verhältnisskalierung** ([30], S. 193-197).

Ausgehend von den Erkenntnissen aus der Skalierung müssen jetzt Wertefunktionen für die einzelnen Kriterien aufgestellt werden. Wertefunktionen sind Zuordnungsvorschriften, die den jeweiligen Ausprägungen der Alternativen Erfüllungsgrade zuweisen. Für die NWA finden dabei unterschiedliche Typen von Wertefunktionen Anwendung, welche in folgender Abbildung aufgezeigt werden sollen:

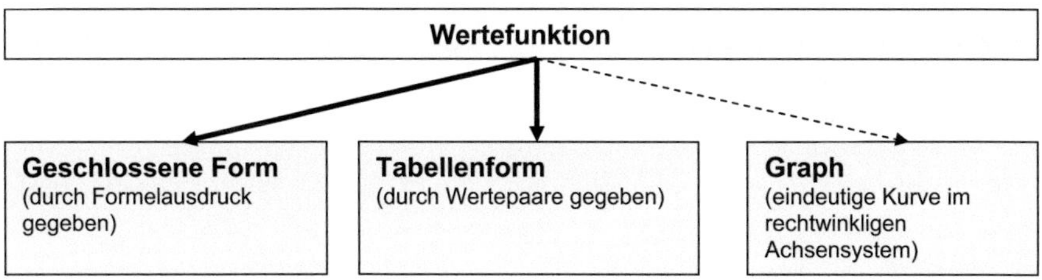


**Abbildung 48: Wertefunktionstypen**

- Wertefunktionen in geschlossener Form werden bei Zielkriterien eingesetzt, die sich physikalisch messen lassen.
- Wertetabellen in Tabellenform hingegen, bei Zielkriterien, deren Qualität nur durch eine verbale Beschreibung bestimmt werden kann ([30], S.69).

Beispiel:

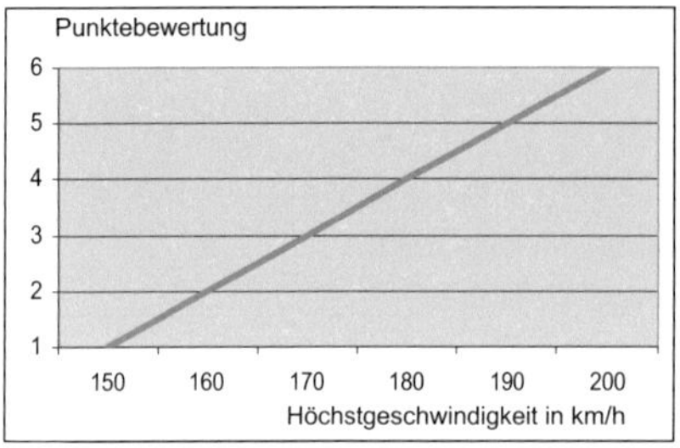


| Punktebe-wertung | Bremseigenschaften |
|---|---|
| 6 | Kein Bremsfading feststellbar |
| 5 | Bremsfading nur in extremen Situationen geringfügig feststellbar |
| 4 | Bremsfading nur in extremen Situationen mäßig feststellbar |
| 3 | Bremsfading nur in extremen Situationen stark feststellbar |
| 2 | Bremsfading bei wiederholtem Bremsen bei Bergabfahrt feststellbar |
| 1 | Bremsfading bei wiederholtem Bremsen auf ebener Straße feststellbar |

Graph Tabellenform

**Abbildung 49: Wertefunktionen für die Kriterien Geschwindigkeit bzw. Bremseigenschaften ([30], S. 70)**

Für die Entscheidung, ob nun Wertefunktionen in geschlossener oder Tabellenform gewählt werden sollten, ist der Wissensstand des Entscheiders über das Bewertungsobjekt von ausschlaggebender Bedeutung. Dabei ist die Tabellenform gegenüber der geschlossenen Form etwas ungenauer. Für die Qualität der Entscheidung ist dies erfahrungsgemäß jedoch von untergeordneter Bedeutung ([30], S. 75).

#### *4.3.2.3.1 Wertefunktion (geschlossene Form)*

Der Entscheider legt für jede der zur Entscheidung stehenden Alternativen die Ausprägung des zu bewertenden Kriteriums fest. Bei einem qualitativen Bewertungskriterium ist diese Festlegung subjektiv beeinflußt.

Die Wertefunktion $v_B$ eines Bewertungskriteriums *B* ordnet jeder Ausprägung von *B* eine nichtnegative reelle Zahl zu:

$V_B : \mathrm{B} \rightarrow R$ , Definitionsbereich B=Menge der Ausprägungen des Kriteriums B

$V_B(a)$ ist der Funktionswert für die Ausprägung $a \in B$ des Kriteriums B.

Im folgenden wird der Index B in der Bezeichnung der Wertefunktion weggelassen, wenn von Eigenschaften, die für alle diese Funktionen gelten, die Rede ist.

Es gibt grundsätzlich zwei Typen von Wertefunktionen der geschlossenen Form, die sich danach unterscheiden, wie sie interpretiert werden können:

- Ordinale Wertefunktionen zeigen an, daß eine Alternative mit einem höheren Wert besser ist als eine mit einem niedrigeren.
  z. B.: $v(a)>v(b) \Leftrightarrow a>b$

- Dem gegenüber lassen sich bei kardinalen Wertefunktionen die Werte als absolute Präferenzstärken interpretieren.
  z. B.: $v(a)=0{,}2$ $v(b)=0{,}3$ $v(c)=0{,}9$
  Kardinal interpretiert kann gesagt werden, daß die Alternative c deutlich besser als die Alternative b, diese jedoch nur geringfügig besser als die Alternative a ist,
  d. h. $[v(c)-v(b)]>[v(b)-v(a)] \Leftrightarrow [a \rightarrow b]<[b \rightarrow c]$ ; ($a \rightarrow b$ bedeutet „Übergang von a auf b")
  Ordinal interpretiert könnte nur gesagt werden, daß Alternative c besser als b und b besser als a ist.

Aufgrund des besseren Informationsgehalts muß, wie bereits erwähnt, im Rahmen der Nutzwertanalyse versucht werden, kardinale Wertefunktionen zu schaffen. Dabei muß die Präferenz des Entscheiders vollständig und transitiv sein.

Vollständig heißt, der Entscheider sollte zwischen zwei beliebigen Alternativen a und b eine klare Präferenz äußern können (d. h. entweder $a > b$ oder $a < b$), oder, daß er die Alternativen als gleichwertig ansieht ($a \sim b$).
Transitiv heißt, daß der Entscheider, wenn er a besser als b und b besser als c findet, auch a besser als c finden muß ($a>b$ und $b>c \rightarrow a>c$) ([31], S. 41f).
**Regeln** für das Aufstellen von Wertefunktionen:

- In der Praxis werden meist stückweise lineare Funktionen benutzt. Dies vereinfacht das Verfahren, wobei die Abweichungen der Erfüllungsgrade gegenüber der Verwendung von nichtlinearen Funktionen innerhalb tolerierbarer Grenzen liegen.
- Wichtig ist, daß es **nicht** zulässig ist, Minimal- und Maximalforderungen (d. h. niedrigstwertige und höchstwertige Ausprägungen eines Beurteilungskriteriums) auf Grundlage der zu beurteilenden Alternativen zu wählen, da damit nicht die

Anforderung der Bedarfsträger, sondern das Angebot des Marktes wiedergegeben werden würde.

Beispiel:

Anforderung an die Fahrgeschwindigkeit: 150 km/h

Alternativen: A1=150 km/h  A2=155 km/h  A3=160 km/h

In diesem Fall würde das Automobil A1 nur 1 Punkt in der Wertefunktion bekommen (schlechte Alternative), obwohl es die Anforderungen erfüllt ([30], S. 75).

**Ausgewählte Methoden** zur Bildung der Wertefunktion:

- Halbierungsmethode

  Der Entscheider muß sich hier zuerst Gedanken machen, in welchem Bewertungsintervall er seine Wertefunktion einrichten möchte. So muß er den Wert festlegen, bei dessen Erfüllung die Alternativen die volle Punktzahl (z. B. 6 Punkte) bekommen. Diese wird als $x^+$ bezeichnet. Anschließend muß er die Ausprägung festlegen, bei deren Unterschreitung die Alternativen 1 Punkt bekommen sollen ($x^-$). Nun wird die fiktive Alternative gesucht, die die Mitte (also z. B. 3 Punkte) kennzeichnen würde. Gemäß diesem Verfahren wird fortgefahren.

- Methode gleicher Wertdifferenzen

  Zunächst legt man die schlechteste Ausprägung fest ($x^-$). Dann wählt man eine Ausprägung $a_1$, die etwas besser ist als $x^-$ und macht sich eine Vorstellung über das Ausmaß der Verbesserung durch den Übergang von $x^-$ auf $a_1$. Den Präferenzunterschied versucht man in Punkten zu bewerten und sucht dann eine Alternative $a_2$, deren Übergang von $a_1$ genauso groß ist wie der von $x^-$ auf $a_1$, in Zeichen:

  $(x^- \rightarrow a_1) \sim (a_1 \rightarrow a_2)$ (~ bedeutet: entspricht)

  $a_1 \sim 1$ Punkt

  $a_2 \sim 2$ Punkte ([31], S. 41f)

- Umrechnung bei unterschiedlicher Skalierung

Um eine Verzerrung bei der Benotung der verschiedenen Bewertungskriterien zu vermeiden, ist es erforderlich, daß die Wertefunktionen für alle Kriterien dasselbe Intervall als Wertebereich haben, im einfachsten Fall das Intervall [0;1], aus dem die Noten für jedes Kriterium als „Standardnote" entnommen werden können.

Werden die Wertefunktionen für die einzelnen Kriterien zunächst unabhängig voneinander aufgestellt, dann ergeben sich sicherlich auch unterschiedliche Wertebereiche für diese Funktionen. Diese unterschiedlichen Intervalle müssen dann durch lineare Transformationen auf ein gemeinsames Intervall, am einfachsten [0;1], abgebildet werden.

Die entsprechende lineare Transformation:

$$f: [\mathrm{a}, \mathrm{b}] \rightarrow [\mathrm{X}, \mathrm{Y}]$$

$$\text{lautet: } \mathrm{f}(\mathrm{t}) = X + (Y - X)\frac{t-a}{b-a} \;;\; \mathrm{t} \in [\mathrm{a}, \mathrm{b}]$$

$$\text{Spezialfall: } \mathrm{X} = 0,\ Y = 1 \rightarrow$$

$$f_0(t) = \frac{t-a}{b-a} \;;\; t \in [a;b],\ f_0(t) \in [0;1]$$

Beispiele:

a) $f:[1;6] \rightarrow [5;1]$

$$f(t) = 5 + (-4)\frac{t-1}{5} = -\frac{4}{5}t + \frac{29}{5}$$

| t | 1 | 2 | 3 | 4 | 5 | 6 |
|---|---|---|---|---|---|---|
| f(t) | 5 | 4,2 | 3,4 | 2,6 | 1,8 | 1 |

b) $f:[1,2;6] \rightarrow [5;1]$

$$f(t) = 5 + (-4)\frac{t-1,2}{4,8} = -\frac{5}{6}t + 6$$

| t | 1,2 | 2,4 | 3,6 | 4,8 | 6 |
|---|---|---|---|---|---|
| f(t) | 5 | 4 | 3 | 2 | 1 |

c) $f:[1;5] \rightarrow [0;1]$

$$f(t) = \frac{t-1}{4}$$

| t | 1 | 2 | 3 | 4 | 5 |
|---|---|---|---|---|---|
| f(t) | 0 | 0,25 | 0,5 | 0,75 | 1 |

#### 4.3.2.3.2 *Wertefunktion (Tabellenform)*

**Regeln** beim Aufstellen von Wertetabellen:

- Ja-Nein-Entscheidungen sollten vermieden werden, weil sie oft vorhandene Zwischenlösungen nicht berücksichtigen.

  Beispiel „Drehzahlmesser“:

| Drehzahlmesser nicht vorhanden | 1 Punkt |
|---|---|
| Kleiner Drehzahlmesser ohne Warnbereich | 3 Punkte |
| Kleiner Drehzahlmesser mit Warnbereich | 4 Punkte |
| Großer Drehzahlmesser ohne Warnbereich | 5 Punkte |
| Großer Drehzahlmesser mit Warnbereich | 6 Punkte |

**Abbildung 50: Beispiel für das Umgehen von Ja-Nein-Entscheidungen ([30], S. 79)**

- Wenn jedoch eine Ja-Nein-Entscheidung unumgänglich ist, muß der Nein-Entscheidung der niedrigste Erfüllungsgrad, der Ja-Entscheidung der maximale Erfüllungsgrad zugeordnet werden ([30], S. 78f).

#### *4.3.2.3.3 Anmerkungen zu Wertefunktionen*

- Bei der Skalenlänge ist die Wahl der maximalen Punktzahl grundsätzlich beliebig. Jedoch hat sich in der Praxis eine Maximalpunktzahl zwischen 5 und 10 Punkten bewährt. Eine höhere Obergrenze macht die Entscheidung durch die starke Differenzierung schwierig, eine geringere Obergrenze führt zu Ungenauigkeiten ([30], S. 71-73).

- Wenn es möglich ist, sollte die Erfüllung von Funktionen, Aufgaben oder Anforderungen bewertet werden, nicht aber die technische Lösung.
  Beispiel:
  Ein PKW braucht weder einen Bremskraftverstärker noch Scheibenbremsen, wenn er nur 120 km/h Höchstgeschwindigkeit hat und 800 kg wiegt. Wiegt er jedoch 1400 kg und erreicht eine maximale Geschwindigkeit von 160 km/h, so benötigt er beide Ausrüstungsteile, um den gleichen Bremsdruck zu entfalten. Bei getrennter Bewertung würde dies zu einer falschen Bewertung des langsameren PKWs führen.

- Nutzungsabhängigkeiten müssen berücksichtigt werden.
  Beispiel:
  Ein Auto mit einer Klimaanlage wird einen höheren Benzinverbrauch haben als eines ohne eine derartige Ausstattung. Der Grund liegt im höheren Verbrauch von Strom, der durch die Lichtmaschine erzeugt wird, die wiederum vom Motor angetrieben wird. Je mehr Energie nun benötigt wird, desto größer wird der Kraftstoffverbrauch werden. Bewertet man nun Klimaanlage und Benzinverbrauch unabhängig voneinander, dann entsteht ein Bewertungsfehler.

- Sowohl Wertefunktionen als auch Wertetabellen sollen **vor** Offenlegung und Bekanntmachung der Eigenschaften der Alternativen definiert werden([30], S. 80, 82).

#### *4.3.2.3.4 Vorgehensweise beim Aufstellen von Wertefunktionen*

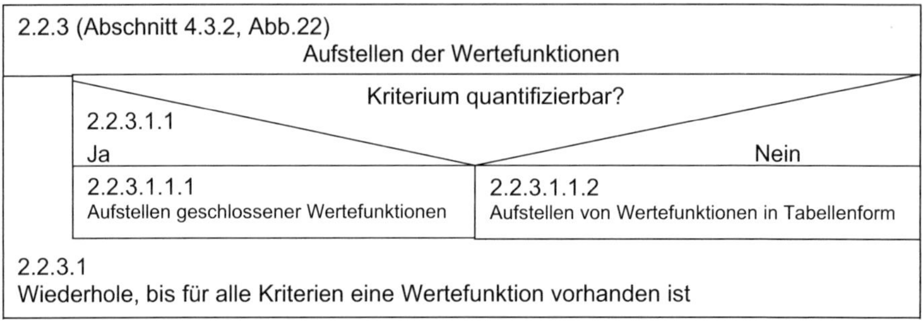


**Abbildung 51: Ablauf des Aufstellens der Wertefunktionen ([30], S 89)**

### *4.3.2.4 Offenlegung und Bewertung der Alternativen*

Erst nachdem die Wertefunktionen aufgestellt sind, werden die Alternativen offengelegt. Der Grund liegt darin, daß man durch eine vorzeitige Kenntnis über die vorhandenen Alternativen in seiner Objektivität beeinflußt werden könnte. So besteht hier die Gefahr, daß man bei der Definition der Wertefunktionen im Hinterkopf doch schon an die Merkmalsausprägungen der Alternativen denkt.

Die offengelegten Alternativen werden nun mit den im Abschnitt 4.3.1 definierten Anspruchsniveaus verglichen und entsprechend selektiert. Meist ist auch eine unabdingbare Forderung hinsichtlich der Kosten definiert worden, die schon hier grob berücksichtigt werden sollte, da so ein unnötiger Aufwand für die Bewertung zu teurer Alternativen im Rahmen der Nutzwertanalyse vermieden werden kann.

Anschließend kann mit der eigentlichen Bewertung begonnen werden. Dabei verknüpft man die Wertetabellen bzw. Funktionsgleichungen mit den Ausprägungen der Bewertungskriterien für alle Alternativen.

Für die Bewertung durch **Wertetabellen** sollte ein Team mit Fachleuten beauftragt werden, um einseitige Entscheidungen zugunsten bestimmter Interessengruppen zu vermeiden.

Beispiel: Bewertung von 5 Alternativen A1, ..., A5 hinsichtlich des qualitativen Kriteriums Bremseigenschaften:

| Benotung durch Punkte | Bremseigenschaften | Bewertungsergebnis |
|---|---|---|
| **6** | Kein Bremsfading feststellbar | |
| **5** | Bremsfading nur in extremen Situationen geringfügig feststellbar | **A1 ,A3** |
| **4** | Bremsfading nur in extremen Situationen mäßig feststellbar | **A2, A5** |
| **3** | Bremsfading nur in extremen Situationen stark feststellbar | **A4** |
| **2** | Bremsfading bei wiederholtem Bremsen bei Bergabfahrt feststellbar | |
| **1** | Bremsfading bei wiederholtem Bremsen auf ebener Straße feststellbar | |

**Abbildung 52: Bewertung mit Wertetabelle ([30], S. 92)**

Damit die Eingruppierung der Alternativen in die Klassen später auch nachvollzogen werden kann, sollte eine kurze Dokumentation die Gründe hierfür darlegen.

Für die Bewertung der Alternativen über **Funktionsgleichungen** empfiehlt sich ebenfalls die Beauftragung eines Teams. Meinungsverschiedenheiten bei der Bewertung können entweder durch Diskussionen oder Mittelwerte gelöst werden (s. Abschnitt 4.3.2.2.3). In der Praxis bestehen aber nur selten größere Meinungsdifferenzen.

Im folgendem soll beispielhaft eine Bewertung von zwei Alternativen A1 und A2 des Kriteriums „Höchstgeschwindigkeit" dargelegt werden:

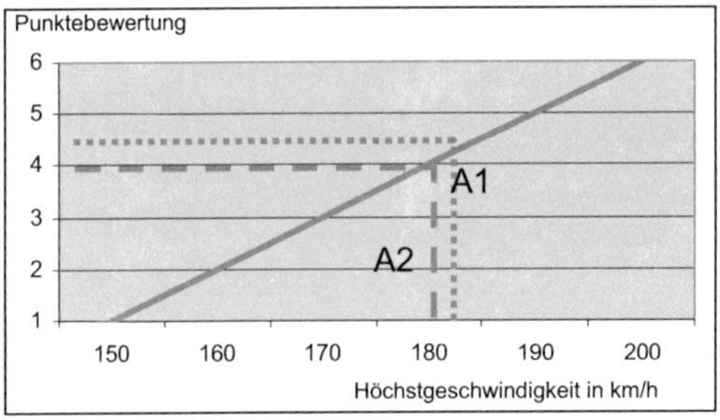


**Abbildung 53: Bewertung mit Wertefunktionen ([30], S. 93)**

In dem Fall, daß die benötigten Informationen zur Bewertung einer Alternative nicht vollständig zur Verfügung stehen, kann man sich ausnahmsweise auch mit Schätzen behelfen. Dabei wird eine Sensitivitätsanalyse, auf die im weiteren Verlauf dieser Arbeit noch eingegangen wird, dringend empfohlen ([30], S. 91-94).

<table>
<tr><td colspan="2">2.2.4 (Abschnitt 4.3.2, Abb.22)<br>Offenlegung und Bewertung der Alternativen</td></tr>
<tr><td colspan="2">2.2.4.1<br>Prüfung der Alternativen auf Erfüllung der Anspruchsniveaus</td></tr>
<tr><td rowspan="2"></td><td>2.2.4.2.1<br>Bewertung nach Wertefunktionen</td></tr>
<tr><td>2.2.4.2.2<br>Beschaffung der noch fehlenden Unterlagen</td></tr>
<tr><td colspan="2">2.2.4.2<br>Wiederhole, bis alle Alternativen vollständig bewertet sind</td></tr>
</table>

**Abbildung 54: Ablauf der Bewertung ([30], S 97)**

### *4.3.2.5 Berechnung der Nutzwerte und Ermittlung der Rangfolge*

In der Entscheidungsmatrix werden die Ausprägungen der Alternativen bewertet, wobei diese Bewertung durch $v_i(a)$, $v_i(b)$, ..., gekennzeichnet sind. V ist hierbei aus dem englischen „value“ abgeleitet. Der in herkömmlicher Weise bestimmte Gesamtnutzwert $U_k$ der Alternative Nr. k ergibt sich dann entsprechend der Formel:

$$U_k = \sum_{i=1}^{m} g_i * v_{ik}$$

$U_k$ = Gesamtnutzwert der Alternative k , k=1,2,...,n
$g_i$ = Stufengewicht für das Kriterium Nr. i =1,2,...,m
$v_{ik}$ = Erfüllungsgrad für das Kriterium Nr. i der Alternative k

Nachdem die Nutzwerte errechnet sind, kann die Reihenfolge der Alternativen durch absteigende Sortierung der Werte $U_k$ aufgestellt werden.

Ein Beispiel für die Berechnung der Nutzwerte und einer anschließenden Reihenfolgebildung ist der Abbildung 55 zu entnehmen. Dabei sind fiktive Gewichte und Wertefunktionen verwendet worden.

| | | | Alternative 1 | | | Alternative 2 | | | Alternative 3 | | |
|---|---|---|---|---|---|---|---|---|---|---|---|
| Nr. | Zielkriterien | Gewicht | Bew.Note | Erf.grad | Nutzwert | Bew.Note | Erf.grad | Nutzwert | Bew.Note | Erf.grad | Nutzwert |
| | | $g_i$ | $n_{i1}$ | $v_{i1}$ | $U_{i1}$ | $n_{i2}$ | $v_{i2}$ | $U_{i2}$ | $n_{i3}$ | $v_{i3}$ | $U_{i3}$ |
| 1 | Raumangebot | 0,0500 | 3,300 | 0,460 | 0,023 | 4,600 | 0,720 | 0,036 | 4,200 | 0,640 | 0,032 |
| 2 | Sicherheit | 0,0600 | 5,300 | 0,860 | 0,052 | 4,700 | 0,740 | 0,044 | 5,000 | 0,800 | 0,048 |
| 3 | Funktionalität | 0,0400 | 3,800 | 0,560 | 0,022 | 3,600 | 0,520 | 0,021 | 4,200 | 0,640 | 0,026 |
| 4 | Verarbeitungsqualität | 0,0300 | 5,000 | 0,800 | 0,024 | 4,500 | 0,700 | 0,021 | 4,300 | 0,660 | 0,020 |
| 5 | Ausstattung | 0,0200 | 3,000 | 0,400 | 0,008 | 3,000 | 0,400 | 0,008 | 6,000 | 1,000 | 0,020 |
| **A** | **Karosserieeigenschaften** | **0,2** | **4,225** | **0,645** | **0,129** | **4,255** | **0,651** | **0,130** | **4,635** | **0,727** | **0,145** |
| 6 | Motoreigenschaften | 0,0400 | 4,300 | 0,660 | 0,026 | 2,800 | 0,360 | 0,014 | 4,000 | 0,600 | 0,024 |
| 7 | Kraftübertragung | 0,0400 | 5,000 | 0,800 | 0,032 | 5,000 | 0,800 | 0,032 | 5,000 | 0,800 | 0,032 |
| 8 | Leistungscharakteristik | 0,0500 | 4,500 | 0,700 | 0,035 | 4,000 | 0,600 | 0,030 | 5,000 | 0,800 | 0,040 |
| 9 | Fahrleistungen | 0,0500 | 3,900 | 0,580 | 0,029 | 5,000 | 0,800 | 0,040 | 5,700 | 0,940 | 0,047 |
| 10 | Reichweite | 0,0200 | 5,500 | 0,900 | 0,018 | 4,000 | 0,600 | 0,012 | 3,000 | 0,400 | 0,008 |
| **B** | **Antriebseigenschaften** | **0,2000** | **4,510** | **0,702** | **0,140** | **4,210** | **0,642** | **0,128** | **4,775** | **0,755** | **0,151** |
| 11 | Geradeauslauf | 0,0500 | 4,400 | 0,680 | 0,034 | 4,200 | 0,640 | 0,032 | 4,400 | 0,680 | 0,034 |
| 12 | Kurvenverhalten | 0,0625 | 5,000 | 0,800 | 0,050 | 4,300 | 0,660 | 0,041 | 3,800 | 0,560 | 0,035 |
| 13 | Wendekreis | 0,0375 | 4,300 | 0,660 | 0,025 | 4,500 | 0,700 | 0,026 | 2,000 | 0,200 | 0,008 |
| 14 | Traktion | 0,0375 | 5,000 | 0,800 | 0,030 | 5,000 | 0,800 | 0,030 | 4,000 | 0,600 | 0,023 |
| 15 | Bremsverhalten | 0,0625 | 5,300 | 0,860 | 0,054 | 5,000 | 0,800 | 0,050 | 5,300 | 0,860 | 0,054 |
| **C** | **Fahreigenschaften** | **0,2500** | **4,850** | **0,770** | **0,193** | **4,590** | **0,718** | **0,180** | **4,055** | **0,611** | **0,153** |
| 16 | Federung | 0,0625 | 5,000 | 0,800 | 0,050 | 4,000 | 0,600 | 0,038 | 5,000 | 0,800 | 0,050 |
| 17 | Sitze | 0,0500 | 4,500 | 0,700 | 0,035 | 4,500 | 0,700 | 0,035 | 5,000 | 0,800 | 0,040 |
| 18 | Klimatisierung | 0,0250 | 3,700 | 0,540 | 0,014 | 4,000 | 0,600 | 0,015 | 4,300 | 0,660 | 0,017 |
| 19 | Bedienbarkeit | 0,0500 | 4,400 | 0,680 | 0,034 | 3,400 | 0,480 | 0,024 | 4,800 | 0,760 | 0,038 |
| 20 | Geräusch | 0,0625 | 5,000 | 0,800 | 0,050 | 4,000 | 0,600 | 0,038 | 4,000 | 0,600 | 0,038 |
| **D** | **Komfort** | **0,2500** | **4,650** | **0,730** | **0,183** | **3,980** | **0,596** | **0,149** | **4,640** | **0,728** | **0,182** |
| 21 | Wartungsintervalle | 0,0200 | 6,000 | 1,000 | 0,020 | 5,000 | 0,800 | 0,016 | 5,000 | 0,800 | 0,016 |
| 22 | Zuverlässigkeit | 0,0300 | 5,000 | 0,800 | 0,024 | 5,000 | 0,800 | 0,024 | 6,000 | 1,000 | 0,030 |
| 23 | Wart-/Instandsetzbarkeit | 0,0300 | 4,000 | 0,600 | 0,018 | 5,000 | 0,800 | 0,024 | 4,000 | 0,600 | 0,018 |
| 24 | Kundendienst | 0,0200 | 5,000 | 0,800 | 0,016 | 4,700 | 0,740 | 0,015 | 4,000 | 0,600 | 0,012 |
| **E** | **Wartung** | **0,1000** | **4,900** | **0,780** | **0,078** | **4,940** | **0,788** | **0,079** | **4,800** | **0,760** | **0,076** |
| | **Nutzwert** | | | | **0,722** | | | **0,666** | | | **0,707** |
| | **Rangfolge** | | **1** | | | **3** | | | **2** | | |

**Abbildung 55: Beispiel Reihenfolgebildung ([30], S 100)**

Nachfolgend sollen noch einige Anmerkungen zu den Berechnungen in Abbildung 55 gegeben werden. Exemplarisch beziehen wir uns dabei nur auf die Alternative 1:

- Nachdem die Bewertungsnoten für die einzelnen Kriterien gemäß der Wertefunktionen definiert worden sind, sollten diese gemäß der Funktion:

  $f : [a,b] \rightarrow [X,Y]$

  in das Intervall [0;1] transformiert werden, wobei gemäß Abschnitt 4.3.2.3 für den Spezialfall der linearen Transformation, angewendet auf das Kriterium_1 (Raumangebot) der Alternative_1 folgendes gilt:

$$f_0(3{,}300) = \frac{t-a}{b-a} = \frac{3{,}3-1}{6-1} = 0{,}460 = v_{11}$$

- Berechnung der Teilnutzenwerte beispielhaft dargestellt anhand des Kriteriums_1 der Alternative_1:

  $U_{11} = g_1 * v_{11}$

  $U_{11} = 0{,}05 * 0{,}46 = 0{,}023$

- Aufsummieren der Teilnutzenwerte von Zielkriterien beispielhaft dargestellt anhand der Karosserieeigenschaften der Alternative 1:

$$\sum_{i=1}^{5} U_{i1} = 0{,}023 + 0{,}052 + 0{,}022 + 0{,}024 + 0{,}008 = 0{,}129$$

- Ermittlung der standardisierten Erfüllungsgrade der Hauptkriterien beispielhaft dargestellt anhand der Karosserieeigenschaften der Alternative 1:

$$v_{A1} = \frac{U_{A1}}{g_A} = \frac{0{,}129}{0{,}2} = 0{,}645$$

- Ermittlung der Bewertungsnoten der Hauptkriterien beispielhaft dargestellt anhand der Karosserieeigenschaften der Alternative 1:

  $t = v_{A1} * (b-a) + a$

  $t = 0{,}645 * (6-1) + 1 = 4{,}225$

Der Ablauf der Berechnung der Nutzwerte und der Ermittlung der Rangfolge kann dabei wie folgt dargestellt werden:

| 2.2.5 (Abschnitt 4.3.2, Abb. 22)<br>Berechnung der Nutzwerte und Ermittlung der Rangfolge |
| --- |
| 2.2.5.1<br>Berechnung der Nutzwerte |
| 2.2.5.2<br>Ermittlung der Rangfolge |

**Abbildung 56: Ablauf der Nutzwertberechnung ([3], S. 103)**

### *4.3.2.6 Empfindlichkeitsanalyse/Sensitivitätsanalyse*

Die Empfindlichkeitsanalyse ist zwar nicht zwingend erforderlich, sollte aber unter bestimmten Umständen zur Überprüfung der Ergebnisse durchgeführt werden. Dies ergibt sich aus der Subjektivität des Vorgehens.

Zweck der Empfindlichkeitsanalyse ist es, die Auswirkungen von Datenänderungen auf das Ergebnis, d. h. den Nutzwert oder die Reihenfolge, zu analysieren.

Ihr **Einsatz** ist von Vorteil, wenn:

- Unsicherheit über die Richtigkeit und Genauigkeit der Annahmen besteht, wie z. B. hinsichtlich der festgelegten Kriterienausprägungen.
- Wenn erhebliche Meinungsverschiedenheiten bei den Entscheidern bezüglich des Kriteriensystems, der Gewichtungsfaktoren, der Wertetabellen bzw. Wertefunktionen oder der Alternativeneigenschaften aufgetreten sind.
- Bei nah zusammenliegenden Gesamtnutzwerten ([29], S 131).

Einer Empfindlichkeitsuntersuchung können dabei nur diejenigen Elemente unterzogen werden, die Einfluß auf die Berechnung des Nutzwertes haben.

Diese sind:

- die Kriteriensystemaufstellung
- Kriteriengewichtung
- Wertetabellen und -funktionen
- Beurteilung der Alternativeneigenschaften

**a) Kriteriensystemaufstellungsanalyse**

Hinsichtlich des Kriteriensystems wird überprüft, wie sich die Beseitigung oder Hinzufügung von Auswahlkriterien auf die Höhe der einzelnen Gesamtnutzwerte und auf die Rangfolge auswirkt. Dieses Verfahren bietet sich dann an, wenn bei der Kriterienauswahl erhebliche Meinungsverschiedenheiten zwischen den Entscheidungsträgern bestanden haben ([29], S. 132)

**b) Kriteriengewichtungsanalyse**

Hier wird untersucht, welchen Einfluß die systematische Veränderung von Gewichten auf die Alternativenrangfolge hat. Bedacht werden sollte auch, daß die Gewichtungsfaktorenänderungen in einem realistischen Bereich bleiben.

**c) Analyse der Wertefunktionen**

Durch eine Empfindlichkeitsanalyse der Wertefunktionen ergeben sich ebenfalls Änderungen in der Höhe der Nutzwerte. Diese entstehen insbesondere durch eine Variation der Minimal- bzw. Maximalanforderungen (z. B. Mindestgeschwindigkeit beim PKW nicht mehr 150 sondern 180 km/h).

Die Sensitivitätsanalyse wird in diesem Bereich oft in Frage gestellt, da alle Alternativen an denselben Wertetabellen und -funktionen gemessen werden und deren Veränderung nur einen geringen Einfluß auf den Gesamtnutzwert hat. Dies kann aber dadurch widerlegt werden, daß eine starke Variation der Maximal- und Minimalforderungen oder ein Wechsel des Wertefunktionstypen (linear, degressiv) durchaus starke Auswirkungen auf die Rangfolge haben kann ([29], S. 133).

**d) Analyse der Alternativenbeurteilung**

Der Grund der Durchführung einer Sensitivitätsanalyse bei der Bewertung der unterschiedlichen Alternativen liegt darin, daß die Beurteilung der Alternativen meist auf einer Vielzahl von Prognosen über zukünftige mögliche Ausprägungen der Alternativen beruhen. Deshalb sind die entscheidungsrelevanten Informationen nicht mit Sicherheit bekannt, so daß die Entscheidungsgrundlage für die Alternativenbeurteilung zum Teil sehr unsicher ist. Aus diesem Grund empfiehlt sich eine „worst-case-best-case" Alternativenbeurteilung, um so die Auswirkungen der Unsicherheit besser „begreifbar" zu machen. Eine derartige Analyse kann wie folgt aussehen:

| Nr. | Kriterien | Alternative A | | | Alternative B | | |
|---|---|---|---|---|---|---|---|
| | | best-case | wahr-scheinlich | worst-case | Best-case | wahr-scheinlich | worst-case |
| 1 | Raumangebot | **3,5** | **3,3** | **3,0** | **4,8** | **4,6** | **4,2** |
| 2 | Sicherheit | **5,8** | **5,3** | **4,9** | **5** | **4,7** | **4,0** |
| 3 | Funktionalität | **3,9** | **3,8** | **3,7** | **3,7** | **3,6** | **3,6** |

**Abbildung 57: Aufstellen der Unsicherheitsintervalle für die Bewertungsnoten**

Nachdem die „Unsicherheitsintervalle" aufgestellt sind, muß eine neue Berechnung der Nutzwerte für die einzelnen Noten (best- und worst case, bzw. wahrscheinlich) durchgeführt werden. Somit ergeben sich 3, zumeist unterschiedliche Rangfolgen der Alternativen. Dem Entscheider wird so ein Einblick in das Entscheidungsrisiko gewährt. Er kann dann bestimmen, wieviel Risiko er eingehen möchte. Beeinflußt wird die Risikobereitschaft dabei auch von der jeweiligen Unternehmensphilosophie.

> **Prinzipielle Aussage**:
> Die Unterschiede zwischen den pessimistischen und optimistischen Werten (Spannweiten) werden um so geringer, je besser der Informationsstand des Betriebes ist.
> **Je weniger Informationen vorhanden sind, desto wichtiger ist eine Sensitivitätsanalyse** ([29], S. 138f).

In der Praxis kommt der Empfindlichkeitsanalyse der Gewichte am meisten Bedeutung zu. Meist wird diese nur bei der Zielgewichtung der obersten Ebenen in der Zielhierarchie durchgeführt.

Eine Sensitivitätsanalyse der Wertefunktionen ist theoretisch zwar möglich, dennoch wird sie in der Praxis kaum angewendet. Der Grund liegt im relativ hohen Aufwand, der in keinem Verhältnis zu der gewonnenen Aussage steht.

Bezogen auf die Eigenschaften der Alternativen wird die Empfindlichkeitsanalyse in der Praxis insbesondere dann eingesetzt, wenn Unsicherheit herrscht ([30], S 115).

**Ablauf:**

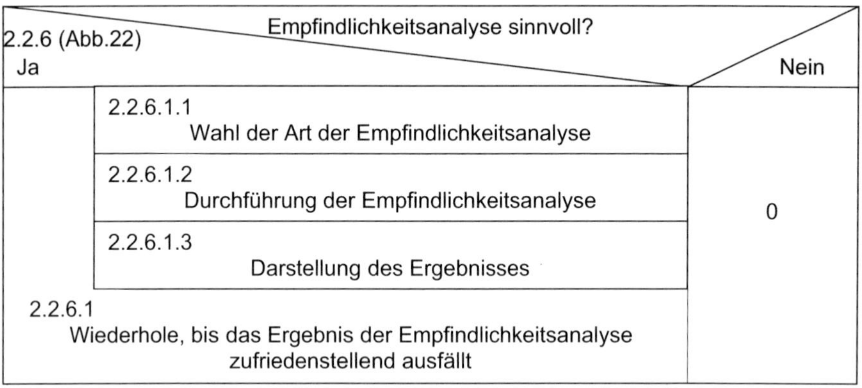


**Abbildung 58: Ablauf der Empfindlichkeitsanalyse ([30], S. 116)**

#### *4.3.2.7 Beurteilung und Darstellung der Nutzwertanalyse-ergebnisse*

Obwohl die Nutzwertanalyse so angelegt ist, daß ein numerisches Gesamturteil berechnet wird, ist ergänzend zu dieser ganzheitlichen Beurteilung eine Betrachtung der Zielerfüllung der Teilziele auf der obersten Ebene der Zielhierarchie von Interesse. So kann daraus entnommen werden, ob die Nutzwertbeiträge der einzelnen Alternativen ausgewogen oder sehr differenziert sind. Beispielsweise wäre es durchaus vorstellbar, daß eine ausgewogene Alternative mit einem geringeren Gesamtnutzwert einer Alternative mit sehr schwankenden Teilnutzwerten vorgezogen wird. Dies kann insbesondere dann entschieden werden, wenn die Gesamtnutzwerte sehr eng beieinander liegen ([30], S. 115).

Um Nutzwertanalyseergebnisse besonders übersichtlich darzustellen empfiehlt es sich, diese in Form von Diagrammen zu visualisieren. Die Basisdaten für folgende Abbildungen wurden aus Abb. 55, Abschnitt 4.3.2.5 entnommen.

- Beispiel der Darstellung in Balkendiagrammen:

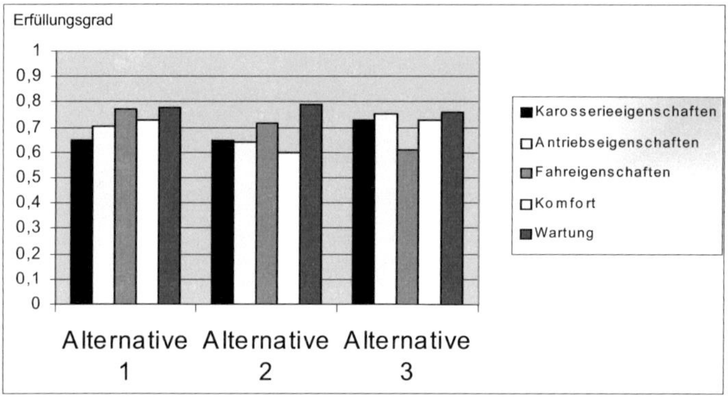


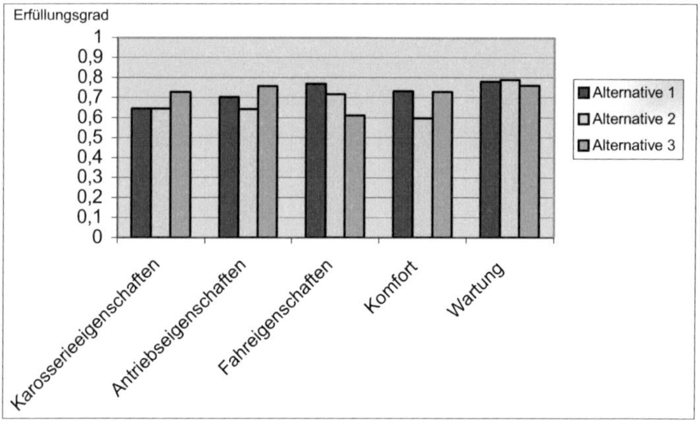


**Abbildung 59: Balkendiagramme zur Darstellung der Erfüllungsgrade**

- Beispiel der Darstellung in Sternform:

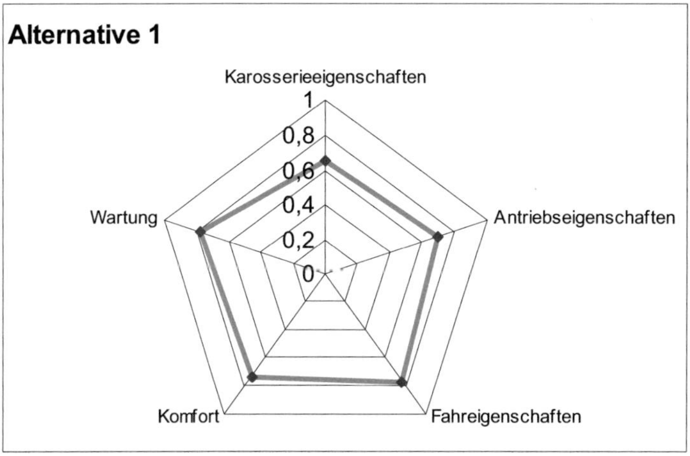


**Abbildung 60: Sterndiagramm für die Darstellung der Erfüllungsgrade**

Mit der Sternform der Darstellung gemäß Abbildung 60 läßt sich ein ausgewogenes Bewertungsbild schnell erkennen. In idealer Form sollte ein symmetrisches Gebilde (Spinnfaden) entstehen, das eine gleichmäßig hohe Ausprägung hat.

- Beispiel: Liniendiagramm

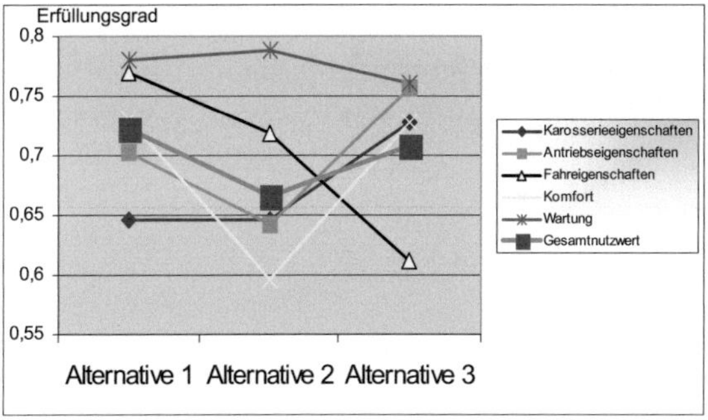


**Abbildung 61: Liniendiagramm zur Darstellung der Erfüllungsgrade**

Aus dieser Abbildung erkennt man die Bewertungsbandbreiten der Alternativen sehr gut. Darüber hinaus werden die unterschiedlichen Ausprägungen eines Kriteriums für alle Alternativen visualisiert.

Für die Ergebnisse der Empfindlichkeitsanalyse empfiehlt sich ebenfalls eine graphische Darstellung:

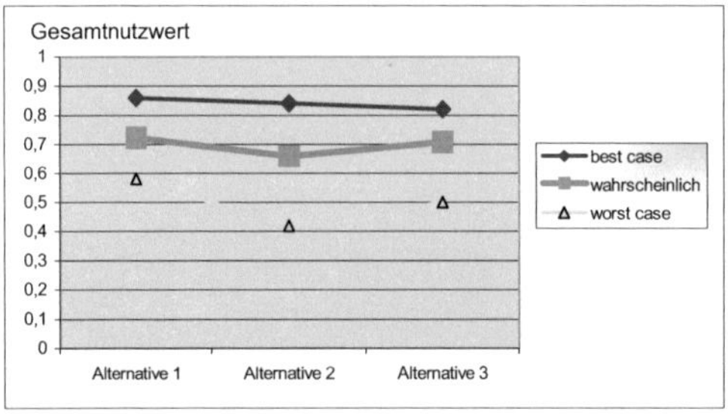


**Abbildung 62: Liniendiagramm zur Darstellung der Ergebnisse der Empfindlichkeitsanalyse 1**

Mit dem Diagrammtyp aus Abb. 62 läßt sich die Veränderung der Gesamtnutzwerte gut darstellen. Wenn man jedoch die Veränderung der Reihenfolge betrachten möchte, empfiehlt sich folgende Darstellungsform:

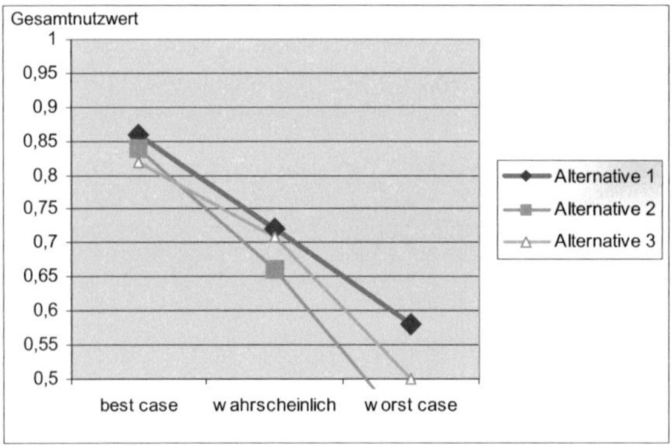


**Abbildung 63: Liniendiagramm zur Darstellung der Ergebnisse der Empfindlichkeitsanalyse 2**

Der Entscheider kann bei dieser Darstellung sofort erkennen, welche Entscheidung bei welchem Risiko am vorteilhaftesten und wie groß der „Nutzwertabstand" zu den anderen Alternativen ist.

**Ablauf:**

2.2.7 (Abschnitt 4.3.2, Abb. 22)
Beurteilung und Darstellung der Nutzwertanalyseergebnisse

2.2.7.1
Bestimmung der Rangfolge der Alternativen

2.2.7.2.1
Beurteilung der Ergebnisse anhand ausgewählter Teilnutzwerte

2.2.7.2.2
Analyse der Unterschiede der wichtigsten Kriterien

2.2.7.2.3
Auswahl und Anwendung einer geeigneten Darstellungsmethode

2.2.7.2
Wiederhole, bis das Ergebnis ausführlich begründet und übersichtlich dargestellt ist

**Abbildung 64: Ablauf der Darstellung der Nutzwertanalyseergebnisse ([30], S. 123)**

## *4.3.3 Die Kostenanalyse*

Eine Kostenanalyse wird grundsätzlich getrennt von der Nutzwertanalyse durchgeführt, da sich das Bewertungsproblem in die Bewertung des Nutzens und des Aufwandes aufteilt ([30], S. 124). Aufgrund des Schwerpunkts der vorliegenden Arbeit, der in der Nutzwertanalyse liegt, soll auf die Kostenanalyse nur kurz eingegangen werden.

Möglichkeiten der Bewertung:

**Kostenanalyse**

| Statische Investitionsrechnung | Dynamische Investitionsrechnung |
| --- | --- |
| • Kostenvergleichsrechnung<br>• Gewinnvergleichsrechnung<br>• Rentabilitätsvergleichsrechnung<br>• Amortisationsvergleichsrechnung | • Kapitalwertmethode<br>• Interne Zinsfuß-Methode<br>• Annuitätenmethode |

**Abbildung 65: Übersicht über die Kostenanalyse ([33], S. 136, 192)**

### *4.3.3.1 Statische Investitionsrechnung*

#### *4.3.3.1.1 Kostenvergleichsrechnung*

Die Kostenvergleichsrechnung als einfachstes Verfahren der statischen Investitionsrechnung dient dazu, Investitionsobjekte auf ihre Vorteilhaftigkeit hin miteinander zu vergleichen.

Die Gesamtkosten der Investition ergeben sich dabei durch Addition der Kapitalkosten und Betriebskosten:

$$K = KD + B \qquad \text{oder} \qquad K = \overbrace{\frac{A-RW}{n} + \frac{A+RW}{2} * i}^{KD} + B$$

A= Anschaffungskosten
RW= Restwert
n= Nutzungsdauer
i= Kalkulationszinssatz
B= Betriebskosten
KD= durchschn. Kapitalbindungskosten

Hieraus ergibt sich folgende Entscheidungsregel:

Investition I { günstiger / gleich / ungünstiger } Investition II $\Longleftrightarrow$ $K_I \lesseqgtr K_{II}$

Die Kostenvergleichsrechnung ist für die Nutzwertanalyse weniger geeignet, da ein umfassender, differenzierter Kostenvergleich, der sämtliche bedeutsame Kostenarten enthält, von wesentlicher Bedeutung ist.

So resultieren aus dem Vorteil der einfachen Anwendbarkeit auch **Nachteile**:

- Kurzfristigkeit: meist nur für ein Jahr
- Auflösbarkeit der Kosten: schwierige Zerlegung in fixe und variable Bestandteile
- Nichtberücksichtigung der Erträge
- Nichtberücksichtigung des Kapitaleinsatzes ([33], S. 137-139, 154)

##### *4.3.3.1.2 Gewinnvergleichsrechnung*

Sie stellt durch die Einbeziehung der Erträge eine Erweiterung der Kostenvergleichsrechnung dar.

$$G = E - K$$

G = Gewinn
E= Erträge
K= Kosten

Hieraus ergibt sich folgende Entscheidungsregel:

Investition I günstiger / gleich / ungünstiger Investition II $\Longleftrightarrow$ $G_I \gtreqless G_{II}$

Auch die Gewinnvergleichsrechnung erscheint für die Kosten-Nutzen-Analyse weniger geeignet. Sie hat folgende Nachteile:

- Kurzfristigkeit des Gewinnvergleiches (ein Jahr)
- Auflösbarkeit der Kosten
- Zurechenbarkeit der Erträge
- Nichtberücksichtigung des Kapitaleinsatzes ([33], S. 166f)

##### *4.3.3.1.3 Rentabilitätsvergleichsrechnung*

Während die Kosten- und Gewinnvergleichsrechnung nur eine relative Vorteilhaftigkeit von Investitionen ermitteln kann, kann mit der Rentabilitätsvergleichsrechnung eine absolute Vorteilhaftigkeit festgestellt werden.

$$R = \frac{G}{D} * 100$$

R= Rentabilität
G= Gewinn
D = durchschnittlicher Kapitaleinsatz

Der durchschnittliche Kapitaleinsatz ermittelt sich dabei wie folgt:

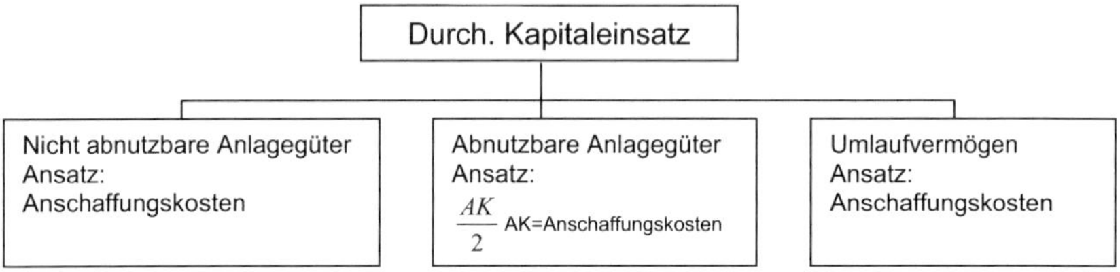


**Abbildung 66: Durchschnittlicher Kapitaleinsatz ([33], S. 168)**

Daraus ergibt sich folgende Entscheidungsregel:

Investition I { günstiger / gleich / ungünstiger } Investition II ⟺ $R_I \gtreqless R_{II}$

Auch hier ergeben sich signifikante Nachteile:

- Kurzfristigkeit des Rentabilitätsvergleiches
- Fehlende Zurechenbarkeit der Erträge
- Notwendigkeit von Differenzinvestitionen ([33], S. 173f)

### *4.3.3.1.4 Amortisationsvergleichsrechnung*

Die Amortisationsvergleichsrechnung dient dem Unternehmen zur Einschätzung des Risikos, das mit der Investition verbunden ist. Basis hierfür ist die Kostenvergleichs- und Gewinnvergleichsrechnung.

Die Amortisationszeit bestimmt dabei die Vorteilhaftigkeit eines Objektes:

$$t_w = \frac{A - RW}{durchschn.\_\ Rückfluß}$$

$t_w$= Amortisationszeit
A= Kapitaleinsatz
RW= Restwert

Daraus ergibt sich folgende Entscheidungsregel:

Investition I { günstiger / gleich / ungünstiger } Investition II ⟺ $t_{wI} \lesseqgtr t_{wII}$

Auch dieses Verfahren hat Nachteile:

- Kurzfristigkeit des Vergleichs
- Mangelnde Zurechenbarkeit der Erträge

- Nichtberücksichtigung des Kapitaleinsatzes
- Nichtberücksichtigung der Rückflüsse nach der Amortisationszeit
- Nichtberücksichtigung unterschiedlicher Nutzungsdauern ([33], S. 174f, 180)

**Bemerkung:**
**Die statische Investitionsrechnung ist nur bedingt für die Anwendung in der Kosten-Nutzen-Analyse geeignet.**

#### *4.3.3.2 Dynamische Investitionsrechnung*

Mit der dynamischen Investitionsrechnung können Investitionsobjekte wesentlich besser beurteilt werden.

- Sie basiert auf Einnahmen und Ausgaben,
- bezieht sich auf alle Nutzungsperioden
- und bedient sich finanzmathematischer Methoden.

Durch die Umrechnung der zukünftigen Einnahmen und Ausgaben auf eine einheitliche Periode wird die Vergleichbarkeit der Zahlungsströme gewährleistet.

##### *4.3.3.2.1 Kapitalwertmethode*

Der Kapitalwert einer Investition ist die Summe der auf den Anschaffungszeitpunkt abgezinsten Differenzen von Einnahmen und Ausgaben während der Nutzungsdauer, d. h. gleich der Summe der entsprechenden Barwerte:

$$C_0 = -a_0 + \frac{d_1}{q} + \frac{d_2}{q^2} + ... + \frac{d_n}{q^n} = -a_0 + \sum_{k=1}^{n} \frac{d_k}{q^k}$$

Wobei:

| | | |
|---|---|---|
| n | = | Nutzungsdauer (Anzahl Perioden) |
| q | = | i+1, i=Kalkulationszinssatz |
| $a_0$ | = | Anschaffungswert |
| $d_k$ | = | $e_k$-$a_k$ , k=1,2,...,(n-1) |
| $d_n$ | = | $R_n$+$e_n$-$a_n$ |
| $e_k$ | : | Einnahmen in der Periode k; k=1,2,...,n |
| $a_k$ | : | Ausgaben in der Periode k |
| $R_n$ | : | Restwert am Ende der Nutzungsdauer |

Sonderfall: Alle Überschüsse sind gleich, d. h.

$$d_k = d, \quad k = 1,2,\ldots,n$$

$$\Rightarrow C_0 = -a_0 + d * \sum_{k=1}^{n} \left(\frac{1}{q}\right)^n$$

$$= -a_0 + d * \frac{1}{q} * \frac{1 - \left(\frac{1}{q}\right)^n}{1 - \frac{1}{q}}$$

$$= -a_0 + d * \frac{q^n - 1}{(q-1) * q^n}$$

Es gilt folgende Entscheidungsregel:

Investition I { günstiger / gleich / ungünstiger } Investition II $\Leftrightarrow$ $C_{0I} \gtreqless C_{0II}$

Der Vorteil der Kapitalwertmethode liegt insbesondere in der Möglichkeit, Zahlungsreihen zeitlich und betragsmäßig differenziert erfassen zu können.

Nachteile:

- **Zurechenbarkeit** der Zahlungsreihen: nicht einfach möglich, wenn das Objekt nicht im Rahmen eines isolierten einstufigen Fertigungsprozesses genutzt wird.
- **Ungewißheit** der Zahlungsreihen ([33], S. 192, 201).

#### *4.3.3.2.2 Interne Zinsfuß-Methode*

Der interne Zinsfuß ist der Zinssatz, der beim Diskontieren der Einnahmenreihe und Ausgabenreihe zu einem Kapitalwert von Null führt ([33], S. 202).

$$x := \frac{1}{q} = \frac{1}{1+i} \; ; \; C_0 = C_0(x) = -a_0 + \sum_{k=1}^{n} d_k * x^k \overset{!}{=} 0$$

Es handelt sich dabei um eine Polynomgleichung n-ten Grades. Die gesuchte Nullstelle $x_0$ kann mit einem mathematischen Standardverfahren, z. B. dem NEWTON-Iterationsverfahren berechnet werden.

Der interne Zinsfuß ergibt sich aus der Nullstelle gemäß:

$$r = \frac{1}{x_0} - 1$$

Es gilt die Entscheidungsregel:

$$\text{Investition I} \begin{cases} \text{günstiger} \\ \text{gleich} \\ \text{ungünstiger} \end{cases} \text{Investition II} \quad \Longleftrightarrow \quad r_I \gtreqless r_{II}$$

Daraus ergibt sich der Vorteil, daß Zeitreihen zeitlich und betragsmäßig differenziert erfaßt werden können.

Nachteile:

- Zurechenbarkeit der Zahlungsreihen
- Ungewißheit der Zahlungsreihen
- Vergleichbarkeit der Investitionen
- Eindeutigkeit der Ergebnisse: nur dann gegeben, wenn Objekte über ihre gesamte Nutzungsdauer hinweg Überschüsse erwirtschaften ([33], S. 202f, 209).

#### *4.3.3.2.3 Annuitätenmethode*

Während die Kapitalwertmethode den Totalerfolg von Investitionsobjekten aufzeigt, bezieht sich die Annuitätenmethode auf den Periodenerfolg.

Die Einnahmen und Ausgaben werden in zwei äquivalente und uniforme Reihen transformiert. Die hieraus berechneten Barwerte werden in gleiche jährliche Überschüsse (= Annuitäten) aufgeteilt, indem sie mit dem Kapitalwiedergewinnungsfaktor multipliziert werden.

Aus der Beziehung zur Kapitalwertmethode Abschnitt 4.3.3.2.1 folgt aus

$$C_0 = -a_0 + d * \frac{q^n - 1}{(q-1) * q^n}$$

für die Annuität:

$$d = (C_0 + a_0) * \frac{q^n * (q-1)}{q^n - 1}.$$

Es gilt die Entscheidungsregel:

Investition I { günstiger / gleich / ungünstiger } Investition II ⇔ $d_I \gtreqless d_{II}$

Die Vorteile des Verfahrens liegen besonders in der Möglichkeit, Zahlungsreihen zeitlich und betragsmäßig differenziert erfassen zu können. Es erfolgt dabei eine Periodisierung des Erfolges eines Investitionsobjektes, was dem Praktiker möglicherweise mehr sagt als die Kenntnis des Totalerfolges der Kapitalwertmethode.

Nachteile:

- Zurechenbarkeit der Zahlungsreihen
- Ungewißheit der Zahlungsreihen ([33], S 174, 180,185)

Im Rahmen der Kosten-Nutzen-Analyse sollte eine dynamische Investitionsrechnung angestrebt werden.

### *4.3.4 Nutzwert-Kosten-Gegenüberstellung und Auswahl der günstigsten Alternative*

Bisher wurden die nicht monetär bewertbaren und monetär bewertbaren Kriterien getrennt betrachtet. In diesem Abschnitt sollen die unterschiedlichen Ergebnisse wieder zusammengebracht werden, um eine Entscheidung für oder gegen eine bestimmte Alternative treffen zu können. Nur durch die bisherige Trennung von monetär und nicht monetär bewertbaren Kriterien kann man von 3 unterschiedlichen Verfahren Gebrauch machen, um eine endgültige Entscheidung treffen zu können:

- dem Nutzwert-Kosten-Quotienten,
- dem Nutzwert-Kosten-Diagramm,
- der Transformation der Kosten.

Diese Verfahren sollen nachfolgend vorgestellt werden. Für die endgültige Entscheidungsfindung ist eine Kombination der Verfahren sehr zu empfehlen.

#### *4.3.4.1 Der Nutzwert-Kosten-Quotient*

Der Nutzwert-Kosten-Quotient (N/K) bezeichnet den Nutzen je Kosteneinheit. Er sagt jedoch nichts über die absolute Höhe der Nutzwerte und Kosten aus. Deswegen ist es zweckmäßig, die absoluten Größen der Nutzen und Kosten auch in diese Betrachtungen mit einzubeziehen.

Für die bessere Verständlichkeit der Ergebnisinterpretation soll das Beispiel Fahrzeugkauf aus Abschnitt 4.3.2.5 nachfolgend um zwei weitere Alternativen (A4 und A5) erweitert werden. Die Nutzwerte der zusätzlichen Alternativen sowie die Kosten der Alternativen sollen dabei als gegeben angesehen werden:

| Ergebnisse | | Alternativen | | | | |
|---|---|---|---|---|---|---|
| | | A1 | A2 | A3 | A4 | A5 |
| Nutzwert | Erfüllungsgrad | 0,72 | 0,66 | 0,7 | 0,58 | 0,66 |
| Kosten | Cent/km | 65,5 | 64,8 | 66,8 | 64 | 64,4 |
| Nutzwert/Kosten | | 0,01099 | 0,01019 | 0,01048 | 0,00906 | 0,01025 |
| Rangfolge | | 1 | 4 | 2 | 5 | 3 |

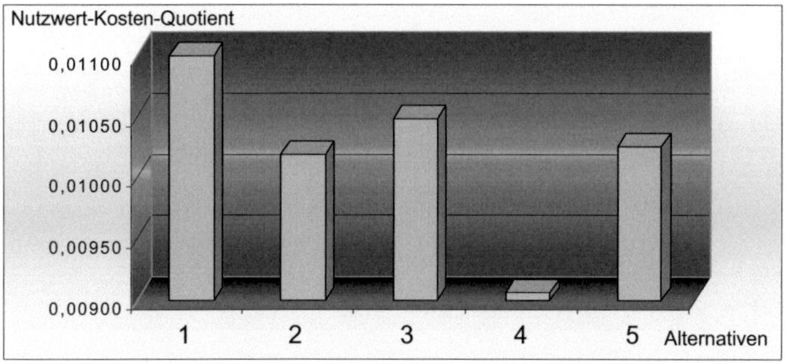


**Abbildung 67: Nutzwert-Kosten-Quotient**

#### *4.3.4.2 Nutzwert-Kosten-Diagramm*

Die graphische Darstellung des Nutzwert-Kosten-Quotienten (siehe Abbildung 67) läßt die Frage offen, welche Nutzwertsteigerung sich bei welcher Kostenerhöhung ergibt. Eine Antwort auf diese Frage kann aus dem Nutzwert-Kosten-Diagramm entnommen werden, wie es in Abbildung 68 dargestellt ist.

Dabei kommen bei den vorgestellten Alternativen alle diejenigen in die Endauswahl, die im linken oberen Bereich des Diagramms liegen. Alle anderen Alternativen sind entweder im Nutzwert schlechter und/oder in den Kosten höher.

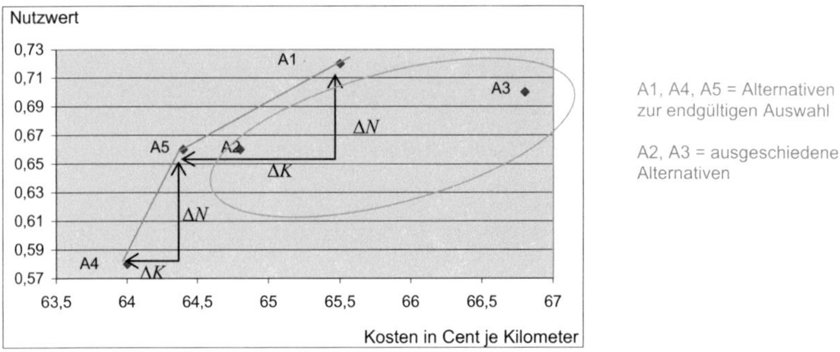


**Abbildung 68: Nutzwert-Kosten-Diagramm ([30], S. 150)**

Für die Endauswahl einer Alternative ist die Frage zu stellen, welchen Mehrnutzen $\Delta N$ man mit welchen Mehrkosten $\Delta K$ erhält. Dabei wird aus Abbildung 68 deutlich, daß man im unteren Teil der Kurve einen überproportionalen Mehrnutzen erhält, während dessen im oberen Teil überproportionale Mehrkosten zu verzeichnen sind ([30], S. 147-149).

Die Ergebnisse aus obigem Beispiel lassen folgende Aussagen zu:

- Alternative A5 hat einen um **0,08 Punkte** höheren Nutzwert als Alternative A4, kostet aber **0,4 Cent je Kilometer** mehr.

- Alternative A1 hat einen um **0,06 Punkte** höheren Nutzwert als Alternative A5, kosten aber **1,1 Cent je Kilometer** mehr.
- Alternativen A2 und A3 scheiden aus der Entscheidungsfindung aus.
    - A2 hat den gleichen Nutzwert wie A5, kostet aber **0,4 Cent je Kilometer** mehr als A5.
    - A3 hat einen um 0,02 Punkte niedrigeren Nutzwert als A1 und kostet dazu noch **1,3 Cent je Kilometer** mehr.

Selbstverständlich können in dieser Darstellungsform auch die Relationen zwischen Nutzen und z. B. Kapitalwert oder internem Zinsfuß dargestellt werden. Zu beachten ist dabei nur, daß sich dann die Alternativen, die zur endgültigen Auswahl stehen, nicht mehr im linken oberen, sondern im rechten oberen Teil der Abbildung befinden.

### 4.3.4.3 Transformation der Kosten

Der Nutzwert-Kosten-Quotient und das Nutzwert-Kosten-Diagramm sind eine zweidimensionale Betrachtung des Nutzwert-Kosten-Problems, allerdings ohne Gewichtung der beiden Aspekte.

Für eine eindimensionale Betrachtung kann jedoch auch der Kostenaspekt mit in die Gewichtung integriert werden. Dies dient dazu, um zu ermitteln, wie die Rangfolge reagiert, wenn einerseits mehr aus Sicht des Nutzwertes oder andererseits mehr aus Sicht der Kosten entschieden wird.

Der Ausgangspunkt dieser Überlegung ist, daß

- die Nutzwertanalyse allein zu einer vollständigen Verdrängung des Kostenaspektes führt und umgekehrt
- die Kostenanalyse allein zu einer vollständigen Verdrängung des Nutzenaspektes führt.

Um nun die Kosten in das Zielsystem der Nutzwertanalyse aufzunehmen, müssen die Gesamtkosten (Kapitalwerte usw.) in einen Nutzwert transformiert werden. Hierzu benötigt man eine Wertefunktion, die in geschlossener Form oder in Tabellenform erstellt werden kann.

Beispiel:

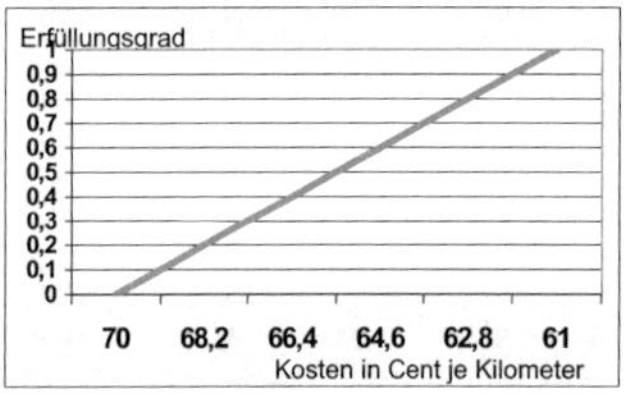


| | A1 | A2 | A3 | A4 | A5 |
|---|---|---|---|---|---|
| Kosten (Cent/km) | 65,50 | 64,80 | 66,80 | 64,00 | 64,40 |
| Erfüllungsgrad | 0,55 | 0,65 | 0,40 | 0,75 | 0,70 |

**Abbildung 69: Kostentransformation**

Anschließend wird die Gewichtung der Nutzenbeiträge aus Nutzwert und Kosten durchgeführt. Hierbei gilt:

$g_N + g_K = 1$

$g_N$= Gewicht des Nutzens
$g_K$= Gewicht der Kosten

Beispiel (Nutzen und Kosten werden als gleichbedeutend betrachtet):

$g_N = g_K = 0{,}5$

Der Gesamtnutzen, der dann die endgültige Reihenfolge für die Bewertung der Alternativen festlegt, ergibt sich aus:

$$U_{rges} = g_N * U_r + g_K * v_K$$

$U_r$= Nutzwert der Alternative r
$v_K$= Erfüllungsgrad der Kosten

Beispiel:

| Kriterien | Gewicht | Alternative 1 | | Alternative 2 | | Alternative 3 | | Alternative 4 | | Alternative 5 | |
|---|---|---|---|---|---|---|---|---|---|---|---|
| | | Erf.grad | Teilnutzen | Erf.grad | Teilnutzen | Erf.grad | Teilnutzen | Erf.grad | Teilnutzen | Erf.grad | Teilnutzen |
| Nutzwert U | 0,5 | 0,72 | 0,36 | 0,66 | 0,33 | 0,7 | 0,35 | 0,58 | 0,29 | 0,66 | 0,33 |
| Kosten K | 0,5 | 0,55 | 0,275 | 0,65 | 0,325 | 0,4 | 0,2 | 0,75 | 0,375 | 0,7 | 0,35 |
| Gesamtnutzwert Uges | | | **0,635** | | **0,655** | | **0,55** | | **0,665** | | **0,68** |
| Reihenfolge | | 4 | | 3 | | 5 | | 2 | | 1 | |

**Abbildung 70: Reihenfolgeermittlung mit transformierten Kosten**

Von der in diesem Abschnitt geschilderten Vorgehensweise zur Berücksichtigung der Kosten im Rahmen von Nutzwertberechnungen ist es nur ein kleiner und naheliegender Schritt bis zur direkten Einbeziehung der Kosten als Hauptkriterium in den

Kriterienbaum und ihrer Bewertung mittels einer Bewertungsfunktion zur Berechnung des durch sie erzeugten Teilnutzens im Rahmen der üblichen Nutzwertanalyse. Dieser Vorschlag wird in ([57]) unterbreitet und soll im folgenden kurz beschrieben werden. Dabei soll diese durch die Einbeziehung der Kosten (oder anderer das Kostenverhalten beschreibender Größen wie z. B. den Kapitalwert, internen Zinsfuß) ergänzte Form der Nutzwertanalyse als „vollständige Nutzwertanalyse (VNWA)“ bezeichnet werden. Der Kriterienbaum (Zielhierarchie) bei der VNWA hat, wenn man nur die Hauptkriterien (Ebene 1) betrachtet, folgende Gestalt:

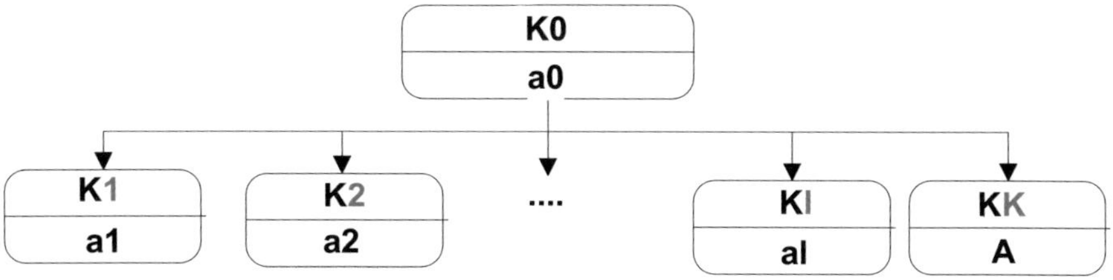


**Abbildung 71: Kriterienbaum mit Kostenkriterium**([Eigenerstellung])

Der Index l definiert dabei die Anzahl der gewöhnlichen Hauptkriterien K1, K2, ..., Kl. Der Index K steht für das zusätzliche Kostenkriterium im Zielsystem.

Es seien $a_j$ , j=1,2,...,l die Gewichte der Kriterien K1, K2,...Kl, $S=\sum_{j=1}^{l} a_j$ die Gewichtssumme und A das Gewicht des Kostenkriteriums.

Sind alle Gewichte normiert, dann gilt auf Grund dieser Normierung die Beziehung

$S + A = 1$ (Normierungsgleichung),

aus der man je nachdem, welche Größe als gegeben zu betrachten ist, die jeweils andere als „Gegengewicht“ bestimmen kann:

gegeben $S \rightarrow A = 1 - S$

gegeben $A \rightarrow S = 1 - A$

Dies ist eine Nebenbedingung für die Bestimmung der (normierten) Kriteriengewichte $a_j$, j=1,2,...,l.

Sind die Gewichte nicht normiert (d. h. Summe ungleich 1) sondern z. B. als absolute Gewichte in Form nicht-negativer ganzer Zahlen gegeben, dann erhält man die normierten Gewichte folgendermaßen:
Gegeben sei die Gewichtssumme der gewöhnlichen Kriterien $S = \sum_{j=1}^{l} a_j$ und das Gewicht A des Kostenkriteriums.

Mit $G = S + A$, Gesamtgewichtssumme aller Kriterien
folgt $\frac{A}{G}$ als normiertes Gewicht des Kostenkriteriums.

$\frac{S}{G} = 1 - \frac{A}{G}$ ist die Nebenbedingung zur Berechnung der normierten Gewichte für die gewöhnlichen Kriterien.

a) Gegeben: S und G (S<G).
Dann ist $A = G - S$ das absolute und $\frac{A}{G} = 1 - \frac{S}{G}$ das normierte Gewicht des Kostenkriteriums.
$\frac{a_j}{G}$ sind die normierten Gewichte für die gewöhnlichen Kriterien, die sich aus den entsprechenden absoluten Gewichten, die der Bedingung $\sum_{j=1}^{l} a_j = S$ genügen, ergeben, indem man durch das Gesamtgewicht G dividiert.

b) Gegeben: Gesamtgewichtssumme G und Gewicht des Kostenkriteriums A (A<G)
Dann ist $\frac{A}{G}$ das normierte Gewicht für die Kosten und $S = G - A$ liefert die Nebenbedingung $\sum_{j=1}^{l} a_j = S$ für die Bestimmung der Gewichte für die gewöhnlichen Kriterien:

$a_j$ absolute Gewichte

$\frac{a_j}{G}$ normierte Gewichte.

Der von den Kosten bzw. dem Kapitalwert oder dem internen Zinsfuß erzeugte Teilnutzen wird in der üblichen Weise, d. h. genauso wie die Teilnutzenwerte der übrigen Kriterien als Produkt des zugehörigen Gewichts mit dem Erfüllungsgrad berechnet. Dieser selbst ergibt sich als Standardnote mit Hilfe einer Wertefunktion:

$$v_{Kosten} : [x^-, x^+] \to [0;1].$$

Die zusammengefaßte einheitliche Darstellung der eigentlichen Nutzwertkriterien und des Kostenkriteriums (bzw. Kapitalwert- oder interner Zinsfuß-Kriteriums) in Form der vollständigen Nutzwertanalyse VNWA erweist sich als besonders vorteilhaft im Zusammenhang mit den in Kap. 6 beschriebenen, auf der Vektordarstellung der Nutzwerte beruhenden Verfahren zur Bestimmung skalarer Gesamtnutzenwerte.

### *4.3.5 Präsentation der Ergebnisse*

Abgeschlossen wird die Nutzwert-Kosten-Analyse mit der Dokumentation und Präsentation der Auswahlempfehlung oder -entscheidung, soweit das Bewertungsteam dazu berechtigt ist.

Sowohl ein logischer Aufbau als auch eine übersichtliche, optisch ansprechende Gestaltung des Inhaltes sollten dabei selbstverständlich sein. Von besonderer Bedeutung ist die plausible Begründung der Auswahlempfehlung um Mißverständnisse und Zweifel zu vermeiden. Der Abschlußbericht sollte gemeinschaftlich vom Bewertungsteam verabschiedet werden ([30], S. 164-167).

### *4.3.6 Abschließende Bemerkung zur Vorgehensweise*

Die Nutzwert-Kosten-Analyse ist inzwischen methodisch soweit ausgereift, daß ihr Einsatz eine große Hilfe im Entscheidungsprozeß bietet. Sie fundiert Entscheidungen entgegen der althergebrachten intuitiven Vorgehensweise, reduziert die Komplexität und hilft so im gesamten Unternehmen ganzheitliche, vernetzte Entscheidungen zu treffen.

Trotzdem wird die Nutzwertanalyse **kritisiert**. In [37] werden folgende Kritikpunkte aufgeführt:

- **Interpretierbarkeit**: Der Gesamtnutzen ist als Summe von unterschiedlichen Teilnutzwerten ökonomisch nicht sinnvoll interpretierbar.

- **Substituierbarkeit**: Aufgrund des zugrundeliegenden additiven Modells wird unterstellt, daß eine Schlechterbewertung hinsichtlich eines Kriteriums durch eine Besserbewertung eines beliebigen anderen Kriteriums vollständig aufgewogen werden kann ([37], S. 66). Dies führt, wie folgendes Beispiel zeigt, eben nicht immer zum gewünschten Ergebnis:

  Eine Zeitung sucht einen Redakteur. Die Bewerber sollten Schreibtalent und Fachkenntnisse haben. Im additiven Modell der Nutzwertanalyse würde ein Bewerber A, der zwar 100 % Fachkenntnis hat, aber 0 % Schreibtalent dem Bewerber B der 40 % Fachkenntnis und 40 % Schreibtalent hat, vorgezogen werden. A hätte dabei 100 Punkte und B nur 80 Punkte (Skala 0 bis 100) erreicht. Jeder wird sich denken können, wie lange sich diese Zeitung dann noch verkaufen lassen würde. Hier wäre also ein anderes z. B. multiplikatives Modell anzusetzen ([31], S. 52).
- **Nutzenunabhängigkeit**: Es wird bei der Nutzwertanalyse angenommen, daß ein Kriterium völlig unabhängig von allen übrigen ist. In der Wirklichkeit bestehen aber oft Interdependenzen.

  Beispiel: Klimaanlage und Kraftstoffverbrauch beim Automobil oder Arbeitskräfteverfügbarkeit und Lohnkosten in einer Wirtschaftsregion.
- **Gewichtung**: Die Kriteriengewichte müssen subjektiv festgelegt werden. Übersehen werden dabei häufig Bandbreiteneffekte, auf die im folgenden Kapitel detailliert eingegangen werden soll ([37], S.66).

Nachdem Lösungsmöglichkeiten aufgezeigt sind, um den Bandbreiteneffekt zu umgehen, soll im Rahmen der vorliegenden Arbeit anschließend auf die Kritikpunkte Interpretierbarkeit und Substituierbarkeit eingegangen werden. Hierzu wird ein neues Verfahren zur Nutzwertberechnung vorgestellt.

# 5. DIE PROBLEMATIK DER ZIELGEWICHTUNG

## 5.1 Der Bandbreiteneffekt

Der Bandbreiteneffekt besagt, daß die Kriteriengewichte nicht unabhängig von der gewählten Bewertungsskala festgelegt werden dürfen.

Bei den im Abschnitt 4.3.2.2.1 beschriebenen Zielgewichtungsverfahren werden vom Entscheider Präferenzenaussagen erwartet. So muß man sich mit der Frage beschäftigen, wie wichtig ein Ziel im Verhältnis zu einem anderen ist. Die Anwort lautet dann beispielsweise: Ziel A ist wichtiger, viel wichtiger oder sehr viel wichtiger als Ziel B. Es ist jedoch problematisch wenn man derartige subjektive Einschätzungen als Basis für die Kriteriengewichtung heranzieht, da die Bandbreiten, d. h. die Intervalle der möglichen Zielausprägungen mit $[x^-_i, x^+_i]$ ($v_i(x^-_i)=0$ und $v_i(x^+_i)=1$), außer acht gelassen werden, wobei i für die Kriteriennummer steht ([31], S. 76).

**Beispiel 1:**

Es ist sicherlich einleuchtend, daß bei einem Vergleich der Ziele „Anfangsgehalt" (Ziel 1) und „wöchentliche Arbeitszeit" (Ziel 2) bei der Bewertung möglicher nächster Arbeitsverhältnisse $\mathbf{g_1>g_2}$ gelten muß, wenn die Bandbreite des Zieles **Anfangsgehalt** zwischen **30 und 200 TGE** ( 1000 Geldeinheiten) und die Bandbreite für die **Arbeitszeit** zwischen **38 und 38,5 Std**. liegt.

*Wer würde es schon ablehnen, eine halbe Stunde mehr zu arbeiten, wenn er dafür 170 TGE mehr bekommen würde?*

Dem entgegen ist es sicherlich auch einleuchtend, daß bei einem Vergleich der Ziele Anfangsgehalt und wöchentliche Arbeitszeit für die Gewichtung $\mathbf{g_1<g_2}$ gelten muß, wenn die Bandbreite des Ziels **Anfangsgehalt** zwischen **60 TGE und 61 TGE** und die für die **Arbeitszeit** zwischen **10 Std. und 80 Std**. liegen würde.

*Wer würde schon 70 Std. länger arbeiten, wenn er dafür nur 1 TGE mehr verdient?* ([31], S. 76).

Verdeutlichung (Erfüllungsgrade 0 und 1):

| | Bandbreite | Gewicht | Firma AB | | Firma XY | |
|---|---|---|---|---|---|---|
| | | | **Erfüllungs-grad** | **Nutz-wert** | **Erfüllungs-grad** | **Nutz-wert** |
| Anfangsgehalt | 30 – 200 TGE | 0,8 | (30 TGE) → 0 | **0** | (200 TGE) → 1 | **0,8** |
| Arbeitszeit | 38 – 38,5 Std. | 0,2 | (38 Std.) → 1 | **0,2** | (38,5 Std.) → 0 | **0** |
| Nutzwert | | | | 0,2 | | 0,8 |
| Rangfolge | | | 2 | | 1 | |

**Abbildung 72: Sinnvolle Gewichtung unter Berücksichtigung des Bandbreiteneffekts**

Nun dasselbe Beispiel mit Vernachlässigung der Bandbreite:

| | Bandbreite | Gewicht | Firma AB | | Firma XY | |
|---|---|---|---|---|---|---|
| | | | **Erfüllungs-grad** | **Nutz-wert** | **Erfüllungs-grad** | **Nutz-wert** |
| Anfangsgehalt | 60 – 61 TGE | 0,8 | (60 TGE) → 0 | **0** | (61 TGE) → 1 | **0,8** |
| Arbeitszeit | 10 - 80 Std. | 0,2 | (10 Std.) → 1 | **0,2** | (80 Std.) → 0 | **0** |
| Nutzwert | | | | 0,2 | | 0,8 |
| Rangfolge | | | 2 | | 1 | |

**Abbildung 73: Bandbreiteneffekt**

Wie man klar erkennen kann, tritt der Bandbreiteneffekt ein. Die Nutzwertanalyse bewertet die Firma XY als die „bessere" Alternative. Bei einer Entscheidung aufgrund dieses Ergebnisses würde der Betroffene für 1 TGE mehr Gehalt 70 Std. mehr arbeiten müssen.

Die Gewichte können also **nicht unabhängig von der Bandbreite** des Bewertungsintervalls definiert werden. Um den Bandbreiteneffekt auszuschließen, muß die Zielgewichtung mit dem Trade-off-Verfahren durchgeführt werden.

**Beispiel 2:**

In diesem Beispiel sollen monetäre Aspekte direkt in die Nutzwertanalyse einbezogen werden, da so die Verständlichkeit der Problematik gesteigert wird.

Es sollen 2 Ziele mit Hilfe der Trade-off Methode gewichtet werden, um eine Investitionsentscheidung zu fällen:

- Kosten: Bandbreite: 10 – 20 Mio. Euro
- Qualität: Bandbreite: 95 - 100%

Wenn der Entscheider nun die Präferenz zwischen den Zielen festgelegt hat, könnte er dabei folgende Aussage getroffen haben:
„Für eine Qualitätssteigerung um 1 % nehme ich eine Kostensteigerung von 500 000 Euro gerne in Kauf."

Würde nun eine der klassischen Methoden, die im Abschnitt 4.3.2.2.1 beschrieben wurden, für die Gewichtung herangezogen, ergäbe sich bei einer Gewichtung von z. B. 60 % und 40 % eine Verzerrung. Mit der getroffenen Aussage müßten ja 2 Alternativen gleich bewertet sein, die sich gegenseitig in ihrer Ausprägung substituieren. Das heißt, daß eine Alternative, die 10 Mio. Euro kostet (Erfüllung 1) und eine Qualität von 95 % (Erfüllung 0) erbringt, den gleichen Nutzwert haben müßte, wie eine Alternative, die 10,5 Mio. kostet, aber dafür 96 % Qualität erbringt. Bei den Methoden der klassischen Gewichtung ist dies aber nicht so.

Beweis: Wertefunktionen zum Beispiel:

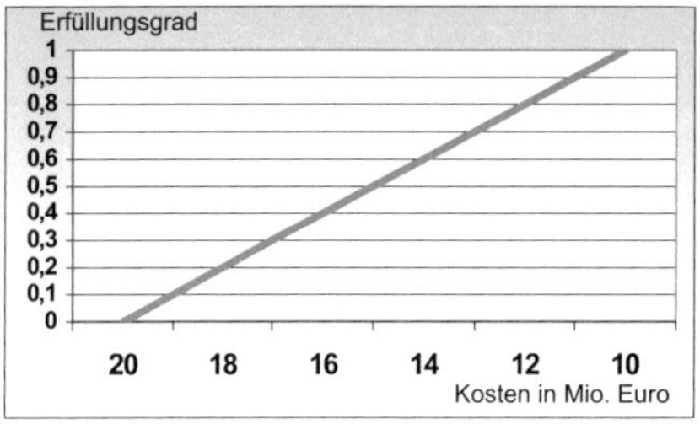


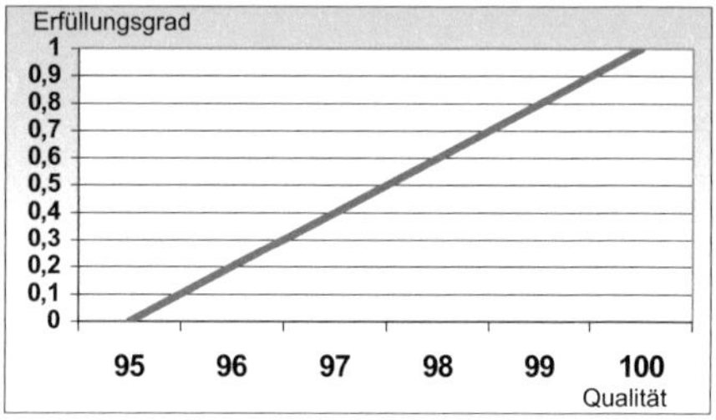


**Abbildung 74: Wertefunktionen für Beispiel 2**

| | | | Alternative A | | Alternative B | |
|---|---|---|---|---|---|---|
| | Band-breite | Gewicht | Erfüllungsgrad | Nutz-wert | Erfüllungsgrad | Nutz-wert |
| **Kosten** | 10 – 20 Mio. | 60 % | (10. Mio.) → 1 | **0,6** | (10,5 Mio.) → 0,95 | **0,57** |
| **Qualität** | 95- 100 % | 40 % | (95 %) → 0 | **0** | (96 %) → 0,2 | **0,08** |
| **Nutzwert** | | 100 % | | **0,6** | | **0,65** |
| **Rang** | | | **2** | | **1** | |

**Abbildung 75: Nutzwertberechnung für Beispiel 2 (konventionell) ohne Beachtung der Trade-offs**

Warum entsteht nun diese „falsche" Bewertung?

Der Austausch zwischen Kosten und Qualität wurde „verzerrt".

Der Grund liegt in der Bandbreite der Wertefunktionen und der davon unabhängigen Gewichtung.

Während eine Steigerung der Qualität um 1 Prozent 0,2 an Erfüllung bringt, bewirkt eine Änderung der Kosten um 500 000 Euro nur 0,05 Erfüllung. 0,2 Erfüllung wird erst bei Änderungen im Bereich von 2 Mio. erreicht (siehe Wertefunktionen).

Durch die anschließende Gewichtung entsteht noch eine zusätzliche Verschiebung. Der Austausch wurde also durch die Bandbreite und die Gewichtung „verzerrt".

Wenn die Alternativen aufgrund der Präferenzenaussage wirklich gleich bleiben sollten, so muß die Gewichtung eine adäquate „Entzerrung" ermöglichen. Das heißt, daß die Qualitätssteigerung um 1 % genau soviel Nutzen erbringen muß, wie der „Verlust" des Nutzwertbeitrages im Kriterium Kosten.

Deswegen muß das Gewicht des Kriteriums „Kosten" genau viermal so hoch sein wie das Gewicht des Kriteriums „Qualität".

$$g_{Kosten} * \Delta K = g_{Qualität} * \Delta Q$$

$$\Rightarrow \frac{g_{Kosten}}{g_{Qualität}} = \frac{\Delta Q}{\Delta K} = \frac{0{,}2}{0{,}05} = \frac{4}{1}$$ , wobei $\Delta K(\Delta Q)$ = Änderung Erfüllungsgrad Kosten (Qualität)

Die Gewichte ergeben sich somit aus den Bandbreiten direkt:

| | | | Alternative A | | Alternative B | |
|---|---|---|---|---|---|---|
| | Band-breite | Gewicht | Erfüllungsgrad | Nutz-wert | Erfüllungsgrad | Nutz-wert |
| **Kosten** | 10 – 20 Mio. | 0,8 | (10. Mio.) $\rightarrow$ 1 | **0,80** | (10,5 Mio.) $\rightarrow$ 0,95 | **0,76** |
| **Qualität** | 95 – 100 % | 0,2 | (95 %) $\rightarrow$ 0 | **0** | (96 %) $\rightarrow$ 0,20 | **0,04** |
| **Nutzwert** | | | | **0,80** | | **0,80** |
| **Rang** | | | **1** | | **1** | |

**Abbildung 76: Nutzwertberechnung unter Beachtung der Trade-offs**

## 5.2 Zielgewichtung mit dem Trade-off-Verfahren

Unter einem Trade-off versteht man die Austauschrate zwischen zwei Zielen.

Dabei verfolgt das Verfahren die Idee, daß jeweils für bestimmte Zielpaare ein sogenannter Trade-off vom Entscheider erfragt wird. Aus diesem Trade-off wird anschließend das Verhältnis der beiden Zielgewichte berechnet ([31], S . 60).

Für das Beispiel 1 aus Abschnitt 5.1 könnte ein Trade-off wie folgt aussehen:

- „Ich bin für ein um 10 000,- TGE höheres Anfangsgehalt bereit, 10 Stunden pro Woche mehr zu arbeiten“ ([31], S. 76).

**Wie kommt man nun zu dieser Aussage, bzw. zu diesem Trade-off?**

Üblicherweise werden die Trade-offs nicht wie oben direkt erfragt, sondern sukzessive eingegrenzt.

Man kann mit einem Vergleich der Extremkombinationen beginnen. Unter einer Extremkombinationen versteht man dabei, daß die Bandbreitenenden zweier Wertefunktionen gemäß $(x_1^+, x_2^-)$ und $(x_1^-, x_2^+)$ miteinander ins Verhältnis gesetzt werden, wobei $x_1$, $x_2$ die Ausprägungen zweier Ziele beschreiben. Ausgehend von diesem Vergleich wird nun die bessere der beiden Kombinationen solange verschlechtert, bis eine Gleichwertigkeit vorliegt. Diese Vorgehensweise bezeichnet man als „Worst-Best-Eingrenzung“. Die Anpassung erfolgt dabei dadurch, daß die zu Beginn der Eingrenzung vorliegende Ausprägung $x_1^+$ im Ziel 1 auf $a_1$ verschlechtert wird, bis die Bedingung $(a_1, x_2^-) \sim (x_1^-, x_2^+)$ erfüllt ist (~ bedeutet „gleich gut/nutzengleich“). Aus diesem Trade-off läßt sich dann mit folgender Formel das Gewichtungsverhältnis bestimmen:

$$g_1 = \frac{v_2(x_2^+) - v_2(x_2^-)}{v_1(a_1) - v_1(x_1^-)} * g_2 = \frac{1}{v_1(a_1)} * g_2$$

$v_i(x_i^-) = 0$
$v_i(x_i^+) = 1$
$x_i^+$ = max. Ausprägung des Zieles i
$x_i^-$ = min. Ausprägung des Zieles i
$v_i(a)$= Erfüllungsgrad des Kriteriums i mit der Ausprägung a, wobei gilt: $0 \le v_i(a) \le 1$

Aus einem beliebigen Trade-off, d. h. $(a_1, a_2) \sim (b_1, b_2)$ läßt sich gemäß folgender Formel auf das Zielgewichtungsverhältnis schließen ([31], S . 61):

$$g_1 = \frac{v_2(b_2) - v_2(a_2)}{v_1(a_1) - v_1(b_1)} * g_2$$

Die Präferenzen müssen dabei für m-1 Zielpaare (m = Anzahl der Kriterien) eingegrenzt werden; m-1 deshalb, weil unter Einbeziehung der Normierungsvorschrift $\sum_{i=1}^{m} g_i = 1$ genügend Gleichungen vorhanden sind, um auf alle Kriteriengewichtungen zu schließen.

**Beispiel 3:**

Zur besseren Verständlichkeit wird das Beispiel 1 aus Abschnitt 5.1 um ein weiteres Kriterium, nämlich um den Bereich Karrierechancen, erweitert.

Ausgangspunkt sind jetzt also drei zu gewichtende Ziele:

- Anfangsgehalt zwischen 30 und 80 TGE (Tausend Geldeinheiten)
- Arbeitszeit zwischen 20 und 60 STD pro Woche
- Karrierechancen zwischen „schlecht“ und „ausgezeichnet“.

Dabei wurden folgende Wertefunktionen aufgestellt:

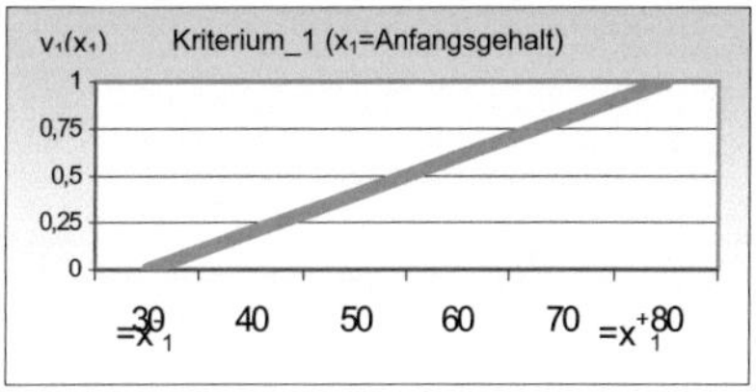


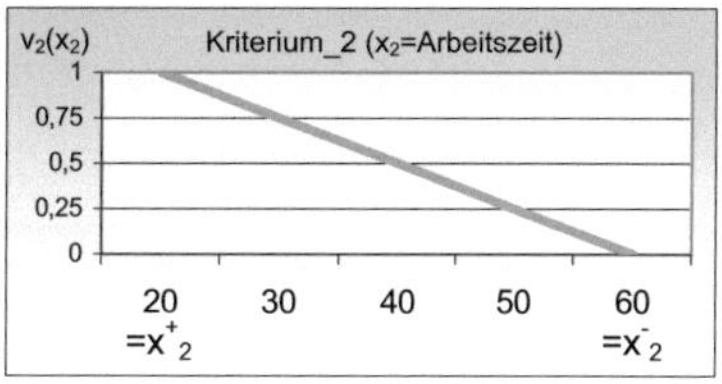


**Abbildung 77: Wertefunktionen für Beispiel 3**

Mit diesen gegebenen Daten werden nun die Trade-offs ermittelt.

Begonnen werden soll dabei mit dem Trade-off zwischen Anfangsgehalt und Arbeitszeit. Eingesetzt wird die Worst-Best-Eingrenzung.

**(80 TGE, 60 Std.) vs. (30 TGE, 20 Std.), also $(x_1^+, x_2^-)$ und $(x_1^-, x_2^+)$**

Wenn der Entscheider nun die linke Alternative als besser einschätzt, dann wird das Anfangsgehalt um einen gewissen Betrag gesenkt.

**(70 TGE, 60 Std.) vs. (30 TGE, 20 Std.), also $(a_1, x_2^-)$ und $(x_1^-, x_2^+)$**

Nimmt man an, daß dem Entscheider die linke Seite immer noch besser erscheint als die rechte, dann wird $a_1$ weiter abgesenkt.

**(65 TGE, 60 Std.) ~ (30 TGE, 20 Std.), also $(a_1,x_2^-)$ und $(x_1^-,x_2^+)$**

Wenn der Entscheider hier eine Indifferenz bestätigt, würde er damit folgendes ausdrücken:

„Für eine Steigerung des Lohnes um 35 TGE (65-30 TGE) im Jahr würde ich 40 Stunden (60-20 Std.) pro Woche mehr arbeiten."

Aus dieser Aussage kann man mit Hilfe obiger Formel auf das erste Gewichtungsverhältnis schließen.

$$g_1 = \frac{v_2(x_2^+) - v_2(x_2^-)}{v_1(a_1) - v_1(x_1^-)} * g_2 = \frac{v_2(20) - v_2(60)}{v_1(65) - v_1(30)} * g_2$$

Zur Ermittlung der Erfüllungsgrade für die einzelnen Alternativenausprägungen kann man sich der Geradengleichung $v(x^-) = 0,\ v(x^+) = 1 \Rightarrow v(x) = \frac{x - x^-}{x^+ - x^-}$ bedienen, so daß sich die Erfüllungsgrade wie folgt ergeben:

Gehalt: $v_1$(70 TGE) = $\frac{70-30}{80-30}$ = 0,8 Arbeitszeit: $v_2$(60 Std.) = 0

$v_1$(65 TGE) = $\frac{55-30}{80-30}$ = 0,7 $v_2$(20 Std.) = 1

$v_1$(30 TGE) = 0

Diese Werte müssen nun in folgende Formel eingesetzt werden:

$$g_1 = \frac{v_2(20) - v_2(60)}{v_1(65) - v_1(30)} * g_2 = \frac{1-0}{0,7-0} = \frac{1}{0,7} * g_2 = 1,43 g_2 \Rightarrow g_2 = 0,7 g_1$$

Die gleiche Vorgehensweise wird anschließend sukzessiv auf die anderen Kriterien angewendet. Dies soll im folgenden verkürzt dargestellt werden.

Trade-off zwischen **Anfangsgehalt und Karrierechancen**:

(80 TGE schlecht) vs. (30 TGE, ausgezeichnet), **also ($x_1^+$,$x_3^-$) und ($x_1^-$,$x_3^+$)**
**(70 TGE, schlecht) ~ (30 TGE, ausgezeichnet), also ($a_1$,$x_3^-$) und ($x_1^-$,$x_3^+$)**

$$g_1 = \frac{v_3(ausgezeichnet) - v_3(schlecht)}{v_1(70) - v_1(30)} * g_3 = \frac{1-0}{0{,}8-0} = \frac{1}{0{,}8} * g_3 = 1{,}25 g_1 \Rightarrow g_3 = 0{,}8 g_1$$

Setzt man diese beiden mit Hilfe des Trade-off-Verfahrens gewonnenen Beziehungen in die Normierungsbedingung der Gewichte ein, dann erhält man ([31], S. 61ff):

$$1 = g_1 + g_2 + g_3$$

$$1 = g_1 + 0{,}7 g_1 + 0{,}8 g_1$$

$$1 = (1 + 0{,}7 + 0{,}8) * g_1$$

$$g_1 = \frac{1}{1 + 0{,}7 + 0{,}8} = \frac{1}{2{,}5} = \frac{2}{5} = 0{,}4$$

$$g_2 = 0{,}7 * 0{,}4 = 0{,}28$$

$$g_3 = 0{,}8 * 0{,}4 = 0{,}32$$

Die Vorgehensweise zur Lösung des linearen Gleichungssystems im Allgemeinfall mit beliebig vielen Kriterien kann in Anhang 6 nachgelesen werden.

## 5.3 Untersuchung des Trade-off Verfahrens

In [31] wird hinsichtlich der Auswahl der Zielpaare folgende Empfehlung gegeben: Bei der Auswahl der Zielpaare empfiehlt es sich, ein Ziel mit einer kontinuierlichen Skala und mit großer Bedeutung bzw. großer Bandbreite mit jeweils **allen anderen** Zielen zu vergleichen ([31], S. 61-63).

Dies hat folgende Gründe:

- einfachere Berechnung der Gewichte,
- Vermeidung redundanter Gewichtungsverhältnisse,
- diskrete Skalen können zu Problemen führen.
  Der Vergleich eines diskreten Ziels mit einem anderen diskreten Ziel führt nur rein

zufällig zu einer Indifferenzaussage.
Erläuterung an einem Beispiel:
(Köln, 30 TEuro) vs. (Aachen, 40 TEuro)
Sagt der Entscheider nun, daß die linke Seite besser ist als die rechte, dann ergibt sich:
(Aachen, 30 TEuro) vs. (Aachen, 40 TEuro) ([31], S. 64).

In der Literatur konnten wir bislang noch keine kritische Untersuchung des Trade-off-Verfahrens auffinden. Deswegen soll an dieser Stelle auf die Problematik der Trade-offs eingegangen werden.

Wie viele Verfahren hat auch das Trade-off-Verfahren **Nachteile**:

- Es ist fraglich, ob das Trade-off-Verfahren wirklich immer eingesetzt werden kann. ([31]) empfiehlt dies zwar, doch kann man sich Situationen vorstellen, wo die Ermittlung eines Trade-offs durchaus problematisch sein kann.
  Beispiel:

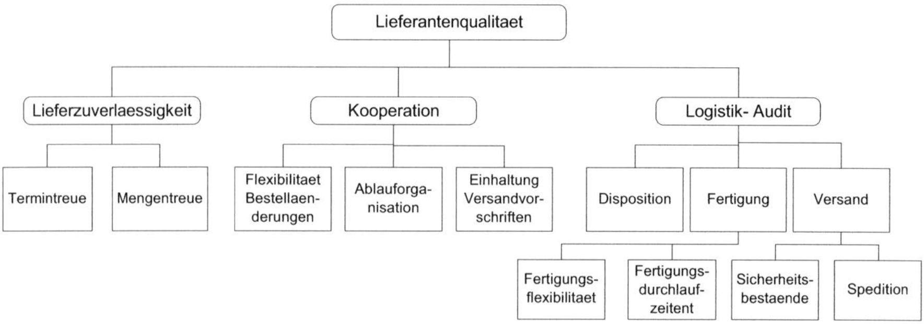


**Abbildung 78: Zielhierarchie zur Problematik des Trade-off Verfahrens**

Bei derartigen Problemstellungen ist die Anwendung der Trade-off Methode sehr schwer. Eine Gewichtung von oben nach unten ist eigentlich nicht durchführbar, da eine Festlegung des Austauschverhältnisses wie z. B. zwischen Lieferzuverlässigkeit und Kooperation nicht möglich ist. Der Grund liegt darin, daß die Ziele erst in den unteren Ebenen konkretisiert werden und zweitens keine Wertefunktionen bzw. -tabellen vorliegen, aus denen man die Bandbreiten errechnen kann.

Die Gewichtung muß also von unten nach oben durchgeführt werden. Doch auch hier wird man vor dem Problem stehen, welches Kriterium man eigentlich für den Vergleich heranzieht. Dieses dann gemäß der Empfehlung von [31] mit den 8 anderen zu vergleichen, dürfte ebenfalls eine sehr schwere Aufgabe sein.

Deswegen wird folgende Vorgehensweise vorgeschlagen:
Man setzt die Trade-off Methode nur am jeweiligen Ast der untersten Ebene ein. Im Beispiel wäre das zwischen Termin- und Mengentreue (Lieferzuverlässigkeit), zwischen Flexibilität, Ablauforganisation und Einhaltung von Versandvorschriften (Kooperation) sowie zwischen Disposition, Fertigung und Versand (Logistik-Audit). Dadurch vereinfacht sich der Vergleich aufgrund der geringeren Anzahl und größeren Ähnlichkeit der Kriterien. Ähnlicher sind sie, weil sie sich jeweils auf denselben Vaterknoten beziehen. Es ist doch leichter einen Trade-off zwischen Termintreue und Mengentreue abzuleiten als zwischen Termintreue und Spedition. Die übergeordneten Ebenen gewichtet man mit einem der traditionellen Verfahren, also z. B. der Methode der sukzessiven Vergleiche, die jetzt, aufgrund der geringeren Komplexität, sehr gut eingesetzt werden können.

Anschließend berechnet man die Kriteriengewichte von oben nach unten, wobei die auf der untersten Ebene berechneten vorläufigen Gewichte der Trade-offs in die Berechnungen mit einbezogen werden.

Es ist sicherlich richtig, daß durch diese Methode keine vollständige Erfassung der Trade-offs möglich ist. So werden Austauschbeziehungen z. B. zwischen Lieferzuverlässigkeit und Kooperation nicht erfaßt. Fest steht jedoch auch, daß diese Methode „richtiger“ ist als die klassischen Gewichtungsverfahren.

- Besonders im Bewertungsteam wird es schwer sein, die unterschiedlichen Meinungen zu kanalisieren. Große Sachkenntnis wird hier unabdingbar. Im klaren muß sich der Entscheider auch darüber sein, daß die Trade-offs rein subjektiv sind. Änderungen in den Trade-offs können erhebliche Auswirkungen auf die Reihenfolgebildung haben.

Beispiel Computerkauf:
Wie hoch ist der Trade-off zwischen Festplattenkapazität und CPU-Rechenleistung?
Wenn man dieses Beispiel genauer betrachtet, wird man schnell vor einem Problem stehen. Wieviel Leistung möchte ich hergeben, um z. B. 1 GB mehr Speicher zu haben? Sollen es 2 %, 5 % oder noch mehr sein? Wenn man sich selber hierüber schon nicht im klaren ist, wie soll dann das Team einen Konsens finden?

Folglich kann man sagen, daß die Problematik der Gewichtung der Kriterien nur verschoben wurde. Während die klassischen Methoden ihre Schwierigkeiten damit haben, die Kriteriengewichtigkeit zu unterscheiden, hat die Trade-off Methode ihre Problematik in der Ermittlung der Austauschverhältnisse, also der Fixierung der Trade-offs. Auch durch die Verschiebung der Bandbreiten ergeben sich größere Änderungen als durch die klassischen Methoden, da dies sofort eine Veränderung der Gewichtung und der Benotung mit sich bringt. Die Trade-off Methode führt daher nur zu richtigeren Ergebnissen, wenn die Trade-offs eindeutig und „richtig" fixiert sind. Doch wer kann schon sagen, was „richtig" ist.

- Für den Entscheider ist die Gewichtung nicht mehr so einfach nachvollziehbar. Wenn er sich die Frage stellt, warum nun die Qualität mit 0,4 und die Flexibilität mit 0,2 gewichtet ist kann dies nur noch über mathematische Formeln beantwortet werden. In der klassischen Methode kann man über die Reihenfolge argumentieren, z. B. durch die Eingruppierung der Kriterien in Bewertungsbereiche (Methode der absoluten Gewichtung). Es könnte sich also hier auch ein Akzeptanzproblem ergeben.

Die **Vorteile** des Trade-off-Verfahrens liegen sicherlich in den genaueren Ergebnissen, die dann erzielt werden, wenn sich die Entscheider im Rahmen ihrer Indifferenzaussagen einig sind. Die Alternativen werden „gerechter" bewertet, Bandbreiteneffekte vermieden. Durch diese Vorteile ist die Trade-off Methode als eine wichtige Ergänzung der klassischen Gewichtungsverfahren zu sehen, wenn auch ihre Anwendung komplizierter ist. Die besseren Ergebnisse dieser Methode bewirken, daß die Trade-off Methode, wenn möglich, den klassischen Verfahren vorgezogen werden sollte.

# 6. DIE PROBLEMATIK DER ERMITTLUNG DER GESAMTNUTZWERTE

## 6.1 Problematik der Vorgehensweise bei der konventionellen Methode

Ausgangspunkt für die Ermittlung der Gesamtnutzwerte bei der konventionellen Methode sind die Teilnutzen jedes Kriteriums und aller Alternativen.

Dabei errechnet sich der Teilnutzen, indem man das Stufengewicht des betreffenden Kriteriums mit der entsprechenden Note bzw. dem entsprechenden Erfüllungsgrad multipliziert. Addiert man die Teilnutzen, so erhält man den Gesamtnutzwert für eine Alternative k:

$$U_k = \sum_{i=1}^{m} g_i * v_{ik}$$

Kriteriennummer: i=1,2,...,m
Alternativennummer: k=1,2,...,n
$g_i$ Gewicht des Kriteriums i
$v_{ik}$ Erfüllungsgrad des Kriteriums Nr. i bei der Alternative Nr. k
$U_k$ Gesamtnutzwert der Alternative k

Bei der Ermittlung der Gesamtnutzwerte geht die konventionelle Methode wie folgt vor: Sie betrachtet die Teilnutzen als Menge, d. h. als ungeordnetes Ensemble von Zahlenwerten und bestimmt den Gesamtnutzen als algebraische Summe der Elemente dieser Menge. Der Gesamtnutzen in diesem Sinne ist dann ein gewichtetes Mittel der Noten bzw. Erfüllungsgrade der Einzelkriterien, also kurz ein Durchschnittswert.

Beispiel: Durchschnittsnotenbildung im Schulsystem:

| Kriterium | Vorläufiges Gewicht | Endgewicht | Note | Teilnote |
|---|---|---|---|---|
| Unternehmensführung | 3 | 3/**9** = 0,333 | 2 | 0,666 |
| Volkswirtschaftslehre | 3 | 3/**9** = 0,333 | 3 | 0,999 |
| Dispositive Logistik | 2,5 | 2,5/**9**= 0,278 | 1 | 0,278 |
| Führungspsychologie | 0,5 | 0,5 /**9** = 0,057 | 1 | 0,057 |
| Summe | **9** | **1** | | 2,0 |

**Abbildung 79: Notendurchschnitt**

Statistisch betrachtet, wurde das gewogene arithmetische Mittel zugrunde gelegt, um durch die Aggregation der Teilnoten auf eine Gesamtnote zu schließen.

Der Gesamtnutzwert kann dadurch ökonomisch wie folgt gedeutet werden:

a) Bezogen auf das Beispiel von Abbildung 79 bedeutet dies:

   „Unter Beachtung der Wertigkeit der Fächer hat der Schüler im Durchschnitt in einer Prüfung die Note 2 erzielt."

b) Allgemein formuliert:

   „Unter Beachtung der Wertigkeit der Kriterien hat die Alternative A im gewichteten Mittel 2,0 Punkte."

In der konventionellen Methode wird darauf aufbauend, folgende Entscheidungsregel angewendet:
„Die Alternative mit der besten Durchschnittsnote ist in Abhängigkeit von den persönlichen Präferenzen des Entscheiders die beste und somit auszuwählen."

Das Problem der konventionellen Nutzwertanalyse besteht in dieser eben genannten Vorgehensweise, die die Teilnutzen durch Addition zu Gesamtnutzen zusammenfaßt, um mit diesen Vergleiche anstellen zu können, ob eine bestimmte Alternative besser, d. h. nützlicher ist als eine andere oder nicht.

Wie im Abschnitt 4.3.6 beschrieben, wird an der konventionellen Methode Kritik geübt. Die wichtigsten Kritikpunkte sind die mangelnde Interpretierbarkeit und die Substituierbarkeit der Nutzwerte. Es ist deshalb sinnvoll, nach Alternativen Ausschau zu halten, die diese Problematiken lösen.

Entsprechende Vorschläge finden sich in [57]. Grundlagen und Ausgangspunkt für diese alternativen Methoden zur Berechnung skalarer Gesamtnutzenwerte, die in den folgenden Abschnitten des Kapitels 6 beschrieben werden sollen, ist die Darstellung der Nutzwerte für jede Alternative als Vektor.

## 6.2 Die vektorielle Darstellung der Nutzwerte

Die Teilnutzen der Kriterien werden zu einem Gesamtnutzwertvektor zusammengefaßt. Die Teilnutzen sind dann geordnet und bilden die Komponenten des Gesamtnutzwertvektors bezüglich eines rechtwinkligen Achsensystems in einem Vektorraum, dessen Dimension (=Anzahl der Koordinatenachsen) mit der Anzahl der Kriterien übereinstimmt (siehe [57]). Bei 2 bzw. 3 Kriterien ist dieser Vektorraum der Anschauungsraum der Dimension 2 (Ebene) bzw. 3 (physikalischer Raum). Bei mehr als 3 Kriterien liegen die Gesamtnutzwertvektoren in höherdimensionalen, abstrakten Räumen. Durchgängig gelten jedoch die Gesetze der Vektoralgebra (Addition, Subtraktion, Multiplikation mit Skalar, Skalarprodukt, Betragsbildung, Berechnung von Winkeln), so daß man sich geometrische Eigenschaften (Längen, Winkel, Abstände) für höherdimensionale Vektoren, d. h. bei mehr als 3 Kriterien, im 2- oder 3-dimensionalen Anschauungsraum verdeutlichen kann.

**Darstellung der Vektoren:**

***Algebraische Darstellung***

als Spaltenvektor:

$$\vec{v} = \begin{pmatrix} v_1 \\ v_2 \\ \dots \\ v_n \end{pmatrix};$$

n= Dimension, Anzahl der Komponenten

***Graphische Darstellung*** im 2-dimensionalen Vektorraum als Pfeil vom Ursprung des Koordinatensystems zu dem Punkt, dessen rechtwinklige Koordinate durch die Komponenten des Vektors gegeben sind:

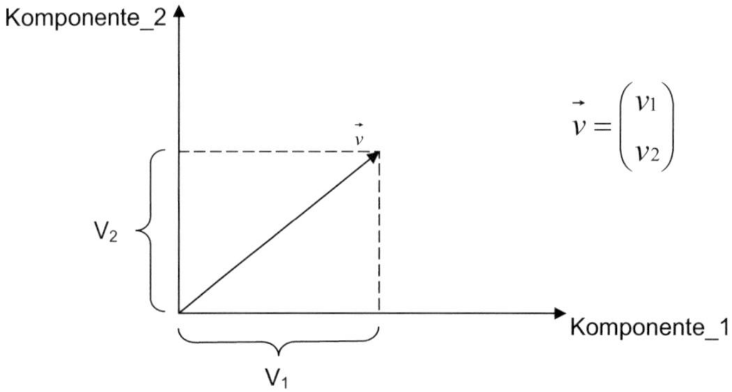


**Abbildung 80: Vektorielle Darstellung der Nutzwerte**

Der Vektor ergibt sich dabei aus der vektoriellen Summe seiner Komponenten:

$$\vec{v} = \begin{pmatrix} v_1 \\ 0 \end{pmatrix} + \begin{pmatrix} 0 \\ v_2 \end{pmatrix}$$

Angewendet auf die Nutzwertanalyse kann man somit feststellen:
Die Zusammenfassung der Teilnutzen zum Gesamtnutzwertvektor bedeutet die vektorielle Addition der Teilnutzen (als Komponenten betrachtet).

Stellt man den Gesamtnutzwert für jede Alternative durch den zugehörigen Vektor der Teilnutzen dar, dann erhält man als Ergebnis der Nutzwertanalyse in graphischer Form zunächst ein Vektoren- oder Pfeilbüschel. Da die Erfüllungsgrade der Kriterien alle aus dem Intervall [0;1] stammen, gilt für die Teilnutzen und demzufolge für die Komponenten der Gesamtnutzwertvektoren:

$0 \leq U_{ik} \leq g_i$ $\quad$ $i = 1,2,..,m$ $\quad$ $U_{ik}$= Teilnutzen des Kriteriums i der Alternative k

Beispiel:

| Kriterium | Gewicht | Alternative 1 | |
|---|---|---|---|
| | | Erfüllungsgrad | Teilnutzen |
| K1 | **0,8** | 1 | **0,8** |
| K2 | **0,2** | 1 | **0,2** |

Gewichtsvektor → $\vec{g} = \begin{pmatrix} g1 \\ g2 \end{pmatrix}$ ← Maximalnutzenvektor

**Abbildung 81: Maximalnutzenvektor**

Dies bedeutet, daß alle Gesamtnutzwertvektoren in dem durch den Gewichtsvektor = Maximalnutzenvektor als Raumdiagonale aufgespannten Quader $0 \leq x_i \leq g_i$, $i=1,2,...,m$ liegen. Dieser Quader ist in folgender Abbildung als rechteckige Fläche markiert. (In der Ebene wird aus dem Quader ein Rechteck.)

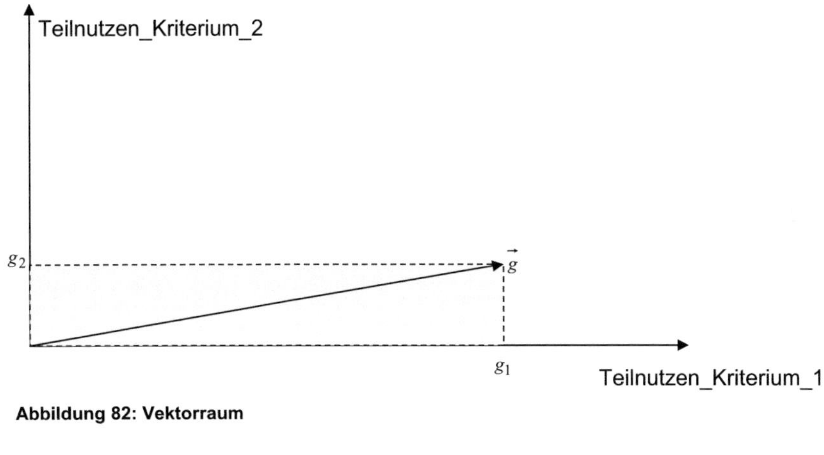


**Abbildung 82: Vektorraum**

In diesem Quader können nun die Gesamtnutzwertvektoren eingezeichnet werden. Bei der Berechnung des Gesamtnutzwerts nach der konventionellen Methode können sich Pattsituationen ergeben, die dadurch entstehen, daß sich bei der Addition der Teilnutzen gleiche Ergebnisse einstellen.

Kurzbeispiel (konventionelle Methode):

| **Kriterium** | **Gewicht** | **Alternative 1** | | **Alternative 2** | |
|---|---|---|---|---|---|
| | | Erfüllungsgrad | Teilnutzen | Erfüllungsgrad | Teilnutzen |
| K1 | 0,8 | 0,625 | 0,5 | 0,4375 | 0,35 |
| K2 | 0,2 | 0,25 | 0,05 | 1 | 0,2 |
| Gesamtnutzen | | | **0,55** | | **0,55** |
| Rang | | **1** | | **1** | |

**Abbildung 83: Pattsituation**

Hier ergibt sich die Frage, welche Alternative die „bessere" ist, d. h. welcher Gesamtnutzwertvektor den größeren Nutzen von beiden Alternativen repräsentiert. Durch die konventionelle Methode kann keine Entscheidung getroffen werden, da beide Alternativen den gleichen Gesamtnutzwert haben.

Da dieses Entscheidungsproblem durch die konventionelle Methode nicht gelöst werden kann, werden im folgenden neue Lösungsansätze aus ([57]) vorgestellt.

Wenn man diese Pattsituation in der vektoriellen Darstellung unter Einbezug des nutzenmaximalen Vektors (d. h. Vektor mit Erfüllungsgrad 1 in allen Kriterien) als Referenzvektor betrachtet (siehe Abbildung 84), so kann man schon erahnen, welche Alternative eine größere Ähnlichkeit zu diesem Referenzvektor, der mit dem Gewichtsvektor $\vec{g}$ übereinstimmt, besitzt und somit zu präferieren ist.

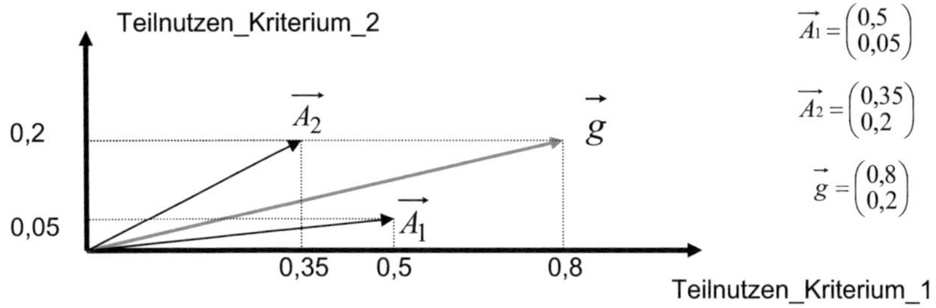


**Abbildung 84: Beispiel vektorielle Darstellung von Nutzwerten (2 Dimensionen)**

Per Augenschein würde man hier sagen: $A_1>A_2$ (Alternative $A_1$ günstiger als Alternative $A_2$)

Der Grund liegt darin, daß die Alternative $A_1$ eine größere Ähnlichkeit mit dem Referenzvektor hat, d. h. sich näher und weiter in dessen Richtung erstreckt, als die Alternative $A_2$.

Während eine Darstellung der Vektorpfeile im 2-dimensionalen Vektorraum mit Hilfe ihrer Komponenten bezüglich eines rechtwinkligen Achsensystems noch leicht durchführbar ist, wird sie bei 3 Kriterien schon schwieriger und bei höher dimensionalen Vektorräumen, d. h. bei mehr als 3 Kriterien, unmöglich.

In diesem Fall kann man sich jedoch folgendermaßen behelfen:

Der Gesamtnutzwertvektor jeder Alternative spannt zusammen mit dem Referenzvektor $\vec{g}$ jeweils eine Hyperebene auf. Dreht man diese Hyperebenen um den Referenzvektor als Drehachse bis sie mit der Zeichenebene (Papierebene) zusammenfallen, dann kann man dort alle Vektoren mittels ihres Betrages und des Zwischenwinkels, den der Gesamtnutzwertvektor der jeweiligen Alternative mit dem Referenzvektor $\vec{g}$ bildet, zeichnen.

Beispiel: Gesamtnutzwertvektoren für 3 Alternativen mit m Kriterien

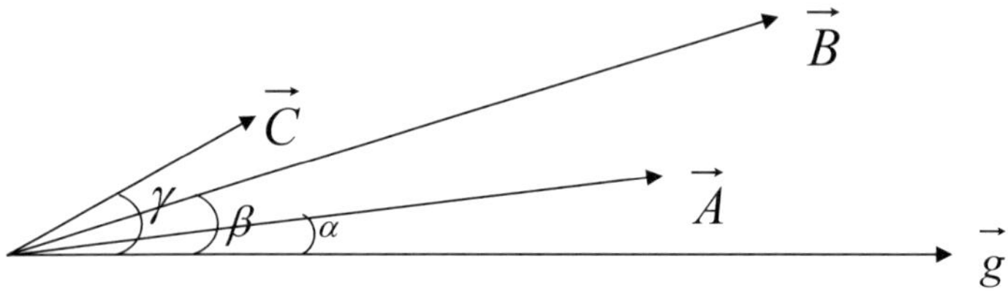


**Abbildung 85: Beispiel für vektorielle Darstellung von Nutzwerten (m Dimensionen)**

$$\vec{A} = \begin{pmatrix} a1 \\ a2 \\ \ldots \\ a_m \end{pmatrix}; \qquad \vec{B} = \begin{pmatrix} b1 \\ b2 \\ \ldots \\ b_m \end{pmatrix}; \qquad \vec{C} = \begin{pmatrix} c1 \\ c2 \\ \ldots \\ c_m \end{pmatrix}$$

Ermittlung der Beträge der Vektoren:

$$\left\|\vec{A}\right\| = \sqrt{\sum_{i=1}^{m} a_i^2} \qquad \left\|\vec{B}\right\| = \sqrt{\sum_{i=1}^{m} b_i^2} \qquad \left\|\vec{C}\right\| = \sqrt{\sum_{i=1}^{m} c_i^2} \qquad \left\|\vec{g}\right\| = \sqrt{\sum_{i=1}^{m} g_i^2}$$

Ermittlung der Zwischenwinkel:

$$\cos\_\alpha = \frac{\langle \vec{A} | \vec{g} \rangle}{\|\vec{A}\| * \|\vec{g}\|}; \quad \text{Skalarprodukt} \langle \vec{A} | \vec{g} \rangle = \sum_{i=1}^{m} ai * gi$$

$$\cos\_\beta = \frac{\langle \vec{B} | \vec{g} \rangle}{\|\vec{B}\| * \|\vec{g}\|}; \quad \text{Skalarprodukt} \langle \vec{B} | \vec{g} \rangle = \sum_{i=1}^{m} bi * gi$$

$$\cos\_\gamma = \frac{\langle \vec{C} | \vec{g} \rangle}{\|\vec{C}\| * \|\vec{g}\|}; \quad \text{Skalarprodukt} \langle \vec{C} | \vec{g} \rangle = \sum_{i=1}^{m} ci * gi$$

Zur Bestimmung des Winkels für den gegebenen Cosinuswert benötigt man die Umkehrfunktion Arcuscosinus:

$$\cos\_\alpha = c \Rightarrow \alpha = ARCCOS(c)$$

Wird der Winkel im Bogenmaß „rad" geliefert, dann kann man ins Gradmaß umrechnen gemäß:

$$\alpha\left[{}^{0}\right] = \alpha[rad] * \frac{180\left[{}^{0}\right]}{\pi}$$

Obwohl auch in dieser Darstellung eine grobe Unterscheidung von „guten" und „schlechten" Alternativen per Augenschein möglich ist, ist zur Gewinnung einer quantitativ begründeten Rangfolge ein skalares Maß für die Güte einer Alternative erforderlich.

Deswegen soll als Vergleichsmaß ein skalares Maß für die Ähnlichkeit, d. h. den Grad der Übereinstimmung zwischen dem Gewichtsvektor/Maximalnutzenvektor $\vec{g}$ und dem jeweiligen Gesamtnutzwertvektor herangezogen werden. Es bieten sich dabei zwei unterschiedliche Maße an, die jedoch auf ein und derselben Grundidee beruhen, nämlich die Kriterienausprägungen (Teilnutzen) als Komponenten des Gesamtnutzwertvektors in gewisser Weise mit dem Gewichtsvektor zu vergleichen. Diese unterschiedlichen Maße lauten:

- das Abstands- bzw. Entfernungsmaß (Subtraktionsmethode)
- das Orthogonalprojektionsmaß (Projektionsmethode)

Auf beide soll nachfolgend explizit eingegangen werden.

### *6.2.1 Das Abstands- bzw. Entfernungsmaß (Subtraktionsmethode)*

Die Grundidee dieses Ansatzes soll zuerst an einem Beispiel dargelegt werden.

Sie wollen am schnellsten nach Hamburg kommen. Sie haben die Möglichkeit, einen Teil der Strecke mit dem Flugzeug, den anderen Teil mit dem Auto zurückzulegen. Sie können dabei zwischen zwei Routen wählen:

1. Sie fliegen nach Berlin und fahren dann mit dem Auto über die A24 nach Hamburg.
2. Sie fliegen nach Köln und fahren dann mit dem Auto über die A1 nach Hamburg.

Geographisch kann dieses Beispiel in der nachfolgenden Abbildung eingesehen werden.

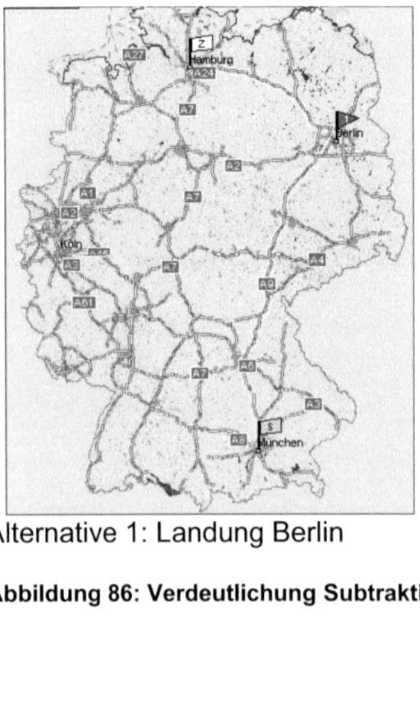


Alternative 1: Landung Berlin

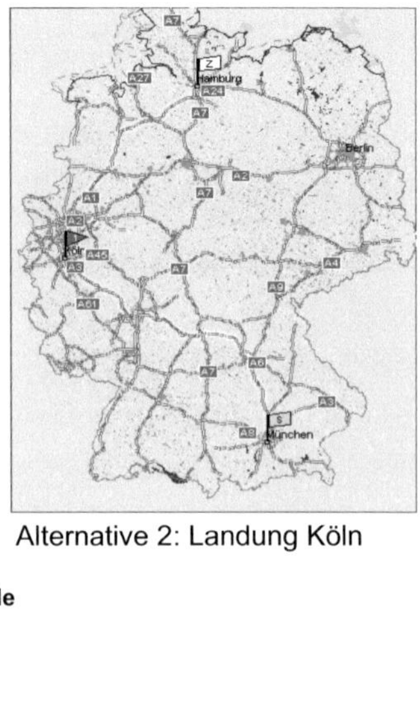


Alternative 2: Landung Köln

**Abbildung 86: Verdeutlichung Subtraktionsmethode**

Sicherlich werden Sie sich für die Alternative 1 entschieden haben. Der Grund liegt wahrscheinlich darin, daß die Entfernung von Berlin nach Hamburg geringer ist, als von Köln nach Hamburg. Man erreicht sein Ziel in Hamburg also schneller und bequemer.

Überträgt man diesen Gedanken auf die Problematik der Nutzwertanalyse, so würde dies in der Vektordarstellung folgendes bedeuten:

Als Vergleichsmaß wird die Entfernung der jeweiligen Gesamtnutzwertvektoren der einzelnen Alternativen zu dem Referenzvektor $\vec{g}$ herangezogen. Hierzu muß die Länge des Differenzvektors $(\vec{g}-\vec{A})$ errechnet werden. Dies ist der Betrag des Vektors $(\vec{g}-\vec{A})$, also $\left\|(\vec{g}-\vec{A})\right\|$.

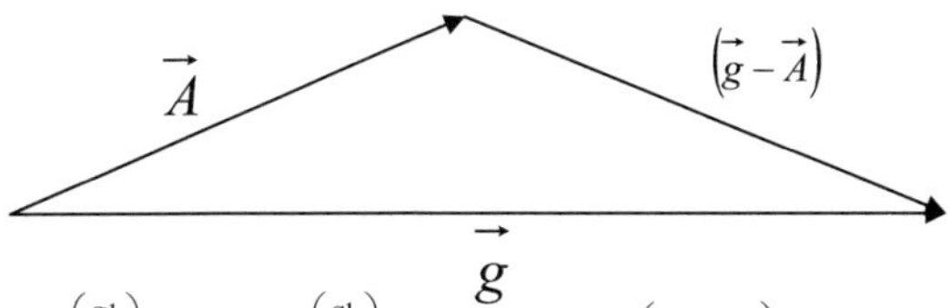


$$\vec{g}=\begin{pmatrix} g1 \\ g2 \\ \ldots \\ gm \end{pmatrix}; \qquad \vec{A}=\begin{pmatrix} a1 \\ a2 \\ \ldots \\ am \end{pmatrix}; \qquad (\vec{g}-\vec{A})=\begin{pmatrix} g1-a1 \\ g2-a2 \\ \ldots \\ gm-am \end{pmatrix}$$

**Abbildung 87: Vektorielle Darstellung der Subtraktionsmethode**

Errechnet wird die Länge des Differenzvektors $(\vec{g}-\vec{A})$ durch folgende Formel:

$$d := \left\|\vec{g}-\vec{A}\right\| = \sqrt{\sum_{i=1}^{m}(g_i - a_i)^2}$$

mit $0 \le a_i \le g_i$

Durch die Subtraktion der Vektoren gilt:

$d=0 \;\Rightarrow\; \vec{A}=\vec{g}$ : volle Übereinstimmung
$d=\left\|\vec{g}\right\| \;\Rightarrow\; \vec{A}=\vec{0}$ : größter Unterschied

] zwischen dem Gesamtnutzwertvektor $\vec{A}$ und dem Referenzvektor $\vec{g}$

Um die Entfernung in einem Prozentsatz auszudrücken, der den Abstand des Gesamtnutzwertvektors zum Referenzvektor in ein Verhältnis zu dessen Länge $\|\vec{g}\|$ setzt, muß eine Transformation erfolgen, die wie folgt aussieht:

$$D := 1 - \frac{d}{\|\vec{g}\|} \Rightarrow \begin{array}{l} D = 0 \text{ : größter Unterschied} \\ D = 1 \text{ : Übereinstimmung mit dem Referenzvektor} \end{array}$$

Die Subtraktion des Terms $\frac{d}{\|\vec{g}\|}$ von 1 bewirkt dabei die Umkehrung des Prozentsatzverhältnisses, d. h. ein relativer Abstand $\frac{d}{\|\vec{g}\|}$ von z. B. 0,01 ergibt ein Ähnlichkeitsmaß von 99 %. Man kann also sagen, daß die beiden Vektoren sehr eng beieinander liegen.

Für das Beispiel aus Abbildung 83, 84 bedeutet dies:

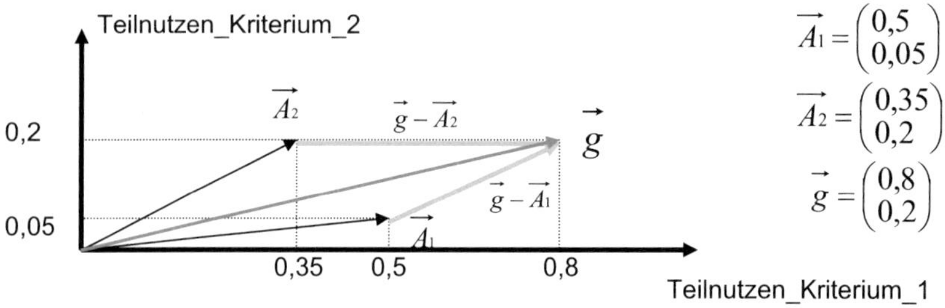


**Abbildung 88: Subtraktionsmethode Beispiel**

| Kriterium | Gewicht $g_i$ | $g_i^2$ | Alternative I | | | Alternative II | | |
|---|---|---|---|---|---|---|---|---|
| | | | Erfüllungsgrad | Teilnutzen ($a_i$) | $(g_i-a_i)^2$ | Erfüllungsgrad | Teilnutzen ($a_i$) | $(g_i-a_i)^2$ |
| K1 | 0,8 | 0,64 | 0,625 | 0,5 | 0,09 | 0,4375 | 0,35 | 0,2025 |
| K2 | 0,2 | 0,04 | 0,25 | 0,05 | 0,0225 | 1 | 0,2 | 0 |
| | | 0,68 | | | 0,1125 | | | 0,2025 |
| | Referenzbetrag | 0,82462113 | | Entfernungsbetrag | 0,3354102 | | Entfernungsbetrag | 0,45 |
| Ähnlichkeitsmaß | | | | | 0,59325539 | | | 0,5457052 |
| **Rangfolge** | | | | 1 | | | 2 | |

$$\|\vec{g}\| = \sqrt{\sum_{i=1}^{m} g_i^2} \qquad d := \|\vec{g} - \vec{A}\| = \sqrt{\sum_{i=1}^{m} (g_i - a_i)^2} \qquad D := 1 - \frac{d}{\|\vec{g}\|}$$

Die Alternative I erweist sich hier mit $D_I$=0,593 als günstiger als die Alternative II mit $D_{II}$ = 1-0,5457052 = 0,454.

### *6.2.2 Die Orthogonalprojektion als Ähnlichkeitsmaß (Projektionsmethode)*

Neben der Subtraktionsmethode kommt noch eine andere Methode zum Errechnen eines Ähnlichkeitsmaßes in Betracht. Diese soll als Projektionsmethode bezeichnet werden, denn es wird dabei die Orthogonalprojektion des Gesamtnutzwertvektors einer Alternative in Richtung des Referenzvektors $\vec{g}$ als skalares Ähnlichkeitsmaß benutzt.

Graphische Veranschaulichung:

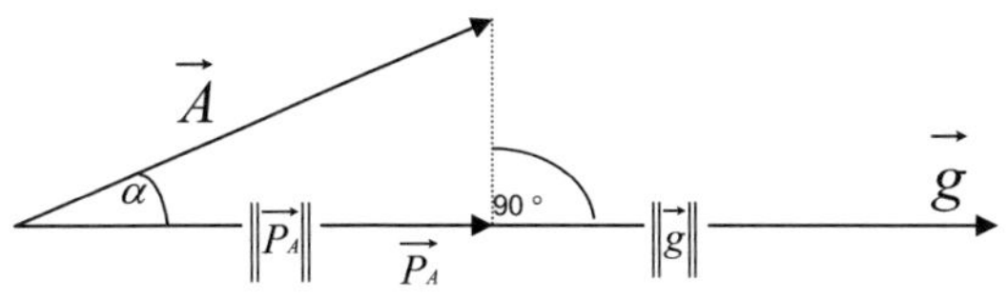


*Gesamtnutzwertvektor* :

$$\vec{A} = \begin{pmatrix} a1 \\ a2 \\ \dots \\ am \end{pmatrix};$$

*Gewichtsvektor* :

$$\vec{g} = \begin{pmatrix} g1 \\ g2 \\ \dots \\ gm \end{pmatrix};$$

**Abbildung 89: Verdeutlichung der Projektionsmethode**

Zur Berechnung des Vergleichsmaßes muß die Länge der skalaren Komponente von $\vec{A}$ in Richtung von $\vec{g}$ (in der Grafik $\left\|\vec{P_A}\right\|$ ) in ein Verhältnis zur Länge des Referenzvektors $\vec{g}$ gesetzt werden. Das daraus resultierende Ähnlichkeitsmaß soll mit $w_A$ bezeichnet werden.

Graphische Veranschaulichung:

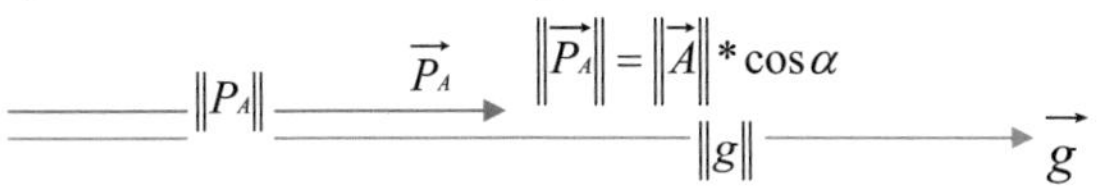


$$w_A = \frac{\left\|\vec{P_A}\right\|}{\left\|\vec{g}\right\|} = \frac{\left\|\vec{A}\right\| * \cos a}{\left\|\vec{g}\right\|}$$

Für dieses Ähnlichkeitsmaß gilt: $0 \leq w \leq 1$

Für die Herleitung einer allgemeingültigen Formel für dieses skalare Nutzenmaß soll die DIRAC'sche Schreibweise gewählt werden.

**Bezeichnungen in der DIRAC'schen Schreibweise:**

Spaltenvektor (ket-Vektor):

$$|a\rangle = \begin{pmatrix} a_1 \\ a_2 \\ \dots \\ a_m \end{pmatrix}$$

Zeilenvektor (bra-Vektor):

$$\langle b| = (b_1, b_2, \dots, b_m)$$

Skalarprodukt (bra(c)ket):

$$\langle b|a\rangle = \langle a|b\rangle = \sum_{i=1}^{m} a_i * b_i$$

EUKLIDische Norm (Betrag, Länge) eines Vektors:

$$\|a\| = \sqrt{\langle a|a\rangle} = \sqrt{\sum_{i=1}^{m} a_i^2}$$

Matrixdarstellung:

$$A = \{a_{ik}\} = \begin{pmatrix} a_{11}, a_{12}, \dots, a_{1k}, \dots, a_{1m} \\ a_{i1}, a_{i2}, \dots, a_{ik}, \dots, a_{im} \\ a_{m1}, a_{m2}, \dots, a_{mk}, \dots, a_{mm} \end{pmatrix}$$

Zu A transponierte Matrix:

$$A^T = \begin{pmatrix} a_{11}, a_{21}, \dots, a_{i1}, \dots, a_{m1} \\ a_{12}, a_{22}, \dots, a_{i2}, \dots, a_{m2} \\ \dots\dots\dots\dots \\ a_{1k}, a_{2k}, \dots, a_{ik}, \dots, a_{mk} \\ \dots\dots\dots\dots \\ a_{1m}, a_{2m}, \dots, a_{im}, \dots, a_{mm} \end{pmatrix}$$

Bilinearform:

$$\langle x|Ay\rangle = \sum_{i=1}^{m}\sum_{k=1}^{m} a_{ik} * x_i * y_k = \langle y|A^T x\rangle$$

Falls A symmetrisch ist, d. h. $A^T = A$ dann gilt:

$$\langle x|Ay\rangle = \langle y|Ax\rangle =: \langle x\,|\,A\,|\,y\rangle$$

Quadratische Form:

$$\langle x\,|\,A\,|\,x\rangle = \sum_{i=1}^{m}\sum_{k=1}^{m} a_{ik} * x_i * x_k$$

Mit der Diagonalmatrix der Gewichte

$$G = Diag(g_i) = \begin{pmatrix} g_1, 0, \dots\dots\dots, 0 \\ 0, g_2, \dots\dots\dots, 0 \\ \dots\dots\dots\dots\dots\dots \\ 0, \dots\dots\dots\dots\dots g_m \end{pmatrix}$$

und dem ket-Vektor

$$|y_k\rangle = \begin{pmatrix} y_{1k} \\ y_{2k} \\ \dots \\ y_{mk} \end{pmatrix}$$

der standardisierten Erfüllungsgrade für die Alternative *k* kann man den Teilnutzenvektor dieser Alternative darstellen in der Form:

$$|t_k\rangle = G|y_k\rangle = \begin{pmatrix} g_1 y_{1k} \\ g_2 y_{2k} \\ \dots \\ g_m y_{mk} \end{pmatrix}$$

Mit dem bra-Vektor $\langle 1| = (\underbrace{1,1,\dots,1}_{\text{m-Elemente 1}})$ als Operator für die Aggregation folgt der skalare

Nutzen für die Alternative k nach der konventionellen Methode

$$U_k = \langle 1|t_k\rangle = \langle 1|G|y_k\rangle = \sum_{i=1}^{m} 1 * t_k = \sum_{i=1}^{m} g_i * y_{ik} \;\; ; \; k = 1,2,3\dots,n$$

Um zu jedem Teilnutzenvektor $|t_k\rangle$ ein zugehöriges skalares Nutzenmaß gemäß der Orthogonalprojektion zu bekommen, wählt man an Stelle der Aggregation der Komponenten eine Vergleichsrelation *w* des Vektors mit $|t_k\rangle$ dem Referenzvektor $|g\rangle$, die nachfolgend hergeleitet wird:

Der Referenzvektor ergibt sich aus:

$$|t_0\rangle = \begin{pmatrix} g_1 * 1 \\ g_2 * 1 \\ \\ g_m * 1 \end{pmatrix} = |g\rangle$$

Der als Referenzvektor dienende Maximalnutzenvektor ist demnach der Gewichtsvektor $|g\rangle$.

Vektorielle Darstellung in DIRAC'scher Bezeichnungsform:

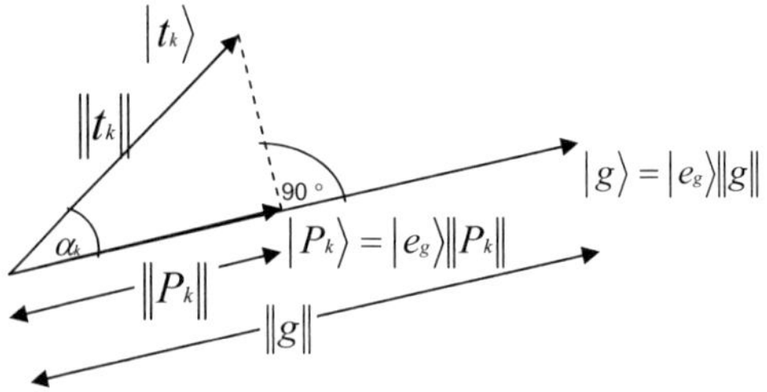


**Abbildung 90: Darstellung der Projektionsmethode in DIRAC'scher Bezeichnungsform**

**Formelherleitung**:

Einheitsvektor in Richtung des Referenzvektors $|g\rangle$: $\quad |e_g\rangle = \dfrac{|g\rangle}{\|g\|}$

Die skalare Komponente von $|t_k\rangle$ in Richtung $|g\rangle$:

$\|P_k\|$ ergibt sich unter Verwendung der Definition für den Cosinus:

$$\cos\alpha = \frac{\langle x | y\rangle}{\|x\| * \|y\|}, \quad \alpha = \text{Zwischenwinkel der Vektoren } |x\rangle \text{ und } |y\rangle$$

$$\|P_k\| = \|t_k\| * \cos\alpha_k = \|t_k\| * \frac{\langle t_k | g\rangle}{\|t_k\| * \|g\|} = \frac{\langle t_k | g\rangle}{\|g\|} = \left\langle \frac{g}{\|g\|} \middle| t_k \right\rangle = \left\langle e_g \middle| t_k \right\rangle$$

Somit kann man mit dem Einheitsvektor $|e_g\rangle$ die Vektorkomponente $|P_k\rangle$ bestimmen:

$$|P_k\rangle = |e_g\rangle * \|P_k\| = |e_g\rangle\langle e_g|t_k\rangle$$

$$= P|t_k\rangle$$

mit dem Operator für die Orthogonalprojektion auf die Richtung des Vektors $|g\rangle$:

$$P := |e_g\rangle\langle e_g| = \frac{1}{\|g\|^2}|g\rangle\langle g|$$

Durch Vergleich dieses Ergebnisses mit der Formel $U_k = \langle 1|t_k\rangle$ für die Berechnung des Gesamtnutzwerts nach der konventionellen Methode erkennt man, daß an die Stelle des Aggregationsoperators $\langle 1|$ bei der konventionellen Methode der Orthogonalprojektionsoperator $P = |e_g\rangle\langle e_g|$ auf die Richtung des Referenzvektors |g> bei der Projektionsmethode tritt.

Als Ähnlichkeitsmaß der Projektionsmethode soll gemäß Abbildung 89 die skalare Komponente des Nutzwertvektors in Richtung des Referenzvektors, bezogen auf dessen Länge $\|g\|$, herangezogen werden.

$$w_k := \frac{\overbrace{\|P_k\|}^{P_k}}{\|g\|} = \frac{1}{\|g\|} * \langle \overbrace{e_g}^{e_g} | t_k \rangle = \frac{\langle g | t_k \rangle}{\|g\|^2} = \frac{1}{\|g\|^2} \langle g | G | \overbrace{y_k}^{t_k} \rangle \;;\quad k = 1,2,..., n$$

$$= \frac{1}{\|g\|^2} \sum_{i=1}^{m} g_i * t_{ik} = \sum_{i=1}^{m} \frac{g_i^2}{\|g\|^2} * y_{ik} = \sum_{i=1}^{m} \frac{g_i^2}{\left(\sqrt{\sum_{i=1}^{m} g_i^2}\right)^2} * y_{ik} = \sum_{i=1}^{m} \frac{g_i^2}{\sum_{i=1}^{m} g_i^2} * y_{ik}$$

Für eine einfache, gut handhabbare Formel wird $\frac{g_i^2}{\sum_{i=1}^{m} g_i^2}$ mit $\gamma_i$ abgekürzt:

$$\gamma_i := \frac{g_i^2}{\sum_{i=1}^{m} g_i^2} \;;\quad \cos(\alpha_k) = \| P_k \| / \| t_k \| = \langle g | t_k \rangle / (\| g \| * \| t_k \|); k = 1,2,...,n$$

$$w_k = \cos(\alpha_k) * \| t_k \| / \| g \| = \langle g | t_k \rangle / \| g \|^2 = \sum_{i=1}^{m} \gamma_i * y_{ik} \;.$$

Dieses Maß hat Werte zwischen 0 und 1, wobei der Wert 1 Übereinstimmung zwischen Nutzwertvektor $|t_k\rangle$ und dem Referenzvektor $|g\rangle$ bedeutet. Der Wert 0 ergibt sich nur für den Nullvektor $|t_k\rangle = |0\rangle$ und bedeudet völlige Verschiedenheit:

Beweis:

$w_k = 0 \Rightarrow \sum_{i=1}^{m} g_i^2 * y_{ik} = 0$ , Erfüllungsgrad $y_{ik}$, Teilnutzen $t_{ik} = g_i * y_{ik}$ für Kriterium Nr. i, Alternative Nr. k

$\Rightarrow y_{ik} = 0$ für alle i mit $g_i > 0$

$\Rightarrow t_{ik} = 0$ für alle i mit $g_i > 0$

Für alle i mit $g_i = 0$ gilt trivialerweise $t_{ik} = 0$

$\Rightarrow t_{ik} = 0$ für alle i

Beim Vergleich der Formel für den Gesamtnutzwert bei der konventionellen Methode $U_k = \langle 1 | t_k \rangle$

mit dem Ergebnis für das skalare Ähnlichkeitsmaß der Projektionsmethode

$$w_k = \frac{1}{\|g\|}\langle e_g | t_k \rangle$$

erkennt man, daß hier anstelle des Aggregationsoperators $\langle 1| = (1,1,...,1)$ der mit den Gewichten gebildete bra-Vektor

$$\frac{1}{\|g\|}\langle e_g | = \frac{1}{\|g\|^2}\langle g | = \left( \frac{g_1}{\|g\|^2}, \frac{g_2}{\|g\|^2}, ..., \frac{g_m}{\|g\|^2} \right)$$

tritt.

Für das Beispiel von Abb. 83, 84, Abschnitt 6.2; Abb.88, Abschnitt 6.2.1 bedeutet dies:

| Kriterium | Gewicht | | | Alternative I | | Alternative II | |
|---|---|---|---|---|---|---|---|
| | $g_i$ | $g_i^2$ | $\gamma_i$ | Erf.-Grad | Teilnutzen | Erf.-Grad | Teilnutzen |
| K1 | 0,8 | 0,64 | 0,9412 | 0,625 | 0,58825 | 0,4375 | 0,411775 |
| K2 | 0,2 | 0,04 | 0,0588 | 0,25 | 0,0147 | 1 | 0,0588 |
| | 1 | 0,68 | 1 | | 0,60295 | | 0,470575 |
| Rangfolge | | | | 1 | | 2 | |

$$\sum_{i=1}^{m} g_i = 1 \qquad \|g\|^2 = \sum_{i=1}^{m} g_i^2 \qquad \sum_{i=1}^{m} \gamma_i = \sum_{i=1}^{m} \frac{g_i^2}{\|g\|^2} = 1 \qquad w_1 = \sum_{i=1}^{m} \gamma_i * y_{i1}$$

Die Ergebnisse lassen Aussagen zu, die wie folgt lauten:

„Durch die Alternative I würden 60,295 % des optimalen Nutzens verwirklicht werden. Alternative II bietet nur 47,058 % des optimal erreichbaren Nutzens. Somit ist die Alternative I zu präferieren."

In dem obigen Beispiel sind die Ergebnisse der Subtraktionsmethode und der Projektionsmethode gleich, d. h. Alternative I ist die zu präferierende Alternative. Dies muß jedoch nicht zwangsläufig immer so sein. So kann man sich Situationen vorstellen, bei denen die beiden Methoden unterschiedliche Ergebnisse liefern:

Beispiel:

Nutzwertvektoren: $|t_1\rangle = \begin{pmatrix} 0{,}1 \\ 0{,}5 \end{pmatrix}, \quad |t_2\rangle = \begin{pmatrix} 0{,}4 \\ 0{,}2 \end{pmatrix};$

Gewichtsvektor: $|g\rangle = \begin{pmatrix} 0{,}5 \\ 0{,}5 \end{pmatrix} \Rightarrow \|g\|^2 = 0{,}5^2 + 0{,}5^2 = 0{,}5; \quad \|g\| = \sqrt{\frac{1}{2}} = \frac{\sqrt{2}}{2}.$

Substraktionsmethode: $|g - t_1\rangle = \begin{pmatrix} 0{,}5 - 0{,}1 \\ 0{,}5 - 0{,}5 \end{pmatrix} = \begin{pmatrix} 0{,}4 \\ 0 \end{pmatrix}; \quad |g - t_2\rangle = \begin{pmatrix} 0{,}5 - 0{,}4 \\ 0{,}5 - 0{,}2 \end{pmatrix} = \begin{pmatrix} 0{,}1 \\ 0{,}3 \end{pmatrix}.$

Entfernung der Nutzwertvektoren zum Referenzvektor $|g\rangle$:

$$d_1 = \|g - t_1\| = 0{,}4; \quad d_2 = \|g - t_2\| = \frac{1}{10}\sqrt{1^2 + 3^2} = \frac{1}{10}\sqrt{10} = 0{,}316 < d_1$$

Ähnlichkeitsmaße (skalare Gesamtnutzenmaße):

$$D_1 = 1 - \frac{d_1}{\|g\|} = 1 - \frac{0{,}4}{0{,}5 \cdot \sqrt{2}} = 1 - 0{,}4 \cdot \sqrt{2} = 0{,}434$$

$$D_2 = 1 - \frac{d_2}{\|g\|} = 1 - \frac{0{,}1 \cdot \sqrt{10}}{0{,}5 \cdot \sqrt{2}} = 1 - 0{,}2 \cdot \sqrt{5} = 0{,}553 > D_1$$ $\Rightarrow$ Alternative 1 ist besser als Alternative 2

Projektionsmethode: (Alternativen Nr. K = 1,2)

Ähnlichkeitsmaße $w_k = \frac{1}{\|g\|^2}\langle g \mid t_k\rangle = \frac{1}{\|g\|^2}\sum_{i=1}^{2} g_i * t_k = 2g_1 t_{1k} + 2g_2 t_{2k}$

| Krit. | Gewicht $g_i$ | $2g_i$ | Alternative 1 | | Alternative 2 | |
|---|---|---|---|---|---|---|
| | | | Nutzwert-vektor $\|t_1\rangle$ | Gesamt-nutzenbeitrag | Nutzwert-vektor $\|t_2\rangle$ | Gesamt-nutzenbeitrag |
| K1<br>K2 | 0,5<br>0,5 | 1<br>1 | 0,1<br>0,5 | 1*0,1 = 0,1<br>1*0,5 = 0,5 | 0,4<br>0,2 | 1*0,4 = 0,4<br>1*0,2 = 0,2 |
| Summe | | | 0,6 | $w_1$ = 0,6 | 0,6 | $w_2$ = 0,6<br>= $w_1$ |

**Abbildung 91: Beispielvergleich für verschiedene Gesamtnutzenmaße**

Während die Projektionsmethode zeigt, daß die Alternative $|t_1\rangle$ genau die gleiche Ähnlichkeit mit dem Maximalnutzenvektor $|g\rangle$ hat wie die Alternative $|t_2\rangle$, kommt die Subtraktionsmethode zu dem Ergebnis, daß die Alternative $|t_2\rangle$ eine geringere Entfernungsdifferenz zum Maximalnutzenvektor $|g\rangle$ hat als die Alternative $|t_1\rangle$ und somit zu präferieren ist.

### 6.2.3 Untersuchung der Substituierbarkeit der Teilnutzen

Unter der Substituierbarkeit der Teilnutzen versteht man den folgenden Tatbestand: Die Änderung des Teilnutzens für ein Kriterium (durch Änderung der Benotung) kann durch entsprechende Änderungen in einem (oder mehreren) anderen Kriterien aufgewogen werden. Dies vollzieht sich in der Weise, daß diese Änderungen zu keinem neuen Ergebnis im skalaren Gesamtnutzenmaß führen. Bei der konventionellen Methode der Bestimmung des Gesamtnutzens als Summe der Teilnutzen ist sofort zu erkennen, daß z. B. die Verminderung des Teilnutzens in einem Kriterium um einen gewissen Betrag und die Erhöhung um den gleichen Betrag in einem anderen Kriterium keine Änderung im Gesamtnutzen bewirkt. Die Nutzwertvektoren für die ursprünglichen und für die geänderten Teilnutzen sind jedoch verschieden und werden i. a. bei der Bestimmung der skalaren Gesamtnutzenmaße mit dem Projektions- oder dem Subtraktionsverfahren auch verschiedene Gesamtnutzwerte liefern.

Allerdings ist leicht einzusehen, daß auch bei Verwendung dieser, auf der Vektordarstellung der Teilnutzen beruhenden skalaren Gesamtnutzenmaße, ein bestimmter Gesamtnutzenwert nicht nur von genau einem Nutzwertvektor erzeugt wird, sondern, daß eine bestimmte Menge von Vektoren dieselbe Komponente in Richtung des Referenzvektors $|g\rangle$ hat und ebenso eine andere Menge von Vektoren denselben Abstand zu diesem Vektor aufweist.

In jeder dieser Mengen kann also ein Vektor durch einen anderen ersetzt (substituiert) werden, ohne daß dies eine Auswirkung auf das jeweilige skalare Gesamtnutzenmaß hat. Zur Charakterisierung der substituierbaren Mengen von Nutzenvektoren soll nun für die drei vorgestellten Verfahren zur Bestimmung eines skalaren Gesamtnutzens die folgende Frage geklärt werden:

*Welches ist der geometrische Ort aller Punkte (Vektorpfeilspitzen) im m-dimensionalen Raum (m = Anzahl der Kriterien = Dimension der Nutzwertvektoren), die zum selben Gesamtnutzenwert gehören wie ein bestimmter, gegebener Nutzwertvektor* $|a\rangle$*?*

**a) Konventionelle Methode (Aggregation der Teilnutzen)**

Veranschaulichung in der Ebene (m=2)

Nutzenvektor: $|a\rangle = \begin{pmatrix} a_1 \\ a_2 \end{pmatrix}$; Gesamtnutzen : $G_I(|a\rangle) = a_1 + a_2$

Zulässiger Bereich für alle Nutzwertvektoren:

$$\text{Rechteck } R = \{(x_1, x_2) \mid 0 \leq x_1 \leq g_1 \ , \ 0 \leq x_2 \leq g_2\}$$

Graphische Darstellung:

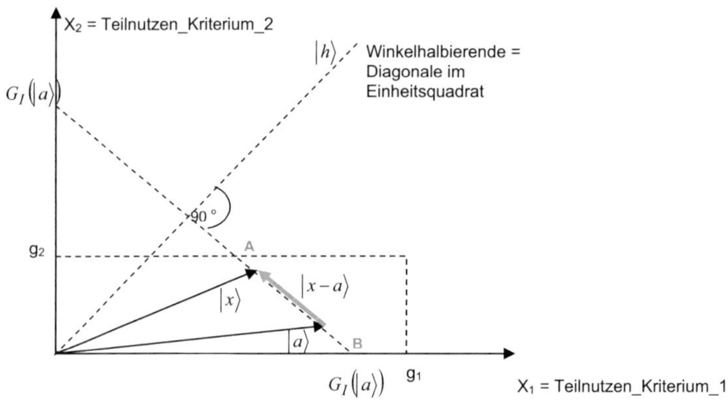


**Abbildung 92: Geometrischer Ort aller Punkte der Substituierbarkeit (konventionelle Methode)**

Laufender Punkt für den geometrischen Ort der substituierbaren Punkte:

$$|x\rangle = \begin{pmatrix} x_1 \\ x_2 \end{pmatrix}$$

Gesamtnutzen:

$$G_I(|x\rangle) = x_1 + x_2$$

$$= G_I(|a\rangle) = a_1 + a_2$$

Der geometrische Ort aller Punkte, deren Nutzenvektoren den gegebenen Vektor $|a\rangle$ nach der konventionellen Aggregationsmethode substituieren, ist (bei m = 2 Kriterien) die Gerade:

$$x_1 + x_2 = a_1 + a_2 \quad ,$$

eingeschränkt durch den zulässigen Bereich R, d. h. die Strecke $\overline{AB}$. Die Gerade geht durch den Punkt $|a\rangle$ und steht senkrecht auf der 1. Winkelhalbierenden (Diagonale im Einheitsquadrat), die durch den Vektor $|h\rangle = \begin{pmatrix} 1 \\ 1 \end{pmatrix}$ beschrieben werden kann.

Beweis:

$$x_1 + x_2 = a_1 + a_2 \Rightarrow \langle h|x\rangle = \langle h|a\rangle \Rightarrow \langle h|x-a\rangle = 0$$

Diese Beziehung ist erfüllt, wenn $|x\rangle = |a\rangle$ und für $|x\rangle \neq |a\rangle$, wenn $|h\rangle$ orthogonal zu $|x-a\rangle$ steht.

Man erkennt, daß die Achsenabschnitte der obigen Geraden den Gesamtnutzen angeben:

$$x_1 = 0 \Rightarrow x_2 = a_1 + a_2 = G_I(|a\rangle)$$

$$x_2 = 0 \Rightarrow x_1 = a_1 + a_2 = G_I(|a\rangle)$$

Übertragung auf den Allgemeinfall beliebig vieler Kriterien:
Dazu ist die Anzahl der Komponenten der betreffenden Vektoren auf m zu erweitern.
Dies ergibt den Nutzenvektor:

$$|a\rangle = \begin{pmatrix} a_1 \\ a_2 \\ \dots \\ a_m \end{pmatrix} \text{ ; Gesamtnutzen} : G_I(|a\rangle) = \sum_{i=1}^{m} a_i$$

Zulässiger Bereich für alle Nutzwertvektoren:
(Hyper-)Quader : $Q = \{(x_1, x_2, \dots, x_m) \mid o \leq x_i \leq g_i \text{ , i} = 1, 2, \dots, \text{m}\}$

Laufender Punkt: $|x\rangle = \begin{pmatrix} x_1 \\ x_2 \\ \dots \\ x_m \end{pmatrix}$

Gesamtnutzen:

$$G_I(|x\rangle) = \sum_{i=1}^{m} x_i = G_I(|a\rangle) = \sum_{i=1}^{m} a_i$$

$$\Rightarrow G_I(|x\rangle) - G(|a\rangle) = \sum_{i=1}^{m}(x_i - a_i) = G_I(|x\rangle - |a\rangle) = 0$$

Dies ist eine (Hyper-)Ebene, die durch den Punkt $|a\rangle$ geht und senkrecht steht auf dem m-dimensionalen Vektor $|h\rangle = \begin{pmatrix} 1 \\ 1 \\ \dots \\ 1 \end{pmatrix}$, der die Richtung der Raumdiagonale in dem m-dimensionalen Einwürfel mit den Begrenzungsebenen $x_i=0$ und $x_i=1$, $i=1,2,\ldots,m$, hat.

Beweis: $\sum_{i=1}^{m}(x_i - a_i) = 0 \Rightarrow \langle h | x - a \rangle = 0 \Rightarrow |x\rangle = |a\rangle$ und $|h\rangle$ orthogonal $|x - a\rangle$ für $|x\rangle \neq |a\rangle$.

Der geometrische Ort aller Punkte, deren Nutzwertvektoren den gegebenen Vektor $|a\rangle$ nach der konventionellen Aggregationsmethode substituieren, ist:

$$\left\{ (x_1, x_2, \ldots, x_m) \mid 0 \le x_i \le g_i \;\;,\; i = 1,2,\ldots,m \text{ und } \sum_{i=1}^{m}(x_i - a_i) = 0 \right\} \;,$$

also der Teil der Ebene $\sum_{i=1}^{m}(x_i - a_i) = 0$, der von dem zulässigen Quader Q aus dieser herausgeschnitten wird.

Durch Nullsetzen aller Koordinaten bis auf eine in der Ebenengleichung

$$\sum_{i=1}^{m} x_i = \sum_{i=1}^{m} a_i$$

erkennt man, daß alle Achsendurchstoßpunkte dieser Ebene den Gesamtnutzwert darstellen.

Beispiel: $x_2 = x_3 = \ldots = x_m = 0 \Rightarrow x_1 = \sum_{i=1}^{m} a_i = G_I(|a\rangle).$

**b) Die Projektionsmethode**

Zur Veranschaulichung wird die Darstellung in der Ebene (m=2) benutzt. Für die Rechnung werden m-dimensionale Vektoren verwendet.

Nutzenvektor: $|a\rangle = \begin{pmatrix} a_1 \\ a_2 \\ \dots \\ a_m \end{pmatrix}$ ; Referenzvektor: $|g\rangle = \begin{pmatrix} g_1 \\ g_2 \\ \dots \\ g_m \end{pmatrix}$

Gesamtnutzen: Orthogonalprojektion des Nutzenvektors auf den Referenzvektor (=Orthogonalkomponente des Nutzenvektors in Richtung des Referenzvektors):

$$G_{II}(|a\rangle) = \frac{\langle a|g\rangle}{\|g\|} = \frac{1}{\sqrt{\sum_{i=1}^{m} g_i^2}} \sum_{i=1}^{m} g_i a_i$$

Oder bezogen auf die Länge $\|g\|$ des Referenzvektors:

$$G^*{}_{II}(|a\rangle) = \frac{G_{II}(|a\rangle)}{\|g\|} = \frac{\langle a|g\rangle}{\|g\|^2} = \frac{\sum_{i=1}^{m} g_i a_i}{\sum_{i=1}^{m} g_i^2}$$

Graphische Darstellung:

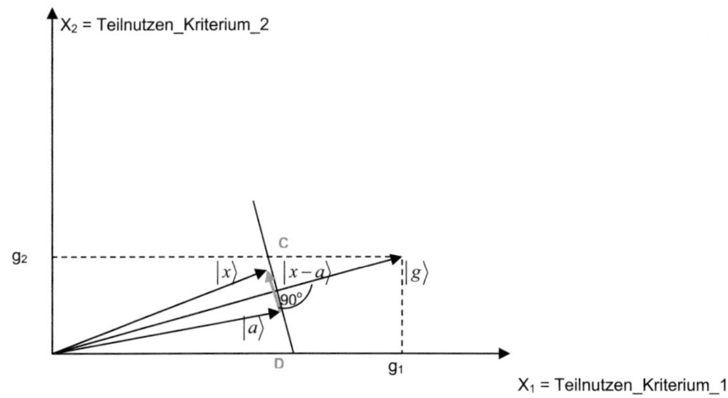


**Abbildung 93: Geometrischer Ort aller Punkte der Substituierbarkeit (Projektionsmethode)**

Der Vektor des laufenden Punktes für den geometrischen Ort der substituierbaren Punkte (d. h. diejenigen Punkte, deren Nutzenvektoren alle dieselbe Orthogonalkomponente in Richtung des Referenzvektors $|g\rangle$ haben wie der Nutzenvektor $|a\rangle$):

$$|x\rangle = \begin{pmatrix} x_1 \\ x_2 \\ \dots \\ x_m \end{pmatrix}$$

Aus der graphischen Darstellung erkennt man, daß der Differenzvektor

$$|x-a\rangle = \begin{pmatrix} x_1 - a_1 \\ x_2 - a_2 \\ \dots \\ x_m - a_m \end{pmatrix}$$

senkrecht auf dem Referenzvektor $|g\rangle$ steht, d. h.

$$\langle g|x-a\rangle = 0 \Leftrightarrow \sum_{i=1}^{m} g_i * (x_i - a_i) = 0$$

$$\langle x|g\rangle = \langle a|g\rangle \Rightarrow \sum_{i=1}^{m} g_i x_i = \sum_{i=1}^{m} g_i a_i = \|g\|^2 * G^*{}_{II}(|a\rangle).$$

Dies ist die Gleichung einer (Hyper-)Ebene durch den Punkt $|a\rangle$ mit dem Normalvektor $|g\rangle$.

In der 2-dimensionalen Ebene wird daraus eine Gerade durch den Punkt $|a\rangle$, die senkrecht auf dem Vektor $|g\rangle$ steht.

Der geometrische Ort der substituierbaren Punkte ergibt sich durch Einschränkung der Ebene auf den Teil, der durch den zulässigen Bereich für die Nutzwertvektoren aus ihr herausgeschnitten wird, nämlich:

$$\left\{ (x_1, x_2, \dots, x_m) \mid 0 \le x_i \le g_i \,,\, i = 1,2,\dots,m \text{ und } \sum_{\mathrm{i=1}}^{\mathrm{m}} g_i (x_i - a_i) = 0 \right\}$$

Im Zweidimensionalen ist das die Strecke $\overline{CD}$.

### c) Die Subtraktionsmethode

Auch die Substraktionsmethode hat einen geometrischen Ort aller Punkte der Substituierbarkeit.

Graphische Darstellung:

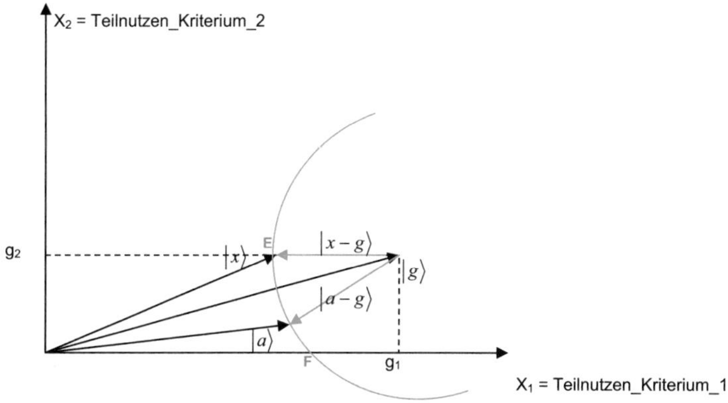


**Abbildung 94: Geometrischer Ort aller Punkte der Substituierbarkeit (Subtraktionsmethode)**

Alle Punkte $|x\rangle$, die den Punkt für den gegebenen Nutzenvektor $|a\rangle$ substituieren können, haben den gleichen Abstand vom Punkt $|g\rangle$ wie der Punkt $|a\rangle$.

Daraus ergibt sich die Bedingung:

$$\|x-g\| = \|a-g\| \Leftrightarrow \sqrt{\sum_{i=1}^{m}(x_i-g_i)^2} = \sqrt{\sum_{i=1}^{m}(a_i-g_i)^2}$$

$$\Leftrightarrow \sum_{i=1}^{m}(x_i-g_i)^2 = \sum_{i=1}^{m}(a_i-g_i)^2 = G_{III}^2(|a\rangle)$$

Dies ist eine (Hyper-)Kugelfläche mit dem Mittelpunkt $|g\rangle$ und dem Radius $G_{III}(|a\rangle)$. Im Zweidimensionalen wird aus der Kugel ein Kreis. Der geometrische Ort aller Punkte, deren Nutzwertvektoren nach der Subtraktionsmethode den gegebenen Nutzwertvektor $|a\rangle$ substituieren können, ergibt sich aus der Einschränkung der Kugel auf den Ausschnitt, der durch den Quader Q der zulässigen Nutzwertvektoren festgelegt ist, d. h.:

$$\left\{(x_1, x_2, \ldots, x_m) \mid 0 \le x_i \le g_i \quad , \quad i = 1,2,\ldots,m \text{ und } \sum_{i=1}^{m}(x_i-g_i)^2 = \sum_{i=1}^{m}(a_i-g_i)^2\right\} .$$

Im Zweidimensionalen ist das der Kreisbogen $\overset{\frown}{EF}$.

## 6.2.4 Zusammenfassende Feststellungen

Im Vergleich und der Gegenüberstellung der drei vorgestellten Verfahren zur Bestimmung eines für die Gewinnung einer Rangfolge der Alternativen geeigneten skalaren Gesamtnutzenmaßes kann zusammenfassend folgendes festgestellt werden:

### 6.2.4.1 Geometrische Deutung der skalaren Nutzmaße

Im Gegensatz zur konventionellen Methode haben die gemäß der Projektionsmethode und der Abstandsmethode gewonnenen Gesamtnutzenmaße eine anschauliche, geometrische Bedeutung. Dies gilt auch bei allen vorgestellten Verfahren für die jeweilige Menge der substituierenden Vektoren, d. h. diejenigen Nutzenvektoren, die denselben skalaren Gesamtnutzwert ergeben wie ein bestimmter, gegebener Nutzwertvektor.

#### 6.2.4.2 Geometrische Orte der substituierenden Vektoren

Der Ort der substituierenden Vektoren ist bei der **Projektionsmethode** der vom zulässigen Quader Q erzeugte Ausschnitt aus der Normalebene zum Gewichtsvektor durch den Punkt für den gegebenen Nutzwertvektor. Bei der **Abstandsmethode** ist dies der von Q erzeugte Kugelflächenausschnitt für die Kugel mit dem Punkt des Gewichtsvektors als Mittelpunkt der Kugelfläche und dem Radius, dessen Länge sich durch den Abstand des Punktes des gegebenen Nutzwertvektors zum Punkt des Gewichtsvektors ergibt.

#### 6.2.4.3 Graphische Darstellung der Gesamtnutzwertvektoren

Bei der Zusammenfassung der Teilnutzen jeder Alternative zu jeweils einem Vektor hat man die Möglichkeit, die Ergebnisse der Nutzwertanalyse graphisch durch Vektorpfeile zu veranschaulichen. Wenn man alle Nutzwertvektoren mit gleichem Betrag (EUKLIDische Norm) und gleichem Zwischenwinkel zum Referenzvektor (Maximalnutzenvektor) als gleich ähnlich zu diesem Vektor (und als „nutzengleich“) betrachtet, dann braucht man für die graphische Darstellung in der Zeichenebene nur die Länge der Vektoren und ihre Zwischenwinkel, die sie mit dem Gewichtsvektor einschließen. Diese Zwischenwinkel werden mittels des Skalarproduktes aus dem Gewichtsvektor und den betreffenden Nutzwertvektoren berechnet. In diesem „Nutzwertvektor-Diagramm“ kann man bei der Projektionsmethode auch die skalaren Gesamtnutzwerte durch Orthogonalprojektion des betreffenden Nutzwertvektors auf den Gewichtsvektor bestimmen. Wendet man die Abstandsmethode an, so ergibt sich der skalare Gesamtnutzwert durch Messung des Abstandes der beiden Punkte für den betreffenden Nutzenvektor und den Gewichtsvektor. Wenn bei Anwendung der Projektionsmethode der Substitutionsbereich eines repräsentierenden Nutzwertvektors weitere (hinsichtlich dieser Methode nicht von diesem Repräsentanten unterscheidbare) Repräsentanten enthält (Fall mehrerer Nutzwertvektoren mit gleicher Orthogonalkomponente in Richtung des Gewichtsvektors), dann kann man durch Anwendung der Subtraktionsmethode, d.h. durch Benutzung des Abstandsmaßes D von den

Repräsentantenvektoren zum Gewichtsvektor gemäß Abschnitt 6.2.1, eine Reihenfolgebildung von Nutzwertmaßen für diese Nutzwertvektoren gewinnen.

#### *6.2.4.4 Untersuchung der Additivität für die einzelnen Gesamtnutzenmaße*

Von den drei skalaren Gesamtnutzenmaßen:

- konventionelles Aggregationsmaß
- Orthogonalkomponente des Nutzwertvektors in Richtung des Gewichtsvektors
- EUKLIDischer Abstand des Nutzwertvektors zum Gewichtsvektor

haben die ersten beiden Maße die Eigenschaft der „Additivität“. Bei den auf der EUKLIDischen Norm $\|\cdot\|$ beruhenden Gesamtnutzenmaßen sind die Verhältnisse komplizierter wie im folgenden gezeigt wird.
Unter der Additivität eines (skalaren) Nutzenmaßes M(.) soll die folgende Eigenschaft verstanden werden:

$$M(K_1 \cup K_2 \cup \ldots \cup K_m) = M(K_1) + M(K_2) + \ldots + M(K_m) = \sum_{i=1}^{m} M(K_i)$$

Daraus folgt, daß das Nutzenmaß der Zusammenfassung (Zeichen $\cup$) mehrerer Kriterien gleich der Summe der Nutzenmaße der Teilkriterien ist.

Diese Eigenschaft soll bei verschiedenen Nutzenmaßen untersucht werden. Dazu wird das **folgende Beispiel** eines Kriterienbaums K benutzt.

| Kriterium | Teilnutzen = Gewicht * Erfüllungsgrad |
|---|---|
| K_1 | |
| K1.1 | $t_1$ |
| K1.2 | $t_2$ |
| K_2 | |
| K_2.1 | $t_3$ |
| K_2.2 | $t_4$ |
| K_2.3 | $t_5$ |
| K_3 | |
| K_3.1 | $t_6$ |
| K_3.2 | $t_7$ |
| K_3.3 | $t_8$ |
| K_3.4 | $t_9$ |

Es ist:

$$K = K\_1 \cup K\_2 \cup K\_3;$$

$$K\_1 = \{K\_1.1, K\_1.2\}$$

$$K\_2 = \{K\_2.1, K\_2.2, K\_2.3\}$$

$$K\_3 = \{K\_3.1, K\_3.2, K\_3.3, K\_3.4\}$$

- **Additivität für das konventionelle Gesamtnutzenmaß**

Bei der konventionellen Methode folgt die Additivität des Gesamtnutzenmaßes $G_I$ unmittelbar aus der Definition des Gesamtnutzwertes als (algebraische) Summe der Teilnutzenwerte. Für das Beispiel bedeutet dies:

$$\begin{aligned} G_I(K\_1 \cup K\_2 \cup K\_3) &= t_1 + t_2 + t_3 + \ldots + t_9 = \sum_{i=1}^{9} t_i \\ &= (t_1 + t_2) + (t_3 + t_4 + t_5) + (t_6 + t_7 + t_8 + t_9) \\ &= G_I(\{K\_1.1, K\_1.2\}) + G_I(\{K\_2.1, K\_2.2, K\_2.3\}) \\ &\quad + G_I(\{K\_3.1, K\_3.2, K\_3.3, K\_3.4\}) \\ &= G_I(K\_1) + G_I(K\_2) + G_I(K\_3). \end{aligned}$$

Die Übertragung auf den Allgemeinfall mit beliebig vielen Kriterien bietet keine Schwierigkeiten.

- **Additivität für skalare Gesamtnutzenmaße bei der Vektormethode**

Grundlage und Ausgangspunkt für die Vektormethode zur Bestimmung des skalaren Gesamtnutzens ist die Darstellung mittels Vektoren, d. h. die Interpretation von Teilnutzenwerten als Komponenten von Vektoren. Für das Beispiel ergibt sich die folgende Vektordarstellung der Nutzwerte:

$$\text{Kriterium:}\quad K \qquad K\_1 \quad K\_2 \quad K\_3$$

$$|t\rangle = \begin{pmatrix} t_1 \\ t_2 \\ t_3 \\ t_4 \\ t_5 \\ t_6 \\ t_7 \\ t_8 \\ t_9 \end{pmatrix} = \begin{pmatrix} t_1 \\ t_2 \\ 0 \\ 0 \\ 0 \\ 0 \\ 0 \\ 0 \\ 0 \end{pmatrix} + \begin{pmatrix} 0 \\ 0 \\ t_3 \\ t_4 \\ t_5 \\ 0 \\ 0 \\ 0 \\ 0 \end{pmatrix} + \begin{pmatrix} 0 \\ 0 \\ 0 \\ 0 \\ 0 \\ t_6 \\ t_7 \\ t_8 \\ t_9 \end{pmatrix}$$

$$=: |t_I\rangle + |t_{II}\rangle + |t_{III}\rangle$$

Bemerkung: Im folgenden werden das Skalarprodukt zweier Vektoren und die EUKLIDische Vektornorm verwendet. Dazu sollen noch einmal die Definitionen und einige Eigenschaften angegeben werden.

Das Skalarprodukt (bra(c)-ket) des n-dimensionalen Zeilenvektors (bra-Vektors) $\langle a|$ mit dem n-dimensionalen Spaltenvektor (ket-Vektor) $|b\rangle$ lautet:

$$\langle a|b\rangle := \sum_{i=1}^{n} a_i * b_i \qquad \text{(Summe der Produkte entsprechender Komponenten)}$$

Eigenschaft:

Kommutativität: $\langle a|b\rangle = \langle b|a\rangle$

Linearität: $\langle a|\lambda_1 b_1 + \lambda_2 b_2\rangle = \lambda_1\langle a|b_1\rangle + \lambda_2\langle a|b_2\rangle\ ,\ \lambda_1, \lambda_2 \in R$

EUKLIDische Norm des (Spalten-)Vektors $|a\rangle$:

$$\||a\rangle\| \equiv \|a\| := \sqrt{\langle a|a\rangle} = \sqrt{\sum_{i=1}^{n} a_i^2}$$ mit den folgenden Eigenschaften:

Positivität: $\|a\| > 0$ für $|a\rangle \neq |0\rangle$ ; $\|a\| = 0 \Rightarrow |a\rangle = |0\rangle$ (Nullvektor);

Homogenität: $\|\lambda a\| = |\lambda| * \|a\|$ , $\lambda \in R$;

(Dreiecksungleichung: $\|a+b\| \leq \|a\| + \|b\|$ )

Bedeutung: $\|a\|$ gibt die (geometrische) Länge des Vektorpfeils $\langle a|$ an.

Mit Hilfe des Skalarprodukts und der Norm kann der Winkel $\alpha$, den zwei Vektorpfeile $|a\rangle$ und $|b\rangle$ einschließen, erklärt werden gemäß:

$$\cos\alpha = \frac{\langle a|b\rangle}{\|a\| * \|b\|}$$

Damit läßt sich die Orthogonalität (das Aufeinandersenkrechtstehen) zweier Vektoren folgendermaßen beschreiben:

Vektor $|a\rangle$ steht senkrecht auf Vektor $|b\rangle$ ($|a\rangle$ ist orthogonal zu $|b\rangle$), wenn das Skalarprodukt gleich 0 ergibt:

$|a\rangle \perp |b\rangle \Leftrightarrow \langle a|b\rangle = 0$ (beide Vektoren verschieden vom Nullvektor)

- **Additivität des Gesamtnutzenmaßes bei der Projektionsmethode**

  Die Additivität für den Gesamtnutzen bei der Projektionsmethode folgt unmittelbar aus der Linearität des Skalarprodukts. Für das obige Beispiel gilt:

$$G_{II}^{*}(|t\rangle) := \frac{\langle g|t\rangle}{\|g\|^2} = \frac{1}{\|g\|^2}\langle g|t_I + t_{II} + t_{III}\rangle =$$

$$= \frac{1}{\|g\|^2}\left(\langle g|t_I\rangle + \langle g|t_{II}\rangle + \langle g|t_{III}\rangle\right)$$

$$\Rightarrow G_{II}^{*}(|t_I\rangle + |t_{II}\rangle + |t_{III}\rangle) = G_{II}^{*}(|t_I\rangle) + G_{II}^{*}(|t_{II}\rangle) + G_{II}^{*}(|t_{III}\rangle)$$

  Die Übertragung auf beliebig viele Summanden ist ohne Schwierigkeiten möglich: $G_{II}^{*}\left(\sum_{i=1}^{N}|t_i\rangle\right) = \sum_{i=1}^{N} G_{II}^{*}(|t_i\rangle)$

- **Additivität des Gesamtnutzenmaßes bei der Subtraktionsmethode**
Von entscheidender Bedeutung für die Gewinnung von Additivitätsaussagen für normbasierte Gesamtnutzwertmaße ist die Orthogonalität der Summandenvektoren in der Summendarstellung des Gesamtnutzenvektors, weil damit die Voraussetzung für die Anwendung der Beziehungen (B1), (B2) des Anhangs 7 erfüllt ist. Für andere nichtorthogonale Zerlegungen des Gesamtnutzenvektors $|t\rangle$ gelten daher die u. a. Additivitätsaussagen nicht.

Die Orthogonalität der Summandenvektoren $|t_I\rangle, |t_{II}\rangle, |t_{III}\rangle$ in der obigen Zerlegung des Gesamtnutzenwertvektors (und ähnlicher anderer Zerlegungen mit beliebig vielen Summanden) folgt daraus, daß jeder Teilnutzen $t_i$ (i=1,2,..,9) in genau einem Summandenvektor auftritt und bei allen übrigen Summanden die entsprechende Komponente verschwindet. So taucht z. B. der Teilnutzenwert $t_4$ nur im Summandenvektor $|t_{II}\rangle$ für das Kriterium K_2 als 4. Komponente auf, während die übrigen Summandenvektoren $|t_I\rangle$ für das Kriterium K_1 und $|t_{III}\rangle$ für Kriterium K_3 als 4. Komponente den Wert 0 haben. Dies bewirkt, daß bei der Skalarproduktbildung zwischen zwei Summandenvektoren im Produkt entsprechender Komponenten mindestens einer der beiden Faktoren und damit das Produkt selbst verschwindet. Da dies für alle Komponentenprodukte gilt, ist auch das Skalarprodukt gleich Null. Für das Beispiel erhält man so:

$$\langle t_I | t_{II} \rangle = t_1 * 0 + t_2 * 0 + 0 * t_3 + 0 * t_4 + 0 * t_5 + 0 * 0 + 0 * 0 + 0 * 0 + 0 * 0 = 0$$

$$\Rightarrow |t_I\rangle \perp |t_{II}\rangle$$

analog:

$$\langle t_I | t_{III} \rangle = \langle t_{II} | t_{III} \rangle = 0 \Rightarrow |t_I\rangle \perp |t_{III}\rangle,$$

$$|t_{II}\rangle \perp |t_{III}\rangle,$$

insgesamt:

$$\langle t_j | t_k \rangle = 0 \quad \text{für } j \neq k \Rightarrow |t_j\rangle \perp |t_k\rangle.$$

Jeder der Teilnutzenvektoren $|t_j\rangle$ $(\mathrm{j}=\mathrm{I},\mathrm{II},\mathrm{III})$ liegt in einem Unterraum $U_j$ des neundimensionalen Raumes, wobei folgendes gilt:

- $U_I$ = Raum aller Vektoren, deren Komponenten für die Achsen Nr. 3 bis 9 verschwinden,
- $U_{II}$ = Raum aller Vektoren, deren Komponenten Nr. 1, 2 und 6 bis 9 verschwinden,
- $U_{III}$ = Raum aller Vektoren, deren Komponenten Nr. 1 bis 5 verschwinden.

Die Vektoren aus verschiedenen Unterräumen sind jeweils orthogonal zueinander. Man kann die Teilnutzenvektoren $|t_j\rangle$ , $\mathrm{j}=\mathrm{I},\mathrm{II},\mathrm{III}$ auch als Orthogonalprojektionen des Gesamtnutzwertvektors $|t\rangle$ in die Unterräume $U_j$ auffassen, also $|\mathrm{t_j}\rangle = P_j|t\rangle \in \mathrm{U_j}$ mit den Orthogonalprojektionsoperatoren $P_j$ , $\mathrm{j}=\mathrm{I},\mathrm{II},\mathrm{III}$.

Die Orthogonalzerlegung des Gesamtnutzwertvektors $|t\rangle$ in eine Summe von Teilnutzenvektoren läßt sich dann folgendermaßen darstellen:

$$|t\rangle = \sum_j P_j|t\rangle = \sum_j |t_j\rangle \quad , \ \mathrm{j}=\mathrm{I},\mathrm{II},\mathrm{III}$$

$$\text{mit } \langle \mathrm{t_j}|t_k\rangle = 0 \ \text{ für } \mathrm{j} \neq \mathrm{k}.$$

Damit läßt sich dann unter Verwendung der Beziehung (B1) des Anhangs 7 sofort eine modifizierte Additivitätsaussage für das quadratische Distanzmaß des Gesamtnutzwertvektors zum Referenzvektor $|g\rangle$, d. h. für $\|t-g\|^2$ gewinnen. Durch ebenfalls orthogonale Zerlegung des Gesamtreferenzvektors $|g\rangle$ in Teilreferenzvektoren $|g_j\rangle \in U_j$ gemäß

$$|g\rangle = \begin{pmatrix} g_1 \\ g_2 \\ g_3 \\ g_4 \\ g_5 \\ g_6 \\ g_7 \\ g_8 \\ g_9 \end{pmatrix} = \begin{pmatrix} g_1 \\ g_2 \\ 0 \\ 0 \\ 0 \\ 0 \\ 0 \\ 0 \\ 0 \end{pmatrix} + \begin{pmatrix} 0 \\ 0 \\ g_3 \\ g_4 \\ g_5 \\ 0 \\ 0 \\ 0 \\ 0 \end{pmatrix} + \begin{pmatrix} 0 \\ 0 \\ 0 \\ 0 \\ 0 \\ g_6 \\ g_7 \\ g_8 \\ g_9 \end{pmatrix}$$

$$= |g_{\mathrm{I}}\rangle + |g_{II}\rangle + |g_{III}\rangle \equiv \sum_j |g_j\rangle$$

$$= \mathrm{P_I}\,|\mathrm{g}\rangle + P_{II}|g\rangle + P_{III}|g\rangle \equiv \sum_j P_j|g\rangle$$

erhält man unter Beachtung der Orthogonalitätsbeziehungen

$$P_j|t-g\rangle = |t_j - g_j\rangle \in U_j \quad ; \ \mathrm{j = I, II, III} \quad ; \ \langle \mathrm{t_j} - g_j | t_k - g_k \rangle = 0 \ \text{ für } \mathrm{j} \neq \mathrm{k}$$

mit der Beziehung (B1) des Anhangs 7:

$$\|t-g\|^2 = \left\| \sum_j |t_j\rangle - |g\rangle \right\|^2 = \left\| \sum_j |t_j\rangle - \sum_j |g_j\rangle \right\|^2 = \left\| \sum_j |t_j - g_j\rangle \right\|^2 = \sum_{\mathrm{j}} \|\mathrm{t_j} - g_j\|^2$$

$$= \sum_j \left\| |t_j\rangle - P_j|g\rangle \right\|^2 .$$

Diese modifizierte Additivitätsgleichung beschreibt den folgenden Sachverhalt: $\left\| \sum_j |t_j\rangle - |g\rangle \right\|^2 = \sum_j \left\| |t_j\rangle - P_j|g\rangle \right\|^2$

Das quadratische Normdistanzmaß einer Summe von paarweise orthogonalen (Teil-)Nutzenvektoren zum Gesamtreferenzvektor $|g\rangle$ ist gleich der Summe der Normdistanzquadrate der Summandenvektoren zu ihren jeweiligen Teilnutzenreferenzvektoren $|g_j\rangle = P_j|g\rangle$.

Die Teilnutzenreferenzvektoren $|g_j\rangle = P_j|g\rangle$ ergeben sich durch Orthogonalprojektion des Gesamtreferenzvektors in den Unterraum, in dem der „zugehörige" Teilnutzenvektor $|t_j\rangle = P_j|t\rangle$ liegt.

Für die Norm selbst gilt die entsprechende Aussage nicht, denn aus der obigen Gleichung für die Normquadrate folgt für die Norm (=Distanz):

$$\left\| \sum_j |t_j\rangle - |g\rangle \right\| = \sqrt{\sum_j \left\| t_j - P_j g_j \right\|^2} \le \sum_j \left\| t_j - P_j g_j \right\| .$$

Diese Abschätzung ergibt sich aus der für $a, b \ge 0$ gültigen Ungleichung:

$$(a+b)^2 = a^2 + b^2 + 2ab \ge a^2 + b^2 \Leftrightarrow \sqrt{a^2 + b^2} \le a + b$$

die natürlich auch für beliebig viele, nichtnegative Summanden gilt.

Wir wollen die Gleichung $\left\| \sum_j |t_j\rangle - |g\rangle \right\|^2 = \sum_j \left\| |t_j\rangle - P_j|g\rangle \right\|^2$ als „modifizierte" Additivitätsaussage bezeichnen, weil in den Normquadraten auf der rechten Seite jeweils die Differenz des (Teil-)Nutzenvektors $|t_j\rangle$ zum „zugehörigen" Teilnutzenreferenzvektor $|g_j\rangle = P_j|g\rangle$ und nicht zum Gesamtreferenzvektor $|g\rangle$ auftritt, wie es bei „strenger" Additivität zu erwarten wäre. Um so erstaunlicher ist es, daß für ein besonderes quadratisches Ähnlichkeitsmaß eines Nutzwertvektors mit dem Referenzvektor, nämlich für

$$\tilde{D}^2(|t\rangle) := 1 - \frac{\| t - g \|^2}{\| g \|^2} \quad ; \quad \tilde{D}^2(|t\rangle) = 1 \Rightarrow |t\rangle = |g\rangle \quad \text{(Übereinstimmung)}$$

$$\tilde{D}^2(|t\rangle) = 0 \Rightarrow |t\rangle = |0\rangle \quad \text{(völlige Verschiedenheit)}$$

die strenge Additivität gilt, wenn der Gesamtnutzwertvektor $|t\rangle$ wieder in eine Summe von paarweise orthogonalen Teilnutzwertvektoren zerlegt wird.

Dies folgt unmittelbar aus der Beziehung (B2) des Anhangs 7, was durch folgende Rechnung bewiesen wird:

$$|t\rangle = \sum_{j=1}^{N} |t_j\rangle \text{ mit } \langle t_j | t_k \rangle = 0 \text{ für } j \neq k;$$

$$(B2): \left\| \sum_{j=1}^{N} |t_j\rangle - |g\rangle \right\|^2 = \sum_{j=1}^{N} \left\| |t_j - g\rangle \right\|^2 + (1-N)\|g\|^2,$$

$$\Rightarrow \quad \frac{1}{\|g\|^2} \left\| \sum_{j=1}^{N} |t_j\rangle - |g\rangle \right\|^2 - 1 = \frac{1}{\|g\|^2} \sum_{j=1}^{N} \left\| |t_j - g\rangle \right\|^2 - N$$

$$= \quad \sum_{j=1}^{N} \left( \frac{\left\| |t_j - g\rangle \right\|^2}{\|g\|^2} - 1 \right)$$

$$\Rightarrow \quad +\tilde{D}^2\left( \sum_j |t_j\rangle \right) = +\sum_j \tilde{D}^2(|t_j\rangle)$$

Diese Gleichung beschreibt die (strenge) Additivität des quadratischen Ähnlichkeitsmaßes zum (Gesamt-)Referenzvektor $|g\rangle$ und stellt daher, was diese Eigenschaft anbelangt, ein ebenso gut geeignetes skalares Gesamtnutzenmaß dar wie das Projektionsmaß $G_{II}^{*}(|t\rangle)=\frac{\langle g|t\rangle}{\|g\|^{2}}$.

Es ist daher auch nicht verwunderlich, daß zwischen diesen beiden Nutzenmaßen ein Zusammenhang besteht:

$$\tilde{D}^{2}(|t\rangle)=1-\frac{\|t-g\|^{2}}{\|g\|^{2}}=\frac{1}{\|g\|^{2}}\left(\|g\|^{2}-\langle t-g|t-g\rangle\right)$$

$$=\frac{1}{\|g\|^{2}}\left(2\langle g|t\rangle-\|t\|^{2}\right)=2G_{II}^{*}(|t\rangle)-\frac{\|t\|^{2}}{\|g\|^{2}}$$

$$\Rightarrow \qquad G_{II}^{*}(|t\rangle)=\frac{1}{2}\tilde{D}^{2}(|t\rangle)+\frac{1}{2}\frac{\|t\|^{2}}{\|g\|^{2}}$$

Im folgenden soll bei der Operationalisierung und Implementierung der neuen Methoden im Rahmen einer Anwendung bei der Firma Grammer AG nur noch die Projektionsmethode betrachtet werden. Die Wahl fiel auf diese Methode, da angenommen wird, daß sie ein geometrisch anschaulicheres skalares Nutzenmaß bietet und überdies leichter EDV-technisch abgebildet werden kann. Dies ist für die Akzeptanz der Methode aus Kostengründen von ausschlaggebender Bedeutung.

# 7. OPERATIONALISIERUNG DER PROJEKTIONSMETHODE

Als Decision Support System (DSS) empfiehlt es sich, bei der Operationalisierung der Nutzwertanalyse mit Hilfe der Projektionsmethode auf eine adäquate Rechner- bzw. Softwareunterstützung zurückzugreifen. Auf Grund der weitverbreiteten Kenntnisse des Microsoft Office Professional Paketes in der Industrie soll hier ein Vorschlag der möglichen Operationalisierung der Nutzwertanalyse mit MS-Excel (Version 97) und anschließend mit MS-Access (Version 97) unterbreitet werden.

Die Vorgehensweise der Operationalisierung soll dabei anhand eines Beispiels aus der Standortplanung aufgezeigt werden. Dieses Beispiel mit den dazugehörigen Daten wurde aus der Literatur entnommen (siehe hierzu [38], S. 37).

Die Wahl dieses Literaturbeispiels wurde nicht zuletzt dadurch beeinflußt, daß bei der Firma Grammer AG im Rahmen des Projekts SIP (Strategische Informationsplattform) ein eigenes SIP-Logistikmodul geplant ist. Im Sommer 1998 beschäftigte sich eine Arbeitsgruppe mit diesem Thema. Als langfristige Zielsetzung soll dieses Logistikmodul ein Simulationstool beinhalten, welches eigenständig Produktionsstandorte, Lieferströme, Lagerstandorte usw. ermittelt und dem Entscheider vorschlägt.
Nähere Informationen hierzu sind in dem internen Bericht [39] angegeben.

Da eine derartige Standortplanung von einer Vielzahl sogenannter „Soft Facts“, also weichen, nicht monetär quantifizierbaren Einflußgrößen abhängig ist, muß nach Methoden gesucht werden, die Kriterien wie z. B. gesetzliche Vorschriften oder politische Stabilität innerhalb eines solchen Simulationstools zahlenmäßig abbilden können. Die Nutzwertanalyse ist hier ein wichtiges, vielleicht sogar das einzige Werkzeug, mit dessen Hilfe dies möglich erscheint.

Nachfolgend soll exemplarisch eine Auswahl an Standortkriterien dargelegt werden:

Länderspezifische Eingrenzung:
- Absatzpotential
- Politische Stabilität der Region
- Gesetzliche Vorschriften zur lokalen Produktion
- ...

Regionale Eingrenzung:
- Verfügbarkeit und Qualität der Arbeitskräfte
- Lohnniveau
- Regionale Wirtschaftsförderung
- Vorhandensein von Zulieferern
- Transportmöglichkeiten
- ....

Gemeindespezifische Eingrenzung:
- Infrastrukturanbindung
- Vorhandensein attraktiver Grundstücke oder Bauobjekte
- Steuerliche Bedingungen
- Subventionen
- ...

Bauplatzspezifische Eingrenzung:
- Beschaffenheit der Grundstücke und der vorhandenen Gebäude
- Grundstückskosten
- Möglichkeit einer späteren Erweiterung
- Umweltschutzrestriktionen
- Verkehrswegeanbindung([37], S. 62-64).

Zusammenstellungen von Kriterien für verschiedene Anwendungen der Nutzwertanalyse finden sich in Anhang 1 bis Anhang 5.

## 7.1 Bemerkungen zur Realisierung der Anwendung der Nutzwertanalyse unter Verwendung unterschiedlicher Entwicklungswerkzeuge

In der vorliegenden Arbeit wird die Realisierung der Nutzwertanalyse einmal unter Verwendung des Tabellenkalkulationsprogramms MS-Excel und zum anderen mit dem Datenbanksystem MS-Access aufgezeigt. Die Entscheidung für einen der beiden Wege hängt im konkreten Fall der Einrichtung einer Nutzwertanalyse sowohl von sachlichen wie von organisatorischen Gegebenheiten ab. Unter den organisatorischen Gegebenheiten soll die Verfügbarkeit der Software-Entwicklungswerkzeuge und insbesondere das Vorhandensein von Entwicklungspersonal (Programmierer) mit den erforderlichen (hohen) Fachkenntnissen im Einsatz der Systeme verstanden werden. Unter den sachlichen Gegebenheiten werden dagegen die Leistungsmerkmale der Entwicklungswerkzeuge sowie der Umfang und die Form der Speicherung der für die Nutzwertanalyse erforderlichen Daten verstanden. Auf diesen Punkt soll im folgenden näher eingegangen werden.

Die Nutzwertanalyse umfaßt zwei Rechenschritte, nämlich zunächst die Berechnung der Gewichte im Kriterienbaum und dann die Bestimmung der Teilnutzenwerte (=Komponenten der Nutzwertvektoren) und den durch die jeweilige Methode (konventionelle, Projektions- oder Abstandsmethode) festgelegten skalaren Gesamtnutzwert für jede Alternative.

Entsprechend diesen Rechenschritten werden zwei Gruppen von Daten benötigt, nämlich Daten zur Berechnung der Gewichte, z. B. die absoluten Gewichte der Kindknoten eines jeden Vaterknotens im Kriterienbaum und die Noten für die Bewertungskriterien bei allen Alternativen. Für die Bewältigung der Rechenoperationen bietet sicherlich der Einsatz einer Tabellenkalkulation wie z. B. das Standardsystem EXCEL erhebliche Vorteile gegenüber einem Datenbanksystem wie z. B. Access, wo die Kriteriengewichte gar nicht berechnet werden können (zumindest bei der für das Beispiel Standortplanung angegebenen Lösung). Sie müssen vielmehr auf anderen Wegen bestimmt und dann als Daten in das Datenbankprogramm eingegeben werden.

Wenn alle Daten, nämlich diejenigen zur Berechnung der Kriteriengewichte wie auch alle Bewertungsnoten als unmittelbare Eingabedaten zur Verfügung stehen, dann stellt sicherlich die Excel-Lösung die einfachere, günstigere und damit gegenüber der Access-Lösung vorzuziehende Realisierung einer Nutzwertanalyse dar. Dies ist z. B. dann der Fall, wenn alle Daten vor der Durchführung der Nutzwertanalyse durch Experten festgelegt werden. Eine gänzlich andere Situation liegt dagegen vor, wenn die

Bewertungsnoten aus „Basisdaten“ gewonnen werden, die z. B. mittels besonderer Vorschriften (Algorithmen) berechnet werden.

Diese Verhältnisse treffen z. B. auf die Lieferantenbewertung bei der Fa. Grammer AG zu, wo die Bewertungsnoten für die Lieferantenkriterien aus Kennzahlen berechnet werden. Die Basisdaten sind überlicherweise über verschiedene Tabellen in operativen Systemen, wie Datenbanken oder unternehmensweiten Planungs- und Verwaltungssystemen, gespeichert. Die Speicherung in diesen Planungs- und Verwaltungssystemen, sog. ERP-Systemen (Enterprise Resource Planning) wie z. B. SAP/R3, führt zu dem Problem des Datenzugriffs. Die Lösung dieses Problems kann so schwierig sein, daß die Realisierung einer darauf aufbauenden Anwendung wie der Nutzwertanalyse ernsthaft gefährdet werden kann (z. B. durch zu hohe Kosten). Softwarehersteller haben dieses Problem zwar erkannt und bieten z. B. mit den Data-Warehouse-Konzepten und Data-Mining-Werkzeugen Lösungsmöglichkeiten an. Doch ist wohl auch hier im Einzelfall konkret zu prüfen, ob diese Werkzeuge das Gewünschte auch wirklich leisten. Für die Datenbank Access scheint die Fa. Microsoft mit der Erweiterung einer Data Engine Zugriffsstandards auf SQL-Basis zu liefern, die den Datenzugriff durch PC-Anwendungen in einfacher Weise ermöglichen (siehe hierzu [51],Seite 6). Wenn der Zugriff auf die Basisdaten möglich ist, muß entschieden werden, wie mit diesen zu verfahren ist. Dazu gibt es, wie das Beispiel zur Realisierung der Nutzwertanalyse für die Standortwahl zeigen wird, prinzipiell zwei Möglichkeiten. Die erste Möglichkeit besteht darin, die Basisdaten oder die daraus berechneten Bewertungsnoten aus der Datenbank (ACCESS) zu übernehmen und in das Tabellenkalkulationsprogramm (EXCEL) zu importieren. Der zweite Weg verläuft umgekehrt: Die in EXCEL berechneten Kriteriengewichte werden als Daten in das Datenbanksystem importiert und die weiteren Berechnungen der Nutzwertanalyse dort durchgeführt.

Die erste Vorgehensweise, also der Export der Bewertungsnoten oder der zu ihrer Berechnung notwendigen Basisdaten (z. B. Kennzahlen) aus der Datenbank zur Tabellenkalkulation und die Durchführung der Nutzwertanalyse in diesem Programm, scheint wegen der leichteren Bedienbarkeit und der komfortableren Unterstützung der Rechenoperationen zumindest vom Konzept her der einfachere und günstigere Weg zu sein.

Eine weitere Lösungsmöglichkeit zur Realisierung der Nutzwertanalyse ergibt sich durch Einsatz einer Programmiersprache anstelle eines Anwendungssystems wie z. B. der Tabellenkalkulation.

Man hat die Wahl zwischen proprietären Sprachen wie z. B. MS-Visual Basic oder SAP-ABAP4 und allgemeinen Sprachen wie z. B. PASCAL, C oder Java. Auch Mischformen wie z. B. die Berechnung der Bewertungsgewichte mittels Tabellenkalkulation (EXCEL) und den Export dieser Gewichte in ein PASCAL-Programm, das die Durchführung der weiteren Berechnungen der Nutzwertanalyse übernimmt, sind denkbar und unter Umständen sogar besonders vorteilhaft.
Es liegt auf der Hand, daß die Verwendung einer Programmiersprache zur Realisierung der Nutzwertanalyse ernsthafte Probleme aufwirft, wenn der Zugriff auf das Basisdatenmaterial in operativen Systemen erforderlich ist und dafür keine geeignete Werkzeugunterstützung vorhanden ist. Der Vorteil der Programmierung der Nutzwertanalyse in einer Programmiersprache liegt darin, daß dieses Programm für beliebig viele Bewertungskriterien und Alternativen (gesteuert durch einen Eingabeparamter für die jeweilige Anzahl) angelegt und damit eine Realisierung der Nutzwertanalyse entwickelt werden kann, die nicht auf ein spezielles Entscheidungsproblem, wie z. B. der Standortauswahl oder der Lieferantenbewertung, beschränkt ist und vom Benutzer keine weiteren Aktionen als (nur) die Bereitstellung der Daten erfordert.

## 7.2 Operationalisierung der Nutzwertanalyse mit MS-Excel

Exemplarisch soll nun die Vorgehensweise der Nutzwertanalyse bei der Standortplanung unter Verwendung von Microsoft Excel dargelegt werden.

Bei der Operationalisierung sollte man sich an eine strukturierte, standardisierte Vorgehensweise halten, um die Ergebnisse übersichtlich und vor allem nachvollziehbar zu gestalten. Excel bietet die Möglichkeit, Tabellen einer Arbeitsmappe miteinander zu verknüpfen, d. h. Änderungen einer vorangegangenen Berechnung wirken sich direkt auf alle nachfolgenden Tabellenblätter aus. Durch die Aufteilung der Arbeitsschritte können Rechenoperationen später leicht nachvollzogen werden und überdies wird eine evtl. anschließende Sensitivitätsanalyse besonders einfach und unkompliziert. Deshalb empfiehlt es sich, eine Arbeitsmappe mit verschiedenen Tabellenblättern anzulegen, z.B. auf folgende Weise:

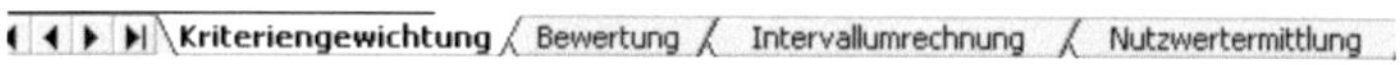


Nachfolgend soll ein Vorschlag unterbreitet werden wie eine derartige strukturierte Vorgehensweise mit MS-Excel aussehen könnte. Diese Vorgehensweise soll mit dem Namen ONUWAE1 (Orthogonale Nutzwertanalyse Excel 1) benannt werden.

Vorgehensweise bei ONUWAE1:

| 1.<br>Erstellung eines Tabellenblattes zur Gewichtung der Kriterien und zur Ermittlung der Koeffizienten $\gamma_i$ | $\gamma_i = g_i^2 / \sum_{i=1}^{m} g_i^2$ |
|---|---|
| 2.<br>Erstellung eines Tabellenblattes zur Alternativenbewertung | |
| 3.<br>Erstellung eines Tabellenblattes zur Umrechnung der Noten in das Intervall [0,1] | |
| 4.<br>Erstellung eines Tabellenblattes zur Ermittlung der Nutzwerte und ihrer Rangfolge | |
| 5.<br>Sortierung der Alternativen nach dem Rang | |
| 6.<br>Graphische Darstellung der Ergebnisse | |
| 7.<br>Sensitivitätsanalyse | |

**Abbildung 95: Vorgehensweise für ONUWAE1**

## 1. Erstellung eines Tabellenblattes zur Knotengewichtung

Wenn man sich mit Excel noch nicht so gut auskennt, kann Grundlegendes über Zellenbezüge im Anhang 8 nachgelesen werden.

Das erste Tabellenblatt soll die Berechnung der Gewichte beinhalten. Deshalb soll dieses Tabellenblatt im Beispiel auf den Namen „Kriteriengewichtung“ umbenannt werden. Dies kann dadurch erreicht werden, daß man mit der rechten Maustaste auf die Tabelle 1 klickt und im erscheinenden Dialogmenü den Befehl „Umbenennen“ aufruft.

Danach wählt man die Gewichtungsmethode. Im Beispiel soll eine Gewichtung mit Hilfe der Methode der absoluten Gewichtung vollzogen werden. Hierzu führt man die Kriterien auf, um sie anschließend zu gewichten. In einem weiteren Schritt werden mit Hilfe des Summenicons Σ die vergebenen Noten addiert. Dieser Wert wird als Nenner für die Gewichtungsberechnung herangezogen. Bei der Eingabe der Formeln hierfür muß auf den Unterschied des relativen und des absoluten Zellenbezuges geachtet werden (z. B. A4 und $A$4). So muß die Note einen relativen, der Quotient aber einen absoluten Zellenbezug erhalten. Die Eingabe einer Formel kann dadurch vereinfacht werden, daß man erst ein Istzeichen (=) auf die jeweilige Ergebniszelle setzt und anschließend die Zellenbezüge durch „Anklicken“ der Bezugszellen herstellt. Jetzt kann die Formel über die folgende Vorgehensweise kopiert werden: Man klickt die Zelle an, deren Formel man kopieren möchte. Anschließend setzt man die Maus an den rechten unteren Zellenrand, bis eine Art Fadenkreuz erscheint. Nun muß die linke Maustaste gedrückt und die Maus über den Zellenbereich „gezogen“ werden, in den man die Formel kopieren möchte. Läßt man die Maustaste los, dann wird die Formel kopiert. Um die Anzahl der Nachkommastellen festzulegen, kann über das Menü „Format, Zellen, Zahl, Dezimalstellen“ die entsprechende Formatierung der Zellen durchgeführt werden. Graphisch können die Tabellen über das Menü „Format, Autoformat“ aufbereitet werden. Hier hat Excel viele vorformatierte Tabellenformate standardisiert hinterlegt. Nachdem die Gewichtung abgeschlossen ist, kann auf die Größe $\gamma_i$ geschlossen werden. Dazu muß in einer vorhergehenden

Spalte der Wert $\sum_{i=1}^{m} g_i^2$ ermittelt werden, um diesen dann als Divisor für $g_i^2$ zu verwenden:

Die Vorgehensweise noch einmal im graphischen Überblick:

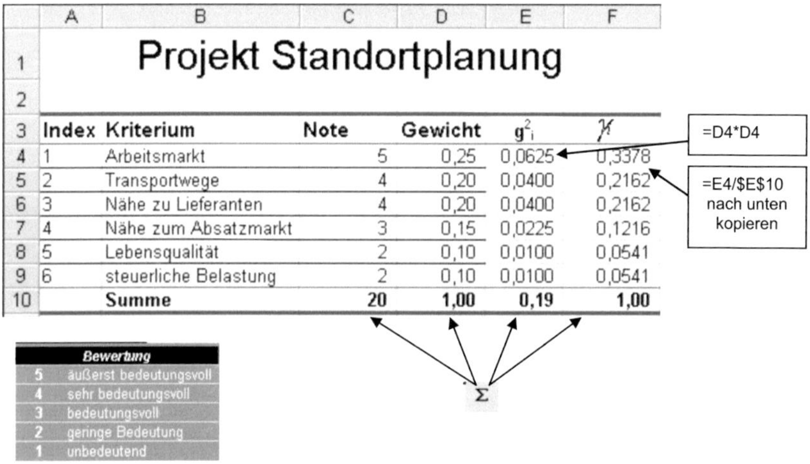

| | A | B | C | D | E | F |
|---|---|---|---|---|---|---|
| 1 | Projekt Standortplanung | | | | | |
| 2 | | | | | | |
| 3 | Index | Kriterium | Note | Gewicht | $g_i^2$ | $\gamma$ |
| 4 | 1 | Arbeitsmarkt | 5 | 0,25 | 0,0625 | 0,3378 |
| 5 | 2 | Transportwege | 4 | 0,20 | 0,0400 | 0,2162 |
| 6 | 3 | Nähe zu Lieferanten | 4 | 0,20 | 0,0400 | 0,2162 |
| 7 | 4 | Nähe zum Absatzmarkt | 3 | 0,15 | 0,0225 | 0,1216 |
| 8 | 5 | Lebensqualität | 2 | 0,10 | 0,0100 | 0,0541 |
| 9 | 6 | steuerliche Belastung | 2 | 0,10 | 0,0100 | 0,0541 |
| 10 | | **Summe** | **20** | **1,00** | **0,19** | **1,00** |



**Abbildung 96: Formularerstellung Kriteriengewichtung**

## 2. Aufstellen eines Tabellenblattes zur Alternativenbewertung

Dieses Tabellenblatt kann nach zwei Variationen aufgebaut werden. Beide Darstellungen haben unterschiedliche Vorteile:

### a) Horizontaldarstellung der Kriterien

Die Kriterien auf der Horizontalen darzustellen, bringt den Vorteil, daß man die einzelnen Alternativen über eine Eingabemaske bewerten kann (Befehl: „Daten, Maske").

Bevor man diese Maske aber aktiviert, muß die 1. Zeile des Tabellenblattes gemäß der folgenden Abbildung gestaltet werden:

| | A | B | C | D | E | F | G |
|---|---|---|---|---|---|---|---|
| 1 | Standort | Arbeitsmarkt | Transportwege | Nähe zu Lieferanten | Nähe zum Absa | Lebensqualität | steuerliche Belastung |
| 2 | A | 9 | 6 | 3 | 7 | 3 | 3 |
| 3 | B | 5 | 6 | 4 | 4 | 4 | 7 |
| 4 | C | 6 | 5 | 4 | 6 | 6 | 7 |
| 5 | D | 8 | 4 | 6 | 5 | 1 | 5 |

Im Beispiel wird eine Bewertungsskala von 1 (schlecht) bis 9 (sehr gut) verwendet. Nun kann die Eingabemaske gestartet werden.

Sie sieht wie folgt aus:

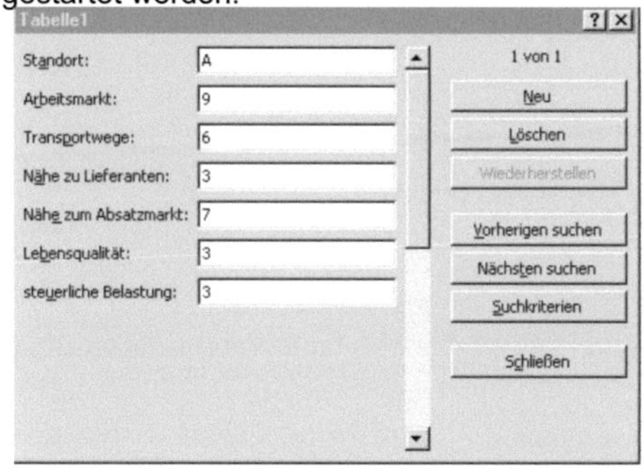


**Abbildung 97: Eingabemaske**

Als entscheidender Nachteil dieser Darstellung kann jedoch erstens der größere Aufwand zum Erstellen des Tabellenblattes gesehen werden. Zweitens reduziert sich die Übersichtlichkeit aufgrund der horizontalen Anordnung der Bewertungsnoten eines Standortes. Aus diesem Grunde wird auf diese Darstellungsform verzichtet und im folgendem die Vertikaldarstellung der Kriterien vorgezogen.

**b) Vertikaldarstellung der Kriterien**

Eine Darstellung der Kriterien in der Vertikalen erhöht die Übersichtlichkeit der Alternativen im Vergleich zur Horizontaldarstellung. So können je nach Bildschirmauflösung bis zu 20 unterschiedliche Kriterien einer Alternative direkt eingesehen werden. Bei vielen zu bewertenden Alternativen kann die Fixierungsoption in Excel aktiviert werden (Befehl: „Fenster, Fixieren"). Diese Option bewirkt, daß die Spalte/(Zeile), die fixiert ist, also z. B. die Spalte „Kriterien", immer eingeblendet bleibt, egal zu welcher Alternative man hinscrollt. Man weiß also immer ganz genau, bei welchem Kriterium man sich befindet. Die Eingabe der Noten für die Alternativen (bzw. Standorte) erfolgt direkt im Tabellenblatt.

Darstellung des Tabellenblattes in Vertikalform:

| | A | B | C | D | E |
|---|---|---|---|---|---|
| 1 | Bewertung | | | | |
| 2 | | | | | |
| 3 | Kriterium | Standort A | Standort B | Standort C | Stanord D |
| 4 | Arbeitsmarkt | 9 | 5 | 6 | 8 |
| 5 | Transportwege | 6 | 6 | 5 | 4 |
| 6 | Nähe zu Lieferanten | 3 | 4 | 4 | 6 |
| 7 | Nähe zum Absatzmarkt | 7 | 4 | 6 | 5 |
| 8 | Lebensqualität | 3 | 4 | 6 | 1 |
| 9 | steuerliche Belastung | 3 | 7 | 7 | 5 |

**Abbildung 98:Vertikaldarstellung**

### 3. Umrechnen der Bewertungsnoten in das Intervall [0;1]

In einem weiteren Tabellenblatt (im Beispiel „Intervallumrechnung" genannt) werden die Bewertungsnoten der einzelnen Alternativen in das Intervall [0;1] umgerechnet und damit die Erfüllungsgrade (=Standardnoten) bestimmt. Die Alternativenüberschriften und Kriterien können vorher ohne Verknüpfung kopiert werden.

Anschließend muß die Umrechungsfunktion hinterlegt werden, die allgemein wie folgt lautet:

$$f:[a;b] \rightarrow [0;1]$$

$$f(x) = \frac{x-a}{b-a} \Rightarrow y_{ik} = \frac{x_{ik}-a}{b-a}$$

a= Minimalnote
b= Maximalnote

Für das Beispiel gilt:
a=1; b=9

Die Funktion für die Umrechnung wird dabei mit einem relativen Zellenbezug zu den jeweiligen Zellen im Formular „Bewertung" definiert und anschließend sowohl horizontal als auch vertikal kopiert.

Darstellung der Bezüge im Tabellenblatt „Intervallumrechnung":

| | A | B | C | D | E |
|---|---|---|---|---|---|
| 1 | Intervallumrechung | | | | |
| 2 | | | | | |
| 3 | | | | | |
| 4 | Kriterium | Standort A | Standort B | Standort C | Stanord D |
| 5 | Arbeitsmarkt | 1,0000 | 0,5000 | 0,6250 | 0,8750 |
| 6 | Transportwege | 0,6250 | 0,6250 | 0,5000 | 0,3750 |
| 7 | Nähe zu Lieferanten | 0,2500 | 0,3750 | 0,3750 | 0,6250 |
| 8 | Nähe zum Absatzmarkt | 0,7500 | 0,3750 | 0,6250 | 0,5000 |
| 9 | Lebensqualität | 0,2500 | 0,3750 | 0,6250 | 0,0000 |
| 10 | steuerliche Belastung | 0,2500 | 0,7500 | 0,7500 | 0,5000 |

=(Bewertung!B4-1)/8

sowohl horizontal als auch vertikal kopieren

**Abbildung 99: Intervallumrechnung**

**4. Erstellen eines Tabellenblattes zur Ermittlung der Gesamtnutzwerte und ihrer Rangfolge**

Zunächst werden für alle Kriterien i=1,2,...,m und alle Alternativen k=1,2,...,n die Produkte $\gamma_i * y_{ik}$ mit den Erfüllungsgraden $y_{ik}$ aus dem Tabellenblatt „Intervallumrechnung" gebildet. Wegen der Additivität des Gesamtnutzenmaßes der Projektionsmethode (siehe Abschnitt 6.2.4.4) stellen diese Produkte die Teilnutzwerte der Projektionsmethode dar. Diese dürfen nicht verwechselt werden mit den Teilnutzwerten der konventionellen Methode, die sich durch Multiplikation der Gewichte mit den Erfüllungsgraden ergeben, also die Form $g_i * y_{ik}$ haben. Diese „gewöhnlichen" (konventionellen) Teilnutzen bilden die Komponenten der Nutzwertvektoren. Sie sind gemeint, wenn in der vorliegenden Arbeit von Teilnutzwerten die Rede ist. Da diese zur Bestimmung des Gesamtnutzenmaßes der Projektionsmethode nicht benötigt werden, werden sie im Tabellenblatt „Nutzwertermittlung" nicht berechnet. Nach Berechnung der Produkte $\gamma_i * y_{ik}$ im Tabellenblatt „Nutzwertermittlung" werden die Gesamtnutzenmaße der Projektionsmethode bestimmt gemäß der Formel (siehe Abschnitt 6.2.2 ): $w_k = \sum_{i=1}^{m} \gamma_i * y_{ik}$ , indem die Summenfunktion unterhalb einer Alternative aktiviert und anschließend horizontal kopiert wird.

Die Zellenbezüge können aus folgender Abbildung entnommen werden:

| | A | B | C | D | E | F |
|---|---|---|---|---|---|---|
| 1 | Nutzwertermittlung | | | | | |
| 2 | | | | | | |
| 3 | Kriterium | $\gamma_i$ | Standort A | Stanord D | Standort C | Standort B |
| 4 | Arbeitsmarkt | 0,3378 | 0,3378 | 0,2956 | 0,2111 | 0,1689 |
| 5 | Transportwege | 0,2162 | 0,1351 | 0,0811 | 0,1081 | 0,1351 |
| 6 | Nähe zu Lieferanten | 0,2162 | 0,0541 | 0,1351 | 0,0811 | 0,0811 |
| 7 | Nähe zum Absatzmarkt | 0,1216 | 0,0912 | 0,0608 | 0,0760 | 0,0456 |
| 8 | Lebensqualität | 0,0541 | 0,0135 | 0,0000 | 0,0338 | 0,0203 |
| 9 | steuerliche Belastung | 0,0541 | 0,0135 | 0,0270 | 0,0405 | 0,0405 |
| 10 | **Nutzwert w** | **1** | **0,64527027** | **0,59966216** | **0,55067568** | **0,49155405** |

**=$B4*Intervallumrechnung!B5**
Achtung:
Hier nur absoluter Zellenbezug auf die Spalte, nicht auf die Zeile!

Anschließend kopieren der Formel vertikal und horizontal

Verknüpfung der Zellen mit dem Tabellenblatt „Kriteriengewichtung" Spalte F über Befehl „Bearbeiten, Inhalte einfügen , verknüpfen". Vorher müssen die entsprechenden Zellen in die Zwischenablage einkopiert worden sein (Befehl: „Bearbeiten, Kopieren").

**Abbildung 100: Nutzwertermittlung**

Eine weitere Zeile verteilt die Rangzahlen gemäß der erreichten Gesamtnutzwerte für die einzelnen Alternativen. Dabei verwendet man den Befehl Rang, der in Excel aufgerufen werden kann. Hierzu klickt man auf das Icon „Funktionen" $f_x$. Der Funktionsmanager wird gestartet. Man öffnet den Befehl Rang. Ein Kontextmenü erscheint, in das man die Zelle, deren Rang ermittelt werden soll, eingibt. Danach muß der Zellenbereich definiert werden, der die Basis für die Rangfolgebildung darstellen soll. Damit die Formel kopiert werden kann, muß hier ein absoluter Zellenbezug verwendet werden.

Zur besseren Verdeutlichung soll das Kontextmenü an dieser Stelle noch einmal visualisiert werden:

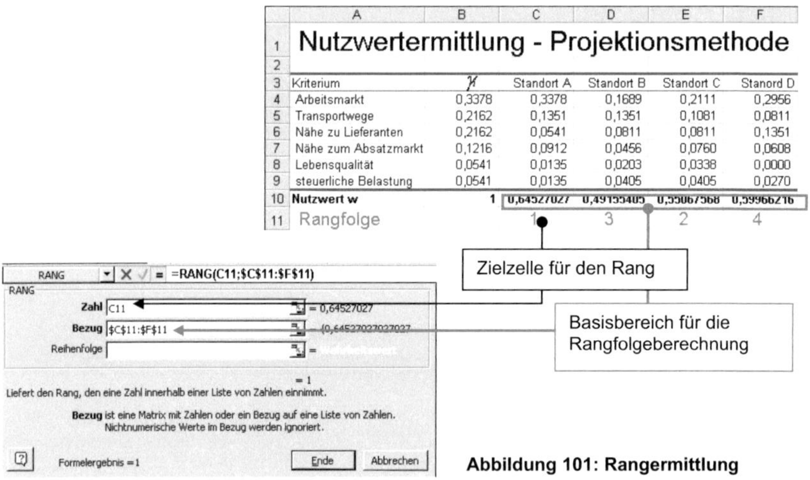


**Abbildung 101: Rangermittlung**

### 5. Sortierung nach dem Rang

Das Tabellenblatt soll nun gemäß der **Rangfolge der Alternativen** (im Beispiel Zeile 11) sortiert werden. Dazu muß zuerst der gesamte Auswertungsbereich (alle Alternativen) vollständig markiert worden sein. Dann kann der Menübefehl „Daten, Sortieren" aktiviert werden. Es erscheint ein Kontextfenster. Bei Verwendung der Vertikaldarstellung muß innerhalb dieses Kontextmenüs die Sortierung von Spalten auf Zeilen umdefiniert werden. Dazu klickt man auf das Feld „Optionen“. Es geht ein Fenster auf, in dem man die Sortierung umstellen kann:

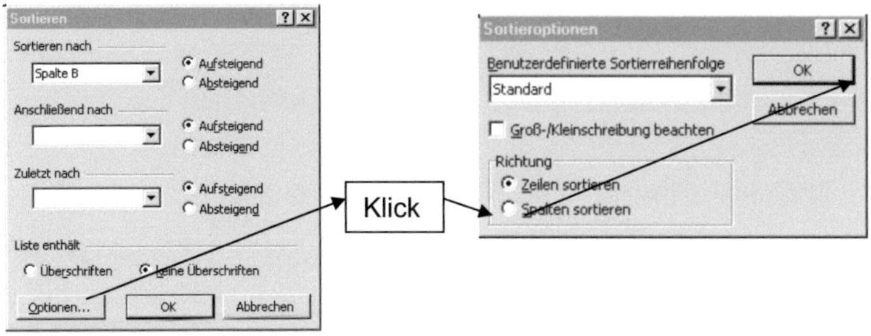


**Abbildung 102: Sortierungsumstellung:**

In einer weiteren Zeile der Tabelle kann berechnet werden, ob die schlechteren Alternativen innerhalb eines 5 Prozentintervalls vom Bestwert abweichen. In solchen Fällen ist ein genauerer Vergleich zwischen derartig ähnlichen Alternativen, bzw. eine Sensitivitätsanalyse sehr empfehlenswert, da Datenänderungen erhebliche Auswirkungen auf die Reihenfolgebildung haben können. Die Formel hierzu ist der nachfolgenden Abbildung 103 zu entnehmen:

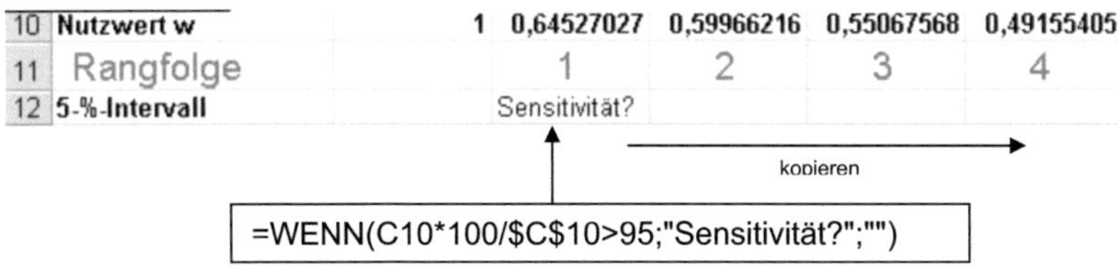


**Abbildung 103: Sensitivitätsprüfung**

## 6. Graphische Darstellung der Ergebnisse

In einem letzten Tabellenblatt empfiehlt sich die graphische Darstellung der Ergebnisse. Excel bietet hier umfangreiche Möglichkeiten. Dazu markiert man einfach den zu visualierenden Tabellenbereich und aktiviert mit dem Befehl: „Einfügen, Diagramme“ oder dem Icon  das Diagrammodul in Excel. Aus einer Vielzahl von unterschiedlichen Darstellungstypen kann der jeweils passende Diagrammtyp gewählt werden.

**7. Sensitivitätsanalyse**

Nachdem alle Zellen rechnerisch miteinander verknüpft sind, ist eine Sensitivitätsanalyse besonders einfach. Egal an welcher Stelle man etwas ändert, Excel rechnet die Ergebnisse sofort wieder hoch. Der einzige Teil, der manuell zu bewältigen ist, ist die Sortierung des Tabellenblattes im Schritt 5 nach der Rangfolge. Man kann jedoch sagen, daß dies mit dem Icon A↓Z unkompliziert ist. Auch könnte man diese Aufgabe mit einem Makro lösen. Dazu müßte der Befehl „Extras, Makro, Aufzeichen" aktiviert und die Vorgehensweise noch einmal „durchgespielt" werden. Excel zeichnet jede Operation auf, bis die Makroaufnahme beendet wird.

Kontextmenü:

Makro

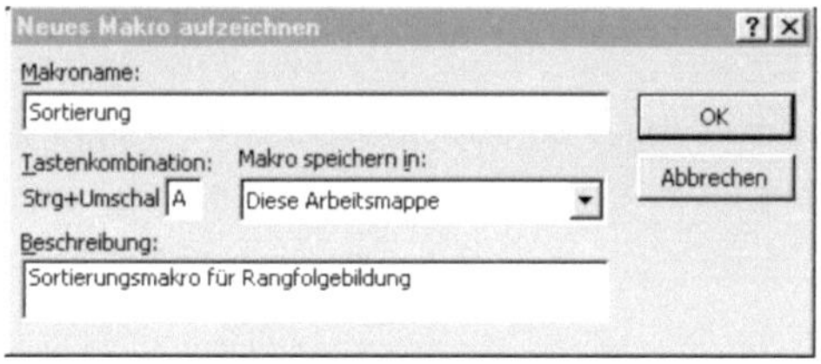


**Abbildung 104: Makro zur Sortierung der Gesamtnutzwerte**

Nachdem man einen Namen für das Makro definiert hat, kann man es jederzeit wieder aktivieren. Excel führt dann alle aufgezeichneten Schritte selbständig durch.

## 7.3 Operationalisierung der Nutzwertanalyse mit MS-Access (ONUWAA1)

Durch die Möglichkeit, Abfragen zu generieren, bietet Access als relationale Datenbank den Vorteil, daß unterschiedliche Tabellen mit Hilfe von Verknüpfungsfeldern (z. B. Lieferantennummer) problemlos verbunden werden können. Überdies kann man in Abfragen Rechenoperationen durchführen, auf die anschließend logische Sichten definierbar sind. Über Menüs, auf denen sich Schaltflächen (z. B. Icons) befinden, können diese logischen Sichten angesteuert und aktiviert werden. Die Ausdruckoption „Bericht“ trägt dazu bei, daß die Ergebnisse einer Berechnung (Abfrage) visuell ansprechend ausgedruckt werden können.

Jedoch kann als ein entscheidender Nachteil die weitaus höhere Komplexität von Access gesehen werden. Ohne fundierte Grundkenntnisse, bzw. weitergehende Kenntnisse dürfte eine Realisierung der Nutzwertkalkulation mit Hilfe der Projektionsmethode in Access nur sehr schwer möglich sein. Darüberhinaus muß in die Realisierung mittels Access erheblich mehr Zeit investiert werden als z. B. in eine Realisierung mittels Excel.

Zusammenfassend kann deshalb gesagt werden, daß Access für Einsteiger als nur sehr bedingt geeignetes Werkzeug zur Realisierung der Projektionsmethode gesehen werden kann. Bei Fachkenntnis überwiegen bei wiederholt vorkommenden Bewertungsproblemen die Vorteile wie z. B. die visuellen Darstellungsmöglichkeiten. Diese spielen eine entscheidende Rolle für die Akzeptanz dieser Methode.
Aus diesem Grunde soll nachfolgend ein Vorschlag einer möglichen Realisierung der Nutzwertanalyse mit Hilfe der Projektionsmethode für das Beispiel „Standortplanung“ aufgezeigt werden.

Die nachfolgend aufgeführte Beschreibung beinhaltet nur die wesentlichen Kerninhalte. Deswegen muß von fundierten Kenntnissen in Access ausgegangen werden.

Zur Operationalisierung der Nutzwertanalyse in Access wird die folgende Vorgehensweise vorgeschlagen. Sie soll die Bezeichnung ONUWAA1 (Orthogonale Nutzwertanalyse Access 1) erhalten:

| |
|---|
| 1.<br>Erstellung der notwendigen Tabellen |
| 2.<br>Erstellung der Eingabemasken für die Tabellen |
| 3.<br>Abbildung des Algorithmus der Projektionsmethode |
| 4.<br>Erstellung der logischen Sichten |
| 5.<br>Erstellung des Hauptmenüs |
| 6.<br>Erstellung von Add-ons wie z. B. Sensitivitätsanalysemöglichkeiten |

**Abbildung 105: Vorgehensweise für ONUWAA1**

**1. Erstellung der notwendigen Tabellen**

Zuerst müssen die notwendigen Tabellen für die Bewertung erstellt werden. Es muß dabei eine Tabelle für die Aufnahme der Gewichte und eine Tabelle für die Aufnahme der Benotungen definiert werden. Die Definition der Felder in der Tabelle zur Aufnahme der Kriteriengewichte muß vom Zahlenformat „Integer“ auf „Single“ umgestellt werden. Dagegen kann in der Tabelle zur Aufnahme der Benotungen das Zahlenformat für die darin enthaltenen Felder beibehalten werden, also auf „Integer“ belassen werden, wenn für die Bewertung der Kriterienerfüllung bei den Alternativen nur (nicht negative) ganze Zahlen verwendet werden.

In nachfolgender Abbildung können die Datentypen für die Tabelleninhalte eingesehen werden:

| Feldname | Datentyp |
|---|---|
| Standort | Text |
| Arbeitsmarkt | Zahl |
| Transportwege | Zahl |
| Nähe zum Lieferanten | Zahl |
| Nähe zum Absatzmarkt | Zahl |
| Lebensqualität | Zahl |
| Steuerliche Belastung | Zahl |
| Bewerter | Text |
| Bewertungsdatum | Datum/Uhrzeit |
| Rang | Zahl |

| Feldname | Datentyp |
|---|---|
| Arbeitsmarkt_gew | Zahl |
| Transportwege_gew | Zahl |
| Nähe zu Lieferanten_gew | Zahl |
| Nähe zum Absatzmarkt_gew | Zahl |
| Lebensqualität_gew | Zahl |
| Steuerliche Belastung_gew | Zahl |

**Abbildung 106: Datentypen für die Tabellen „Bewertungstabelle“ und „Gewichtetabelle“**

Wie in Abb. 106 ersichtlich ist, sollte schon jetzt ein Feld „Rang“ definiert werden, das in dieser Tabelle jedoch zunächst leer bleibt. Es dient als Basis für eine Tabellenerstellungsabfrage, der anschließend eine Rangfolgezahl zugewiesen werden kann. Hierauf soll jedoch später genauer eingegangen werden.

## 2. Erstellung der Eingabemasken für die Tabellen

Nachdem die Gewichts- und die Bewertungstabelle definiert sind, werden die Eingabemasken für die Tabellen erstellt. Mit den in Access vordefinierten Steuerelementen können die jeweiligen Formulare komfortabel ausgestattet werden. Die Steuerelemente implementiert man über die „Toolbox“. Dabei muß erst das Icon „Steuerelement-Assistent“ aktiviert werden. Danach kommt man über das Icon „Befehlsschaltfläche“ in das gewünschte Auswahlmenü.

### 3. Abbildung des Algorithmus der Projektionsmethode

Im Vergleich zu Excel erfordert die Realisierung der Projektionsmethode in Access einen höheren Aufwand. Nachfolgend soll die Vorgehensweise zur Realisierung der Projektionsmethode schematisch dargestellt werden:

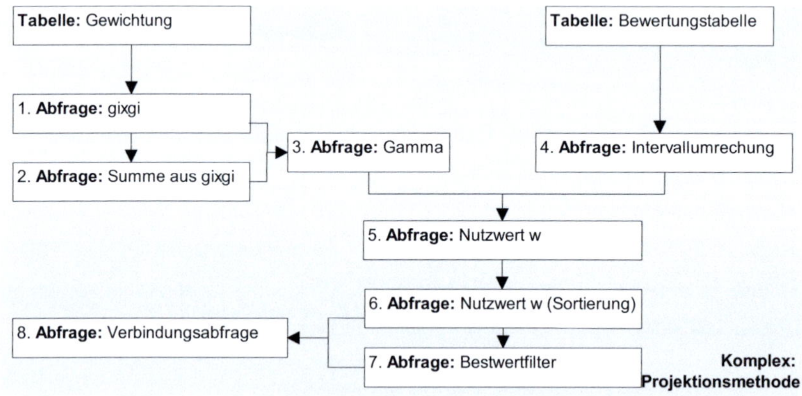


**Abbildung 107: Schritte zur Realisierung der Projektionsmethode in MS-Access**

Zur Darstellung des Algorithmus im Ablaufdiagramm siehe Anhang 9.

In einer ersten Abfrage wird die Multiplikation der Gewichte mit sich selbst durchgeführt. Diese Abfrage wird aus diesem Grund „gixgi" genannt. Die Multiplikation erhält man durch folgende Eingabe in die Zeile mit der Bezeichnung Feld: *Arbeitsmarkt_hoch2: [Arbeitsmarkt_gew]*[Arbeitsmarkt_gew]*. Diese Operation muß für alle Datenfelder der Gewichtetabelle durchgeführt werden.

Eine zweite Abfrage, die sich auf die eben erstellte Abfrage gixgi beziehen muß, addiert die Ergebnisse der ersten Abfrage zeilenweise auf. Da in der Tabelle „Gewichte" nur ein Datensatz gespeichert sein darf, hat man auch nur eine Zahl als Ergebnis. Diese wird wie folgt ermittelt:

*Summe aus gixgi: [Arbeitsmarkt_hoch2]+[Transportwege_hoch2]+[Nähe zu Lieferanten_hoch2]+[Nähe zum Absatzmarkt_hoch2]+[Lebensqualität_hoch2]+ [Steuerliche Belastung_hoch2]*.

Die eben beschriebene Abfrage soll im Beispiel mit der Bezeichnung „Summe aus gixgi“ benannt werden.

Um nun auf die Größe Gamma zu schließen, muß eine dritte Abfrage generiert werden (Bezeichnung „Gamma“), die die quadrierten Gewichte der Abfrage „gixgi“ durch die Summe der quadrierten Gewichte der Abfrage „Summe aus gixgi“ dividiert.

Als vierter Schritt müssen die im Intervall [1;9] liegenden Bewertungsnoten in das Intervall [0;1] transformiert werden. Diese Abfrage soll deswegen die Bezeichnung „Intervallumrechnung“ erhalten. Die Kriterienfelder werden dabei durch den folgenden Abfrageaufbau umgerechnet: *Arbeitsmarkt_um: ([Arbeitsmarkt]-1)/8.* Diese Formel muß man für jedes Kriterium analog anwenden.

Die fünfte Abfrage führt die Abfragen „Gamma“ und „Intervallumrechnung“ zusammen. Dabei werden die Summanden berechnet, indem die einzelnen Erfüllungsgrade mit der jeweiligen Größe Gamma multipliziert werden. Die Multiplikation in dieser Abfrage, die „Nutzwertberechnung w“ heißen soll, erfolgt durch den Ausdruck: *Arbeitsmarkt: [Arbeitsmarkt_um]*[Gamma Arbeitsmarkt]* mit analoger Abwandlung für jedes Kriterium. Danach kann über die Addition *Nutzwert w: [Arbeitsmarkt]+[Transportwege]+[Nähe zum Lieferanten]+[Nähe zum Absatzmarkt]+[Lebensqualität] +[Steuerliche Belastung]* der Gesamtnutzwert ermittelt werden.

Da in dieser Abfrage aufgrund der Berechnungen keine Sortierung nach dem Gesamtnutzwert durchgeführt werden kann, muß innerhalb einer weiteren Abfrage (Nummer 6) für diese Sortierung gesorgt werden (Abfragenname: Sortierung).

In der 7. Abfrage, die sich auf die Abfrage Nr. 6 bezieht, muß der Datensatz mit dem besten Nutzwert herausgefiltert werden. Dies erreicht man, indem man durch die rechte Maustaste die Funktion „Funktionen“ aktiviert. Es erscheint eine weitere Zeile in der Abfrage. Hier muß man jedes Feld auf die Funktion „Erster Wert“ umstellen. Aufgrund der Sortierung in der Abfrage 6 ist dieses Feld mit der besten Alternative belegt. Diese Abfrage, die den Namen „Bestwertfilter“ erhalten soll, hat den Zweck, die Basis für eine spätere prozentuale Abweichungsberechnung der „schlechteren" Alternativen vom Bestwert zu ermöglichen.

Die „Verbindungsabfrage" (Abfrage Nr. 8) sollte, wie aus ihrem Namen schon hervorgeht, die Abfragen Nr. 6 und 7 miteinander verbinden. Dabei kann in ihr die prozentuale Abweichung der Alternativen ermittelt werden (*Abweichung: ([ErsterWert von Nutzwert w]-[Nutzwert w])/[ErsterWert von Nutzwert w]*100*). Leider hat Access nicht die Rangfolgefunktion wie Excel, die den Alternativen gemäß ihren Nutzwerten Rangzahlen zuweist. Deswegen muß man sich in Access mit der Programmierung eines Moduls behelfen. Dieser Modul funktioniert aber nur, wenn man sich dabei auf eine Tabelle bezieht. Deswegen könnte man diese Abfrage auch als Tabellenerstellungsabfrage definieren und sich anschließend mit dem erwähnten Modul auf diese Tabelle beziehen. Der Modul weist dann die Rangfolgezahlen zu und speichert sie in der Tabelle. In unserem Beispiel wird an dieser Stelle darauf verzichtet. Die Vorgehensweise wird jedoch bei der Sensitivitätsanalyse noch einmal explizit dargestellt.

Damit wäre der Algorithmus der Projektionsmethode in Access abgebildet.

Nun kann mit der Definition von unterschiedlichen logischen Sichten auf die Ergebnisse der Verbindungsabfrage begonnen werden. Die Möglichkeiten des Programmierers sind dabei fast unbegrenzt. Jedoch ist auf eine frühestmögliche Einbindung der Anwender zu achten, um die Akzeptanz der NWA sicherzustellen.

**4. Definition der logischen Sichten**

Exemplarisch soll nachfolgend eine logische Sicht erstellt werden. Der Aufbau geht dabei wie folgt vor sich:

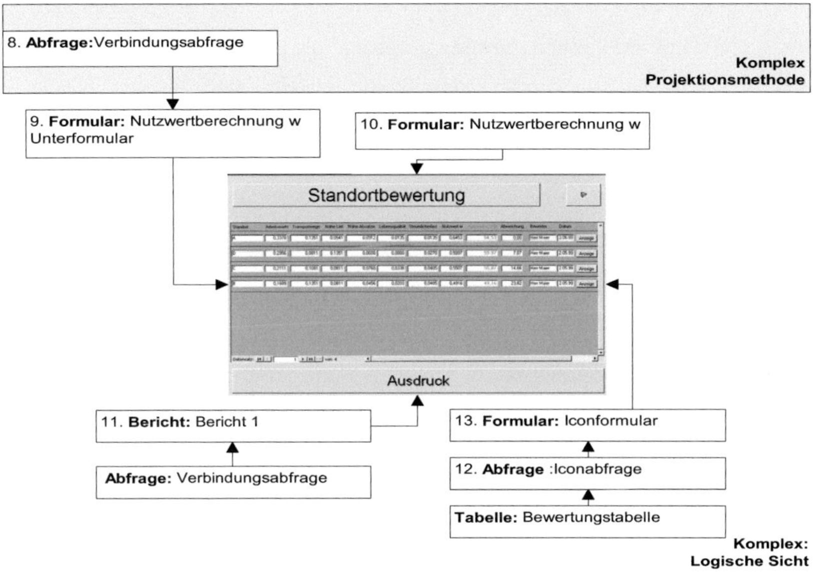


**Abbildung 108: Erstellung einer logischen Sicht**

Zur Darstellung der Vorgehensweise im Ablaufdiagramm siehe Anhang 10.

Um eine visuell ansprechende Darstellung zu bekommen, sollte man die Ergebnisse der Verbindungsabfrage über ein Unterformular im Hauptformular (Name: Nutzwert w) ausweisen. Aus diesem Grunde muß zuerst das Unterformular, das anschließend in das Hauptformular integriert wird, mit Bezug auf die Verbindungsabfrage erstellt werden (Schritt 9). Es empfiehlt sich dabei, den Formulartyp auf die Option „Endlosformular" umzustellen. Nun kann das Hauptformular (Nutzwert w) erstellt werden (Schritt 10). Um eine komfortable Druckoption zu bekommen, sollte ein Bericht mit Bezug auf die Verbindungsabfrage erstellt werden, der bezüglich des Layouts beliebig gestaltbar ist. Dieser Bericht wird mit einem Icon, das im Hauptformular implementiert wird, gestartet (Schritt 11).

Für die direkte Verbindung der einzelnen Datensätze im Unterformular zu einem Grafikformular, das die Benotungen darstellt, muß im Schritt 12 eine Datensatzselektionsabfrage (Name: Iconabfrage) erstellt werden. Diese muß sich bei den Selektionsparamtern auf das Feld [Standort] im Formular „Nutzwert w Unterformular" beziehen und dabei die Tabelle „Bewertungstabelle" als Datenbasis haben. Der Zweck dieser Vorgehensweise liegt darin, daß genau der Datensatz, der gerade über ein Icon, das später erstellt werden muß, angesteuert wird, graphisch visualisiert werden kann (Schritt 13). Siehe hierzu nachfolgende Abbildung:

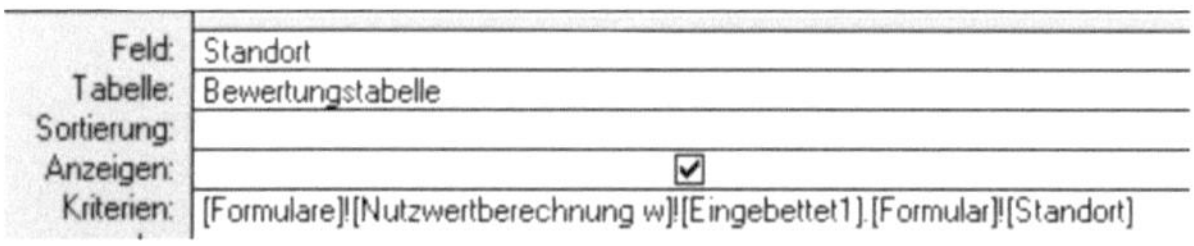


**Abbildung 109: Iconabfrage**

Auf diese Abfrage wird im Schritt 14 (in Abb. 108 nicht ersichtlich) ein Formular aufgebaut, das die Ergebnisse der Abfrage graphisch visualisiert. Es kann über das beschriebene Icon im Unterformular angesteuert werden.

**5. Erstellung des Hauptmenüs**

Über ein weiteres Formular (Hauptmenü) können nun die bisher erstellten Formulare von zentraler Stelle aus gestartet werden. Das Hauptformular ist dabei ebenfalls bezugslos (siehe Formular „Nutzwert w"). Ein automatischer Start des Hauptmenüs beim Öffnen der Datenbank kann durch die Erstellung eines Makros, das den Namen „autoexec" erhalten muß, erreicht werden. Dieses Makro muß den Befehl: „Öffnen, Formular, Hauptmenü" und anschließend den Befehl: „Maximieren" enthalten.

**6. Erstellung von Add-ons wie z. B. Sensitivitätsanalysemöglichkeiten**

Exemplarisch soll auch die Möglichkeit einer Sensitivitätsanalyse dargestellt werden. Dabei sollte man zwei Speicherbausteine konzipieren, deren Inhalte anschließend in einem Formular (Sensitivitätsanalyse) verglichen werden. Nur so kann man die Daten (Bewertungsnoten der Kriteriengewichte) verändern und die Auswirkungen, die sich damit auf die Rangfolgebildung ergeben, sichtbar machen. Man speichert die Nutzwerte einer bestimmten Gewichtung in einer Tabelle (Sensitivitätstabelle 1). Danach ändert man die Gewichtung und speichert die neuen Ergebnisse in einer anderen Tabelle (Sensitivitätstabelle 2). Die Veränderung der Inhalte kann dann über eine Abfrage berechnet und schließlich in einem Formular graphisch aufbearbeitet ausgewiesen werden.

Eine mögliche Vorgehensweise zur Erstellung einer solchen Sensitivitätsanalyse ist aus der nachfolgenden Abbildung 110 zu entnehmen.

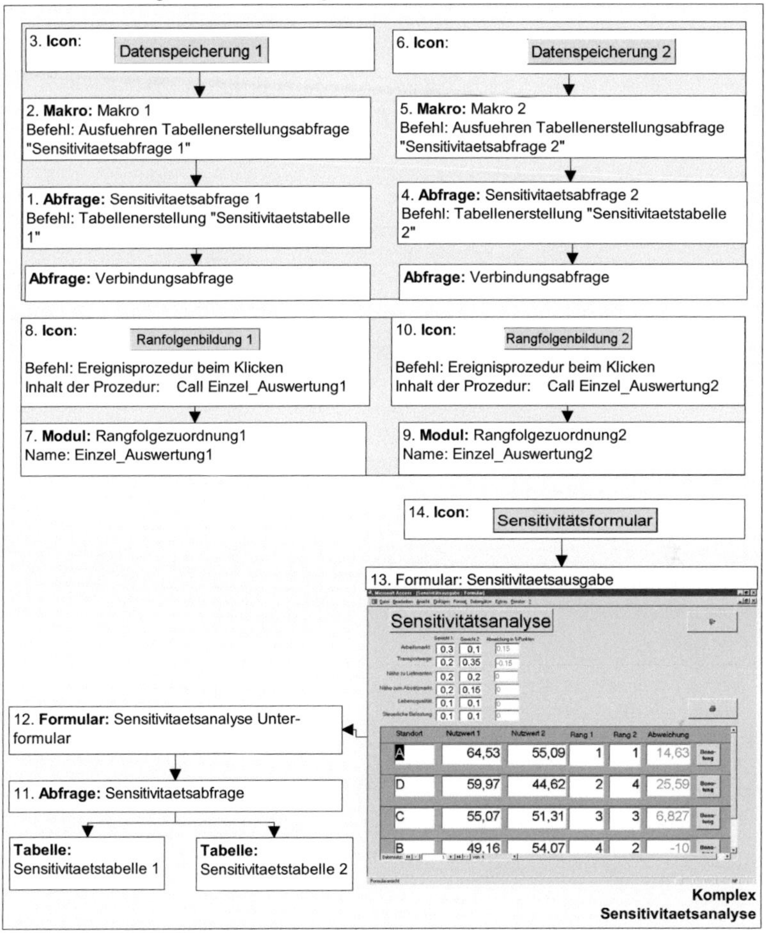


**Abbildung 110: Komplex Sensitivitätsanalyse**

Zur Darstellung der Vorgehensweise im Ablaufdiagramm siehe Anhang 11.

Das Icon Datenspeicherung hat den Zweck, die Nutzwerte für eine bestimmte Gewichtung in einer Tabelle zu speichern (Datenspeicherung 1), die dann mit einer anderen Tabelle (Datenspeicherung 2), die eine andere Gewichtung der Kriterien aufweist, verglichen wird.
Dafür muß zuerst eine Tabellenerstellungsabfrage (Schritt 1) aufgebaut werden, die sich auf die „Verbindungsabfrage“ bezieht (Name der zu erstellenden Tabelle: Sensitivitätstabelle 1). Danach wird ein Makro erstellt, das den Befehl: „Öffnen, Abfrage, Sensitivitätsabfrage1“ beinhaltet und durch das Icon „Datenspeicherung 1“ angesteuert wird (Schritt 2 und 3). Gemäß dieser Vorgehensweise wird ein weiterer Speicherkomplex aufgebaut, der mit dem Icon „Datenspeicherung 2“ gestartet werden kann.

Nachdem die unterschiedlichen Tabellen, d. h. Sensitivitätstabelle 1 und 2, gespeichert sind, kann über einen Icon-gesteuerten Modul die Numerierung der jeweiligen Tabelleninhalte vollzogen werden. Wie bereits erwähnt, hat Access keine Rangfolgefunktion wie Excel. Deswegen behelfen wir uns mit der Programmierung eines Moduls in MS-Visual Basic:

```
Option Compare Database
Option Explicit

Public Sub Einzel_Auswertung1()


Dim db As Database
Dim rs As Recordset
Set db = CurrentDb
'zu sortierende Tabelle öffnen
Set rs = db.OpenRecordset("Sensitivitätstabelle1", dbOpenDynaset)

'Variablen für Sortierung definieren
Dim i As Long
Dim temp As Long


'Variablen zunächst auf Null setzen
temp = 0
i = 0
'zum ersten Wert der Tabelle gehen
rs.MoveFirst
```

```
'Schleife beginnen
Do Until rs.EOF = True
   rs.Edit
   'zu sortierendes Feld
   If rs![Nutzwert_1] <> temp Then i = i + 1
   rs!Rang = i
   rs.Update
   temp = rs![Nutzwert_1]
   rs.MoveNext   'zum nächsten Datensatz gehen
Loop
'Fertigmeldung
MsgBox ("Rangfolge gespeichert ! ")

End Sub
```

Voraussetzung ist, daß die Nutzwerte in der Tabelle durch die Abfrage absteigend sortiert gespeichert wurden. Der obige Modul wird dann durch eine Ereignisprozedur, die beim Klicken auf ein Icon aktiviert wird, gestartet (Schritt 7 - 10). Die Ereignisprozedur muß dabei wie folgt aufgerufen werden: *Call Einzel_Auswertung1*.
Im Schritt 11 werden die beiden Tabellen dann über eine Abfrage wieder zusammengebracht. Sie dient als Basis für das Formular „Sensitivitätsanalyse Unterformular", welches in das Formular „Sensitivitätsausgabe" eingebettet ist.

Nun kann die Funktionalität der Formulare sukzessive erweitert, bzw. neue logische Sichten definiert werden. Diese können dann in einem Menü, welches als „Sensitivitätsmenü" bezeichnet wurde, zusammengefaßt werden.

## 7.4 Ergebnisvergleich zwischen konventioneller Methode und Projektionsmethode

Vergleicht man die Ergebnisse der konventionellen Methode mit der Projektionsmethode, so ergeben sich Abweichungen in der Reihenfolgebildung. Siehe hierzu folgende Abbildung:

## Bewertung - konventionell

| Kriterium | Gewicht | Standort A | | | Standort C | | | Stanord D | | | Standort B | | |
|---|---|---|---|---|---|---|---|---|---|---|---|---|---|
| | | Note $x_{i1}$ | Erf.grad | Teilnutzen | Note $x_{i2}$ | Erf.grad | Teilnutzen | Note $x_{i3}$ | Erf.grad | Teilnutzen | Note $x_{i4}$ | Erf.grad | Teilnutzen |
| Arbeitsmarkt | 0,25 | 9 | 1,00 | 0,25 | 6 | 0,63 | 0,16 | 8 | 0,88 | 0,22 | 5 | 0,50 | 0,13 |
| Transportwege | 0,20 | 6 | 0,63 | 0,13 | 5 | 0,50 | 0,10 | 4 | 0,38 | 0,08 | 6 | 0,63 | 0,13 |
| Nähe zu Lieferanten | 0,20 | 3 | 0,25 | 0,05 | 4 | 0,38 | 0,08 | 6 | 0,63 | 0,13 | 4 | 0,38 | 0,08 |
| Nähe zum Absatzmarkt | 0,15 | 7 | 0,75 | 0,11 | 6 | 0,63 | 0,09 | 5 | 0,50 | 0,08 | 4 | 0,38 | 0,06 |
| Lebensqualität | 0,10 | 3 | 0,25 | 0,03 | 6 | 0,63 | 0,06 | 1 | 0,00 | 0,00 | 4 | 0,38 | 0,04 |
| steuerliche Belastung | 0,10 | 3 | 0,25 | 0,03 | 7 | 0,75 | 0,08 | 5 | 0,50 | 0,05 | 7 | 0,75 | 0,08 |
| | 1,00 | | | 0,59 | | | 0,56 | | | 0,54 | | | 0,49 |
| **Rangfolge** | | | 1 | | | 2 | | 3 | | | | 4 | |

## Bewertung - Projektionsmethode

| Kriterium | Gewicht | $\gamma_i$ | Standort A | | | Stanord D | | | Standort C | | | Standort B | | |
|---|---|---|---|---|---|---|---|---|---|---|---|---|---|---|
| | | | Note $x_{i1}$ | Erf.grad | $\gamma_i * y_{i1}$ | Note $x_{i3}$ | Erf.grad | $\gamma_i * y_{i2}$ | Note $x_{i2}$ | Erf.grad | $\gamma_i * y_{i3}$ | Note $x_{i4}$ | Erf.grad | $\gamma_i * y_{i4}$ |
| Arbeitsmarkt | 0,25 | 0,3378 | 9 | 1,00 | 0,34 | 8 | 0,88 | 0,30 | 6 | 0,63 | 0,21 | 5 | 0,50 | 0,17 |
| Transportwege | 0,20 | 0,2162 | 6 | 0,63 | 0,14 | 4 | 0,38 | 0,08 | 5 | 0,50 | 0,11 | 6 | 0,63 | 0,14 |
| Nähe zu Lieferanten | 0,20 | 0,2162 | 3 | 0,25 | 0,05 | 6 | 0,63 | 0,14 | 4 | 0,38 | 0,08 | 4 | 0,38 | 0,08 |
| Nähe zum Absatzmarkt | 0,15 | 0,1216 | 7 | 0,75 | 0,09 | 5 | 0,50 | 0,06 | 6 | 0,63 | 0,08 | 4 | 0,38 | 0,05 |
| Lebensqualität | 0,10 | 0,0541 | 3 | 0,25 | 0,01 | 1 | 0,00 | 0,00 | 6 | 0,63 | 0,03 | 4 | 0,38 | 0,02 |
| steuerliche Belastung | 0,10 | 0,0541 | 3 | 0,25 | 0,01 | 5 | 0,50 | 0,03 | 7 | 0,75 | 0,04 | 7 | 0,75 | 0,04 |
| | 1,00 | 1,0000 | | | 0,65 | | | 0,60 | | | 0,55 | | | 0,49 |
| **Rangfolge** | | | | 1 | | | 2 | | | 3 | | | 4 | |

**Abbildung 111: Ergebnisvergleich**

Wie man feststellen kann, gab es einen Austausch zwischen Standort C und D. Dieser Austausch soll an dieser Stelle noch einmal untersucht bzw. graphisch dargestellt werden. Die Nutzwertvektoren für die m=6 Standortbewertungskriterien können nicht mehr, wie im 2-dimensionalen Fall, mittels ihrer Komponenten gezeichnet werden. Deswegen müssen die Vektoren koordinatenfrei mittels der Bestimmungsstücke $\|g\| \text{ und } \|t_k\|$ (k=3,4 entspricht den Standorten C bzw. D) und der beiden Zwischenwinkel $\alpha_k$ (Winkel zwischen $|g\rangle \text{ und } |t_k\rangle$) dargestellt werden. Diese Winkel sowie die Beträge der Vektoren wurden in der folgenden Tabelle berechnet:

| Kriterium Nr. i | Gewichtungsvektor $\lvert g\rangle$ | Nutzwertvektor $\lvert t_3\rangle$ $t_{i3} = g_i * y_{i3}$ | $t_{i3}^2$ | $g_i * t_{i3}$ | Nutzwertvektor $\lvert t_4\rangle$ $t_{i4} = g_i * y_{i4}$ | $t_{i4}^2$ | $g_i * t_{i4}$ |
|---|---|---|---|---|---|---|---|
| 1 | 0,25 | 0,1563 | 0,0244 | 0,0391 | 0,2188 | 0,0479 | 0,0547 |
| 2 | 0,20 | 0,1000 | 0,0100 | 0,0200 | 0,0750 | 0,0056 | 0,0150 |
| 3 | 0,20 | 0,0750 | 0,0056 | 0,0150 | 0,1250 | 0,0156 | 0,0250 |
| 4 | 0,15 | 0,0938 | 0,0088 | 0,0141 | 0,0750 | 0,0056 | 0,0113 |
| 5 | 0,10 | 0,0625 | 0,0039 | 0,0063 | 0,0000 | 0,0000 | 0,0000 |
| 6 | 0,10 | 0,0750 | 0,0056 | 0,0075 | 0,0500 | 0,0025 | 0,0050 |
| **Sume** | **1,00** | | 0,0584 | 0,1019 | | 0,0772 | 0,1109 |

$\|t_3\|^2 = 0{,}05837$ $\quad \langle g|t_3\rangle \quad$ $\|t_4\|^2 = 0{,}07723$ $\quad \langle g|t_4\rangle$

$\|t_3\| = \sqrt{\|t_3\|^2} = 0{,}2416$ $\quad$ $\|t_4\| = \sqrt{\|t_3\|^2} = 0{,}2779$

$$\cos\alpha_3 = \frac{\langle g|t_3\rangle}{\|g\| * \|t_3\|} = \frac{0{,}10187}{0{,}430116 * 0{,}2416} = 0{,}980311$$

$$ARCCOS(\cos a_3) = a_3 = 11{,}39^o$$

$$\cos\alpha_4 = \frac{\langle g|t_4\rangle}{\|g\| * \|t_4\|} = \frac{0{,}11094}{0{,}430116 * 0{,}2779} = 0{,}928141$$

$$ARCCOS(\cos\alpha_4) = \alpha_4 = 21{,}85^o$$

Darstellung:

Maßstab: $40\,\text{cm} \equiv 1$

$\|g\| = 0{,}430116 \equiv 17{,}2cm$

$\|t_3\| = 0{,}2416 \equiv 9{,}7cm$

$\|t_4\| = 0{,}2779 \equiv 11{,}1cm$

Abmessung:

$v_3 \equiv 9{,}5cm = 0{,}2375$

$w_3 = \frac{9{,}5cm}{17{,}2cm} 0{,}5523 \approx 0{,}55$

$v_4 = 10{,}2cm = 0{,}255$

$w_4 = \frac{10{,}2cm}{17{,}2cm} = 0{,}5930 \approx 0{,}59 > w_3$

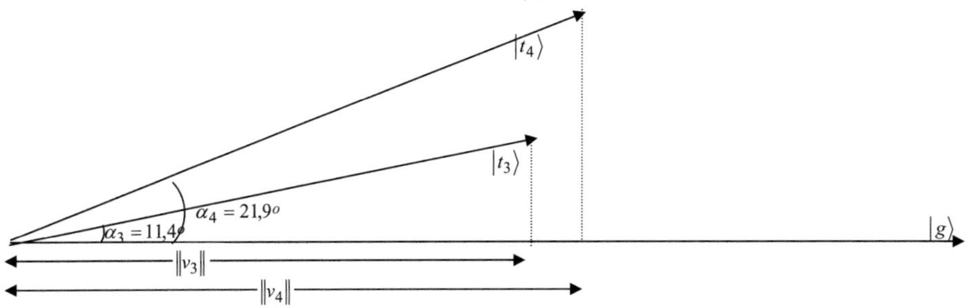


**Abbildung 112: Vektordarstellung für die Nutzwertvektoren der Standorte C und D (k=3,4) und des Referenzvektors**

Aus obiger Abbildung ist klar zu erkennen, daß der Vektor $|t_4\rangle$ dem Referenzvektor $|g\rangle$ ähnlicher ist als der Vektor $|t_3\rangle$.

Zusammenfassend kann also bezüglich des Vergleichs der herkömmlichen Berechnung und der Projektionsmethode zur Bestimmung des Nutzwertes für dieses Beispiel folgendes festgestellt werden:

Wenn man einmal von der Annahme ausgeht, daß nicht der Standort A, der ja von beiden Verfahren als der insgesamt günstigste erkannt wird, sondern nur die Standorte B, C und D zur Entscheidung stehen, dann erhält man je nach dem eingesetzten Verfahren ein unterschiedliches Ergebnis. Das herkömmliche Verfahren liefert gemäß $u_3 > u_4 > u_2$ die Entscheidung: „Standort C ist der günstigste", die Projektionsmethode mit $w_4 > w_3 > w_2$ dagegen die Entscheidung: „Standort D ist der günstigste".

Die Projektionsmethode hat dabei jedoch den Vorteil, daß sie durch die Darstellung der Teilnutzen als m-dimensionale Vektoren und der Gewichte als Maximalnutzwertvektor eine Veranschaulichung und Begründung der Berechnung in Form der Orthogonalkomponente der Nutzwertvektoren in Richtung des Maximalnutzwertvektors als Referenzvektor gestattet.

# 8. Implementierung der Projektionsmethode im Bereich Beschaffungsmarketing der Grammer AG

## 8.1 Vorstellung der Einsatzgebiete der Nutzwertanalyse im Beschaffungsbereich

Der Anteil des Beschaffungsaufkommens eines Unternehmens liegt heute in der Regel bei mehr als 50 % des Umsatzes (Thema: Outsourcing). Damit kommt dem Einkauf, bzw. der Beschaffung eine wachsende Bedeutung zu ([54], S. 58). Die Beschaffung hat in der KGVL® die nicht leichte Aufgabe, die Lieferanten auszuwählen, die die richtige Qualität, des richtigen Objektes, zur richtigen Zeit, in der richtigen Menge, mit der richtigen Information, am richtigen Ort, zu den richtigen Kosten liefern. Nur durch diese Selektion wird es dem Unternehmen erst möglich sein, die 7 Rs der Logistik auch gegenüber dem Kunden zu erfüllen.

Der Einsatz der Nutzwertanalyse im Beschaffungsbereich ist derzeit sehr aktuell. So beschäftigt sich gerade die Siemens AG mit der Einführung eines crossfunktionalen Lieferantenmanagements. Dieser crossfunktionale Ansatz beinhaltet bei der Siemens AG neben dem Einkauf die Funktionen Qualität, Logistik sowie Entwicklung bzw. Engineering. Durch die zielgerichtete Lieferantenauswahl, Lieferantenbewertung und einer darauf aufbauenden Lieferantenentwicklung sollen Einsparungen zwischen 3 % – 8 % des Einkaufsvolumens realisiert werden, die sich nicht nur auf die reinen Materialkosten beziehen, sondern im wesentlichen entlang der gesamten Leistungsprozeßkette der Siemens AG erzielt werden sollen ([52], S. 39).

Neben der Siemens AG beschäftigt sich auch die Holding des Hoechst-Konzerns damit, den heterogenen Bedarf der einzelnen Kunden im Konzernverbund weitgehend zu standardisieren und auf diese Weise Mengeneffekte am Markt zu realisieren. Aus diesem Grund ist im Zuge eines Lieferantenmanagements ein systematischmethodisches Vorgehen entwickelt worden. Es geht dabei vor allem um die Ausnutzung der gemeinschaftlichen Ressourcen und eine rationelle Gestaltung der derzeitigen Abläufe sowie um die Auswahl von dazu geeigneten Lieferanten ([53], S. 50).

Mit Hilfe der Nutzwertanalyse können zum Zwecke der strategischen Steuerung des Unternehmens folgende Fragen geklärt werden:

- **Welcher Lieferant ist für meine Rohstoffe der richtige?**

  Dabei müssen zuerst allgemeine Fragen zur Beschaffungsstrategie geklärt werden (z. B. Beschaffungsmenge, Anzahl der Lieferanten, Beschaffungswege usw.). Danach sollte man auf diese Beschaffungsstrategie angepaßte Kriterien definieren, wie sie exemplarisch nachfolgend dargestellt sind:

  - Preis pro ME:
    - Höhe des Preises einer ME
    - Höhe des Mengenrabatts
    - Höhe des Mindermengenzuschlags
    - Höhe des Treuerabatts
    - Höhe des Bonus
    - Höhe des Skontos
    - Höhe der Frachtkosten
  - Qualität
    - Gegenwärtiger Erfüllungsgrad der Qualitätsanforderungen
      - Dehnungsfähigkeit des Materials
      - Festigkeit des Materials
      - Oberflächenbeschaffenheit
    - zukünftiger Erfüllungsgrad der Qualitätsanforderungen
      - Art und Umfang der Qualitätssicherung
      - Technischer Standard des Produktionsverfahrens
      - Investitionskraft
      - Bereitschaft zu gemeinsamen F&E-aktivitäten
    - Zugesagte Garantieleistungen
      - Umfang der Garantieleistungen
      - Frist der Garantieleistungen
  - Menge
    - Maximal erhältliche Liefermenge
    - Minimal erhältliche Liefermenge
  - Zeit
    - Zugesagte Lieferzeit
    - Zuverlässigkeit der Lieferzeiteinhaltung
  - Ort
    - Rechtssicherheit am Lieferantenstandort

  - Politische Sicherheit am Lieferantenstandort
  - Preisstabilität am Lieferantenstandort
  - Beeinträchtigung der Zuverlässigkeit der Belieferung durch Naturkatastrophen oder ähnliches
  - Höhe des Einfuhrzolls ([29], Seite 13)

- **Für welchen Rohstoff soll ich mich entscheiden?**

Ebenso wie die Lieferantenauswahl zählt auch die Rohstoffauswahl zu den wesentlichen Entscheidungen des Beschaffungsbereiches. Dabei ist die Aufstellung eines allgemeingültigen Kriteriensystems nicht möglich, da die Anforderungen in Abhängigkeit vom Verwendungszweck des Rohstoffs variieren ([29], S. 146f).

Trotzdem sollen nachfolgend einige mögliche Kriterien dargestellt werden:

- Preis
  - Höhe des Bezugspreises des Rohstoffs
  - Konstanz des Rohstoffpreises
  - Höhe der Transport- und Versicherungskosten
  - Höhe der Lagerkosten
- Qualität
  - Festigkeit des Rohstoffs
  - Gewicht des Rohstoffs
  - Korrosionsanfälligkeit des Rohstoffs
  - Aufwendigkeit der Reparatur von Unfallschäden
  - Aufwendigkeit des Rohstoffrecycling
- Sonstiges Angebot
  - Verfügbarkeit des Rohstoffs
  - Flexibilität des Rohstoffangebots
  - Zahl der am Markt vorhandenen Lieferanten
  - Räumliche Verteilung der am Markt vorhandenen Lieferanten
  - Durchschnittliche Lieferzeit des Rohstoffs
- Verarbeitung
  - Erforderlicher Kapitalbedarf für die Verarbeitungsmaschinen
  - Betriebsstoff- und Werkzeugkosten bei der Verarbeitung des Rohstoffs
  - Know How für die Verarbeitung des Rohstoffs
  - Umweltbelastung bei der Verarbeitung des Rohstoffs ([29], Seite 161)

- **Soll ich einen bestimmten Rohstoff bevorraten oder Just-in-Time beschaffen?**

Kernziel einer jeden JiT-Konzeption ist es, Bestände durch Informationen zu ersetzten. Dabei sind nicht alle Teile und Lieferanten für eine JiT-Belieferung geeignet. In der Praxis hat sich daher die Vorgehensweise einer JiT-Einführung nach [19] durchgesetzt.

Einige beispielhafte Kriterien für eine JiT-Konzeption sind die folgenden:

- Kosten
  - Höhe des Bezugspreises des Rohstoffs
  - Auswirkung von Preisschwankungen
  - Höhe der Kosten für die Lieferantenauswahl
  - Höhe der Transportkosten
- Qualität
  - Konstanz der Rohstoffqualität
  - Möglichkeit qualitativer Einbußen bei der Rohstoffbereitstellung
- Menge
  - Versorgungssicherheit bezüglich der Bereitstellung der zur Produktion durchschnittlich erforderlichen Rohstoffmenge
  - Versorgungssicherheit bezüglich der Rohstoffbereitstellung bei kurzfristigen Produktionsausweitungen
- Zeit
  - Flexibilität der Rohstoffbelieferung hinsichtlich unerwarteter Änderungen der Anforderungen an den Rohstoff
  - Dauer der Bindung an den Lieferanten ([29], Seite 215)

- **Wie soll ich meine Lieferanten „steuern"?**

  Ein Sprichwort sagt: „If you can't measure it, you can't control it". Um ein effizientes Lieferantencontrolling durchführen zu können, müssen die Leistungen und Fähigkeiten des Lieferanten meßbar gemacht werden. Ziel einer derartigen **Lieferantenbewertung** sollte die Sicherstellung der Versorgung des Unternehmens gemäß der 7 Rs der Logistik sein.

  Eine mögliche Vorgehensweise zur Implementierung einer Lieferantenbewertung sowie eine Liste möglicher Kriterien, um Lieferanten bewerten zu können, kann in ([48]) nachgelesen werden.

  Im folgenden soll jedoch eine kurze Zusammenfassung der Regeln einer Lieferantenbewertung dargelegt werden.

  - Die Basis aller Vereinbarungen ist dem Lieferanten bekannt und wird von ihm akzeptiert.

- Die Beurteilung erfolgt für mehrere Anforderungskriterien und durch alle verantwortlichen Bereiche bzw. Personen.
- Es müssen Mindestanforderungen aufgestellt werden. Das bedeutet, daß Ergebnisse, die unter der Mindestanforderung liegen, nicht durch andere Stärken ausgeglichen werden dürfen.
- Die Bewertung muß nachvollziehbar sein. Deswegen müssen für jedes Kriterium Bewertungsmaßstäbe eindeutig festgelegt und dokumentiert werden.
- Die Bewertung muß gerecht sein, d. h.
    - alle Lieferanten müssen immer nach den gleichen Richtlinien bewertet werden,
    - teilespezifische Unterschiede wie Baugruppenkomplexität und situative Gegebenheiten wie Termindruck müssen berücksichtigt werden,
    - die Ergebnisse müssen dokumentiert werden.
- Lieferleistung und Lieferfähigkeit eines Lieferanten sollten getrennt bewertet werden.
- Der Dialog mit dem Lieferanten über die Bewertungsergebnisse steht im Mittelpunkt.
- Die Lieferantenbewertung erfolgt ABC-orientiert. Um die systembedingten Kosten der Lieferantenbewertung möglichst niedrig zu halten, sollten in der Regel nur A-Lieferanten und Lieferanten von kritischen und Sicherheitsteilen in die Bewertung einbezogen werden ([48], S. 21).

| Nutzen der Lieferantenbewertung | |
|---|---|
| **Für den Abnehmer** | **Für den Lieferanten** |
| - Verringerung der Lagerhaltung<br>- Straffung/Reduzierung der Wareneingangsprüfung<br>- Direktlieferung der Teile in die Produktion<br>- Reduzierung der Anzahl der Lieferanten und damit des logistischen Aufwandes<br>- Risikominderung | - Kosteneinsparung durch Fehlerverhütung<br>- Ausweitung des Auftragsvolumens<br>- Sicherung des Absatzvolumens<br>- Kostensenkung durch längerfristige Planung<br>- Know-How-Austausch bzw. mitwirken im „Club der Besten“ ([48], S. 22) |

# 8.2 Implementierung der Projektionsmethode im Rahmen der Lieferantenbewertung der Firma Grammer AG

## *8.2.1 Entwicklung der Lieferantenbewertung bei der Grammer AG*

Die heute eng verflochtenen Beschaffungsmärkte, kurze Innovationszyklen, die Verringerung der Fertigungstiefe und JiT-Beschaffungsstrategien haben zu einer stärkeren Gewichtung der strategischen Orientierung im Beschaffungsbereich der Grammer AG geführt. Eine neue, partnerschaftliche, vertrauensvolle Lieferantenpolitik ist der Kernbestandteil dieser Strategien. Diese Partnerschaft benötigt jedoch eine genaue Kenntnis über Anforderungen, Leistungen und Fähigkeiten des Lieferanten.

Dies hat die Firma Grammer AG schon Ende der 80iger Jahre erkannt. So wurde 1989 die erste Lieferantenkennzahl eingeführt. Damals beschränkte man sich auf den Qualitätsaspekt und führte die sogenannte Qualitätskennzahl (QKZ) ein. 1993 wurde dann auch der logistische Bereich mit einer Kennzahl erfaßt (LKZ) und ein Jahr später ein Kriterienbaum im Einkauf aufgestellt (BKZ). Die neuen Anforderungen einer partnerschaftlichen Zusammenarbeit im Bereich Entwicklung veranlaßte die Firma Grammer AG 1998, auch in diesem Bereich ein Kennzahlensystem aufzubauen (EKZ).

Die gewonnenen Kennzahlen werden dabei differenziert erfaßt und verwaltet. Aufbauend auf den Ergebnissen dieser Kennzahlensysteme wird im Rahmen einer interdisziplinären Lieferantenpflege und -entwicklung angestrebt, Schwachstellen ausgewählter Lieferanten zu eliminieren, um so strategische Erfolgspotentiale aufzubauen. Die Firma Grammer AG bedient sich bei der Lieferantenauswahl der ABC-Analyse, wobei nur A-Lieferanten berechtigt sind, sich als Lieferanten der Grammer AG bezeichnen zu dürfen. Um besonders leistungsfähige Lieferanten zu ehren bzw. einen Anreiz für Lieferanten zu schaffen, die ihre Potentiale noch nicht richtig nutzen können, veranstaltet das Unternehmen jedes Jahr ein Lieferantentreffen, um den „Lieferanten des Jahres“ zu ernennen. Im Rahmen der vorliegenden Arbeit wurde das Ziel verfolgt, die Inselsysteme zu einem einzigen Lieferantenmanagementsystem zu vereinen.

Darüber hinaus sollte auch der Umweltaspekt mittels Umweltkennzahl (UKZ) in die Lieferantenbewertung eingebracht werden. ([50])

## 8.2.2 *Der Kriterienbaum der Grammer AG für die Lieferantenbewertung*

Der Graph der Lieferantenbewertung der Grammer AG ist in vier Hauptkriterienkategorien differenziert:

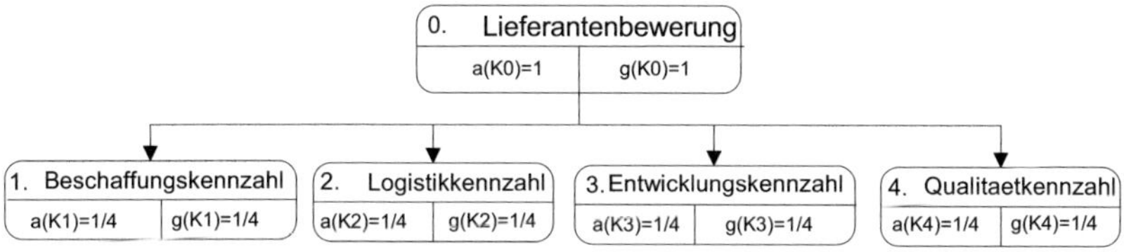


**Abbildung 113: Lieferantenbewertung der Grammer AG Ebene 1** ([Eigenerstellung])

Diese Hauptkriterien werden in weiteren Ebenen konkretisiert, die wie folgt aussehen:

1. Beschaffungskennzahl (BKZ)

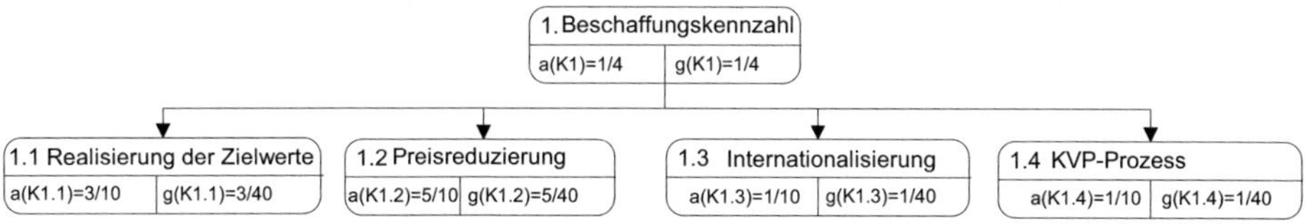


**Abbildung 114: BKZ** ([Eigenerstellung])

2. Logistikkennzahl (LKZ)

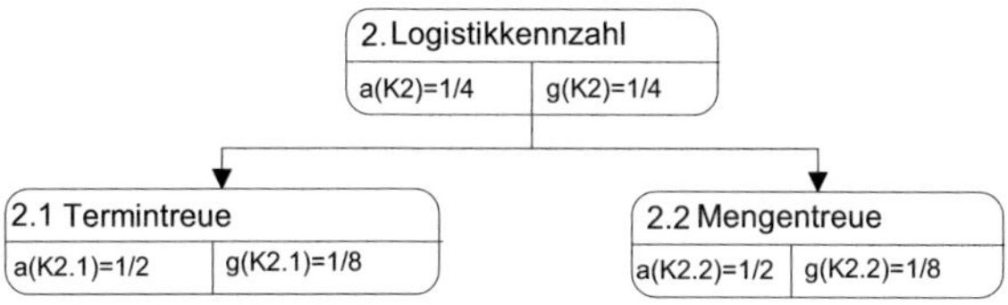


**Abbildung 115: LKZ** ([Eigenerstellung])

3. Entwicklungskennzahl (EKZ)

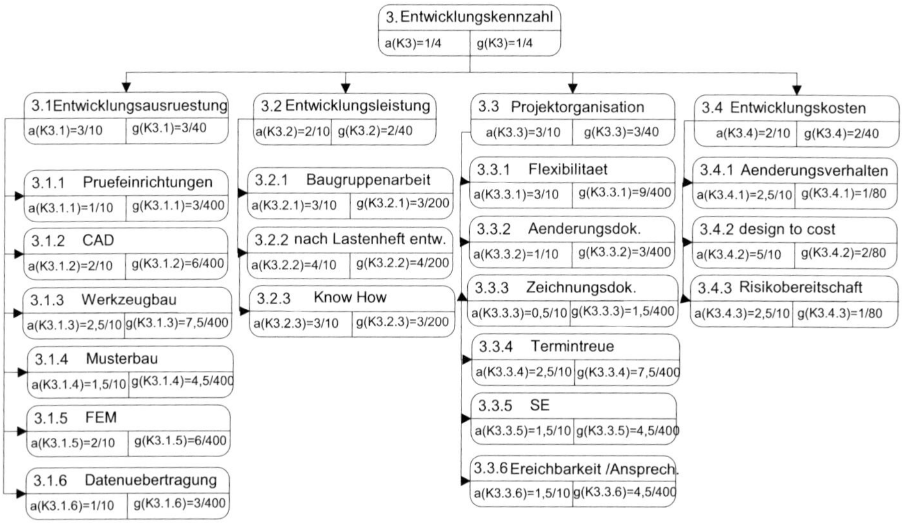


**Abbildung 116: EKZ** ([Eigenerstellung])

4. Qualitätskennzahl

Die Qualitätskennzahl leitet sich von nur einem einzigen Kriterium ab, nämlich die im Qualitätswesen bekannten PPM (parts per million). Aus diesem Grund ist nur eine Darstellung in der Ebene der Hauptkriterien erforderlich.

Festgelegt wurden die Kennzahlen innerhalb von Teamsitzungen, die in den jeweiligen Bereichen abgehalten wurden. Bei der Ermittlung der Gewichte bediente man sich entweder einer reinen intuitiven Gewichtung (z. B. bei der LKZ) oder wendete die Methode der absoluten Gewichtung an.

Für die Benotung der Erfüllung der Kriterien wurden zum einen Teil Algorithmen hinterlegt, die dem Datenstamm im operativen System (SAP/R3) über Wertefunktionen automatisch Noten zuweisen. Zum anderen Teil muß die Benotung qualitativer Bewertungskriterien der Lieferanten (zumeist im Bereich EKZ) von den einzelnen Mitarbeitern selbst vorgenommen werden, wobei sich diese anhand schriftlich fixierter Wertefunktionen orientieren [58].

### 8.2.3 Datenbankprogrammierung von ONUWAA1/LBG1

Die eben dargestellten Kriterien sollten mit Hilfe der Projektionsmethode in einem Softwaretool abgebildet werden. Aus Gründen der Akzeptanz haben wir uns für MS-Access entschieden. Der Grund für diese Entscheidung liegt erstens darin, daß man mit Access logische Sichten in ansprechender Form generieren kann, die durch Iconsteuerungen leicht bedienbar sind. Zweitens ist Access in jeder Sparte der Grammer AG verfügbar, so daß auch hier keine zusätzlichen Anschaffungskosten entstanden. Drittens haben sich die Mitarbeiter nach der Demonstration des Prototypen klar für eine Accessabbildung ausgesprochen.

Als Vorgehensweise für die Implementierung wurde im Sinne eines explorativen Prototyping eine Accessdatenbank konzipiert. Ziel war eine möglichst vollständige Systemspezifikation. Dabei wurde den Endbenutzern ein Einblick in die Funktionalität von Access verschafft und Vorstellungen über ein derartiges Tool konkretisiert. Mit dieser Vorgehensweise konnte durch die Einbindung der Beteiligten die Akzeptanz sichergestellt sowie die Funktionalität der Datenbank sukzessive erweitert werden. Nähere Informationen über Prototyping können in [16] nachgelesen werden.

Ausgehend von den Erkenntnissen des Prototyps wurde anschließend eine weitere Accessdatenbank erstellt, die die Funktionalität einer Lieferantenbewertung mit Hilfe der Projektionsmethode im vollen Umfang abbildet und ein ansprechendes Konstruktionsniveau bietet. Diese Datenbank wurde gemäß der standardisierten Bildschirmauflösung der Grammer AG von 800 x 600 Pixel programmiert und mit dem Produktnamen ONUWAA1 / LBG1 (Orthogonale Nutzwertanalyse Access 1 / Lieferantenbewertung Grammer 1) bezeichnet.

Eine kurze Bedienungsanleitung ist aus Anhang 12 zu entnehmen. Exemplarisch ist in Anhang 13 ein Monatsausdruck eines fiktiven Lieferanten angefügt.

# 9. Ausblick: Das „Neue“ Steuerungsinstrument – Die Balanced Scorecard (BSC)

Eine weitere, neuartige Anwendungsmöglichkeit des Konzepts der Nutzwertanalyse ist die Balanced Scorecard (BSC). Grundidee dieser Methode ist es, daß sich der wirtschaftliche Erfolg einer Organisation auf Einflußfaktoren begründet, die zwar hinter den finanziellen Zielgrößen stehen, die Zielerreichung aber ursächlich bestimmen.

Dies ist die Grundlage der Balanced Scorecard-Methode. Sie formuliert strategisch klar meß- und kontrollierbare Größen, die als Grundlage für die Steuerung der eigenen Organisation herangezogen werden. Dabei werden diese Steuerungsgrößen in den **vier** erfolgsbestimmenden **Perspektiven** „ausbalanciert“:

- Finanzielle Perspektive
- Kundenperspektive
- Interne (Geschäftsprozeß-)Perspektive
- Lern- und Entwicklungsperspektive ([40], S. V)

Der **Unterschied** zur Vorgehensweise der klassischen Nutzwertanalyse im Rahmen der Früherkennung bzw. strategischen Steuerung des Unternehmens liegt in der **Strategie**, wie die BSC die Kriterien des Zielsystems eruiert. Die Gewichtung der Zielkriterien ist dabei äquivalent zur vorgehend beschriebenen Nutzwertanalyse. Der ermittelte „Nutzwert“ wird dabei über die Zeit hinweg verfolgt und zu optimieren versucht. Man erwartet so eine effektivere strategische Steuerung des Unternehmens zu erreichen, indem man den Blickwinkel auch um nicht monetäre Zielgrößen (die für die Verwirklichung der monetären Zielgrößen jedoch notwendig sind) erweitert.

Eine **Strategie** ist innerhalb der BSC durch ein Bündel von Hypothesen über Ursachen und Wirkungen gekennzeichnet. Deswegen werden für die vier Perspektiven Kennzahlen gebildet, die dieses Ursache-Wirkungsprinzip umsetzen. Die Ziele werden dabei von unterschiedlichen Blickwinkeln, eben den oben beschriebenen Perspektiven betrachtet. Anschließend werden dafür passende Kriterien aufgestellt ([40], Seite V).

Hierzu ein Beispiel:
Die Kapitalrendite soll eine Scorecard-Maßgröße der finanziellen Perspektive sein. Einen sehr starken Einfluß auf diese Meßgröße könnte die Kundenzufriedenheit und -treue haben. Aus diesem Grund wird die Kundentreue in die Scorecard mit einbezogen (in der Kundenperspektive). Wie kann man jedoch Kundentreue erreichen? Eine auf diese Frage hin durchgeführte Analyse der Kundenwünsche könnte hier das Ergebnis haben, daß pünktliche Lieferungen vom Kunden sehr hoch eingeschätzt werden. Eine termingerechte Lieferung wird also zu höherer Kundentreue führen, was wiederum zu höherer finanzwirtschaftlicher Leistung führt. Nun stellt sich die Frage, welche betriebsinternen Prozesse ein Unternehmen besonders gut beherrschen muß, um außerordentlich pünktlich liefern zu können. Eine mögliche Antwort hierauf könnte sein, daß das Unternehmen kürzere Durchlaufzeiten in den operativen Prozessen erreichen und qualitativ hochwertige interne Prozesse schaffen muß, um Pünktlichkeit realisieren zu können. Und wie schafft man dies? Durch Training und Weiterbildung seiner Mitarbeiter, was wiederum ein Ziel der Lern- und Entwicklungsperspektive darstellt.

Dieses Beispiel soll noch einmal bildlich verdeutlicht werden:

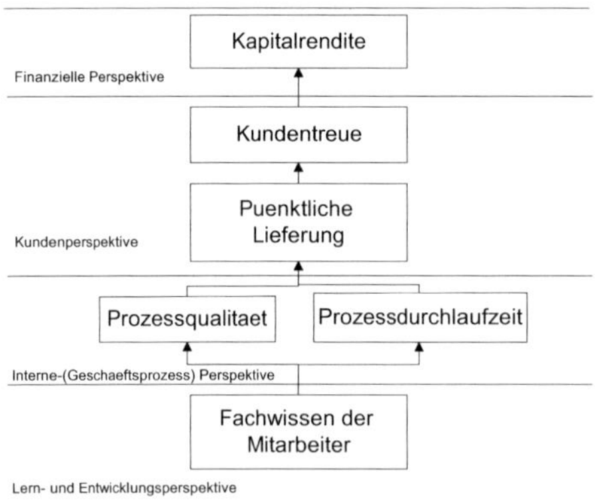


**Abbildung 117: Ursachen-Wirkungskette** ([40], Seite 29)

Die Balanced Scorecard sollte aufeinanderfolgende Hypothesen über den Zusammenhang von Ursache und Wirkung zwischen Ergebniskennzahlen und Leistungstreibern identifizieren und deutlich machen. Deshalb sollte jede ausgewählte Maßgröße ein Element der Kette von Ursache- und Wirkungsbeziehungen sein und die Bedeutung der Strategie der Geschäftseinheiten für das Unternehmen kommunizieren ([40], S. 28-30).

**Die vier Perspektiven sollen nun kurz vorgestellt werden:**

**Die finanzwirtschaftliche Perspektive**

Die finanzwirtschaftlichen Ziele sollen als Fokus für die Ziele und Kennzahlen aller anderen Scorecard-Perspektiven dienen. Sie vertreten das langfristige Unternehmensziel, nämlich immer höhere Erträge für das in die Geschäftseinheit investierte Kapital zu erzielen. Deswegen sollten die herkömmlichen finanzwirtschaftlichen Ziele in bezug auf Rentabilität, Vermögenserträge und Ergebnisverbesserung unbedingt in eine BSC aufgenommen werden ([40], S. 60).

**Die Kundenperspektive**

Das Management muß die Wünsche der Kunden in den Zielsegmenten genau herausarbeiten und dann das Wertangebot wählen, welches ihnen vermittelt werden soll. Hierbei können Ziele und Kennzahlen aus drei Eigenschaftsklassen gewählt werden, die es dem Unternehmen ermöglichen, seine Geschäftsaktivitäten mit den Zielkunden zu erhalten und auszubauen. Diese drei Eigenschaften sind:

- Produkt- und Dienstleistungseigenschaften: Funktionalität, Qualität und Preis,
- Kundenbeziehungen: Qualität der Kauferfahrung und persönliche Beziehungen
- Image und Reputation.

Durch eine Auswahl spezifischer Ziele und Kennzahlen aus diesen drei Klassen kann das Management den Fokus des Unternehmens auf ein genaueres Leistungsangebot für die Zielkundensegmente richten ([40], S. 82).

**Interne Perspektive**

Der Prozeß zur Ableitung von Zielen und Kennzahlen für die interne Prozeßperspektive stellt den Unterschied zwischen der BSC und herkömmlichen Systemen sehr gut heraus. Herkömmliche Systeme fokussieren die Steuerung und Verbesserung existierender Verantwortungsbereiche und Abteilungen. Dies sichert zwar das Überleben, indem es partielle Schwachstellen eliminiert, eindeutige Wettbewerbsvorteile werden jedoch nicht realisiert. In der BSC werden die Ziele und Kennzahlen für die interne Prozeßperspektive von expliziten Strategien zur Befriedigung von Anteilseignern und Kundenerwartungen abgeleitet. Dadurch können völlig neue Geschäftsprozesse offengelegt werden ([40], S. 111f).

**Die Lern- und Entwicklungsperspektive**

Die vierte und letzte Perspektive der BSC entwickelt Ziele und Kennzahlen zur Förderung einer lernenden und wachsenden Organisation. Die Ziele der finanzwirtschaftlichen, internen und der Kundenperspektive identifizieren, wo die Organisation besondere Leistungen erbringen muß, um einen Durchbruch zu erreichen. Die Erfahrungen im Aufbau von BSCs haben gezeigt, daß es drei Hauptkategorien für die Lern- und Entwicklungsperspektive gibt:

1. Mitarbeiterpotentiale
2. Potentiale von Informationssystemen
3. Motivation, Empowerment und Zielausrichtung ([40], S. 121).

Strategien für bessere Leistung verlangen signifikante Investitionen in Menschen, Systeme und Prozesse, welche die Unternehmenspotentiale überhaupt ausmachen. Deshalb sollten Ziele und Kennzahlen für diese Faktoren als Voraussetzung einer Leistungssteigerung zukünftig ein fester Bestandteil der BSC in allen Unternehmen sein ([40], S. 140).

Nachdem die Kriterien für die eben beschriebenen Perspektiven nach dem Ursachen-Wirkungsprinzip definiert worden sind, werden sie gewichtet und charakterisieren so die Kernziele eines Unternehmens. Über längere Zeit ausgewertet läßt sich an den Kriterien ablesen, wie weit die Geschäftsziele des Unternehmens erreicht wurden. Die BSC wird so zu einem Instrument, mit dem man Ergebnisgrößen als Steu-

erinstrument für die Unternehmensführung einsetzen kann. Laut Siemens-Mangager Melzer (siehe [41]) ist die BSC ein wichtiges Führungsinstrument, das vor allem als Frühwarnsystem für kritische Geschäftsprozesse eingesetzt werden soll.
Dennoch ist die BSC nicht in jedem Fall der Königsweg, um unterschiedliche Einflüsse auf die Unternehmens-Performance verläßlich festzustellen. Die Wahl und die Gewichtung der Parameter sind kritisch. Leider entstehen Fehlurteile bei Entscheidungen, die auf einer BSC beruhen, oft aufgrund der falschen Gewichtung der einzelnen Kriterien.

Dies soll an einem Beispiel verdeutlicht werden:
Ein Unternehmen, das den Kundenservice besonders stark gewichtet hat, kann einen Erfüllungsgrad von 95 Prozent beim Kriterium Kundensupport erreichen – und dennoch keinen nennenswerten Gewinnanstieg verzeichnen, wenn die Produktivität in der Fabrik, die nicht so stark gewichtet wurde, nur 62 Prozent beträgt [41].
Die Darstellung eines Kriterienbaumes, dessen Gewichtung und das Aufstellen von Wertefunktionen würde den Rahmen der vorliegenden Arbeit sprengen, zumal es keine allgemeingültigen Kriterien gibt. Diese müssen, wie bereits beschrieben, an die jeweilige Unternehmensgesamtstrategie angepaßt werden. Aus diesem Grund soll auf eine explizite Darstellung verzichtet und auf [40] verwiesen werden.

Abschließend bleibt zu sagen, daß die erfolgreiche Implementierung eines Balanced-Scorecard-Systems es zwar dem Unternehmen erleichtert, seine strategischen Ziele zu verfolgen; durch sie können aber trotzdem Entscheidungen nicht vorweggenommen werden [41].

# 10. Zusammenfassung und Schlußbemerkung

Die vorliegende Arbeit hat gezeigt, daß die Nutzwertanalyse ein wichtiges Instrument zur Umsetzung eines ganzheitlichen Konzeptes ist. So kann sie als eine wichtige Säule einer Kundenorientierten, Ganzheitlichen, Vernetzten Logistik (KGVL®) betrachtet werden.

Was versteht man unter KGVL®?

- **Kundenorientiert** bedeutet die Ausrichtung aller Aktivitäten des Unternehmens an den Wünschen des Kunden. Nur durch diese absolute Ausrichtung zum Kunden hin wird die Existenz des Unternehmens auf Dauer gesichert werden können.
- **Ganzheitliches** und **vernetztes** Denken bedeutet das Denken in übergeordneten Systemen. Man bezieht sich dabei gedanklich auf ein Gesamtsystem. Bei diesem Gesamtsystem sollen keine Detailzusammenhänge analysiert werden, es geht vielmehr darum, sich möglichst schnell einen ausreichenden Überblick zu verschaffen.
- Die **Logistik,** wie sie durch die KGVL® definiert wird, geht über herkömmliche Ansätze weit hinaus. In ihr wird die komplette Wertschöpfungskette vom Lieferanten über das Unternehmen bis hin zum Kunden abgebildet und kundenorientiert, ganzheitlich und vernetzt optimiert. Eine herausragende Bedeutung hat dabei das Logistikcontrolling, das die Grundlage für die Steuerungsmöglichkeit in der KGVL® schafft und so einen kontinuierlichen Verbesserungsprozeß anstoßen kann, um Logistikleistung und Logistikkosten optimal, d. h. im Sinne des Kunden, abzustimmen.

Die KGVL® wird dabei von wichtigen Instrumenten unterstützt:

- Simulation: Durch sie können komplexe Sachverhalte in einem System abgebildet werden, mit dem dann experimentiert wird. Somit lassen sich Ursache-Wirkungsbeziehungen ableiten, die auf die Realität übertragen werden können.

- ABC-Analyse: Sie trägt dazu bei, daß die Ressourcen des Unternehmens auf die Bereiche gelenkt werden, die bei entsprechender Optimierung die größten Wirtschaftlichkeitseffekte vermuten lassen (PORTER-Prinzip).
- Zeitreihenanalyse: Jedes Unternehmen braucht für die strategische und operative Planung Daten, die nur durch eine aussagekräftige Prognoserechnung generiert werden. Die Basis hierfür ist eine Analyse von Zeitreihen.
- Nutzwertanalyse: Sie dient dazu, nicht monetär, bzw. schwer monetär quantifizierbare Größen meßbar und bewertbar zu machen, um so zu ganzheitlicheren Entscheidungen zu gelangen. Aufgrund der außerordentlichen Bedeutung der Nutzwertanalyse in der KGVL® wurde sie in den Mittelpunkt der vorliegenden Arbeit gestellt.

Durch die Nutzwertanalyse können einseitige Optimierungen vermieden, Insel- und Mauerdenken eliminiert und so ein globales Optimum realisiert werden. Dabei kann die Nutzwertanalyse sowohl im strategischen als auch im operativen Bereich eingesetzt werden. Sie zeichnet sich ebenfalls durch ein weites Spektrum an Anwendungsmöglichkeiten aus, was dazu führt, daß sie nicht nur im erwerbswirtschaftlichen Unternehmensbereich ihre Anwendung findet. Weitere Anwendungsbeispiele sind z. B. in den Bereichen der Volkswirtschaftslehre und dem Umweltschutz zu finden.

Trotz des wesentlichen Vorteils, daß man durch diese Analyse „Nutzen" meßbar und skalierbar machen kann, gibt es noch Schwachpunkte.

- Einer dieser Schwachpunkte ist die Ermittlung der Zielgewichte. Dabei werden oft sogenannte Bandbreiteneffekte übersehen, die eine „ungerechte" Bewertung der einzelnen Kriterien zur Folge haben. Eine Bandbreite stellt dabei das Bewertungsintervall dar, das jeder Alternativenausprägung einen Erfüllungsgrad zuweist. Diese Bandbreiteneffekte lassen sich jedoch durch die Definition von Austauschraten, sogenannte Trade-offs eliminieren.
- Ein weiterer Schwachpunkt liegt in der Ermittlung der Gesamtnutzwerte. Bei der herkömmlichen Vorgehensweise werden die Teilnutzenwerte der einzelnen Kriterien einer Alternative durch Addition zu einem Gesamtnutzwert zusammengefaßt, um die Nützlichkeit einer Alternative zu ermitteln. Diese Vorgehensweise birgt

Kritikpunkte in sich, wie sie in ([37]) beschrieben werden. Hier werden insbesondere die Substituierbarkeit und Interpretierbarkeit der Nutzwerte aufgeführt.

- Unter Substituierbarkeit versteht man den folgenden Tatbestand: Die Änderung des Teilnutzens für ein Kriterium (durch Änderung der Benotung) kann durch entsprechende Änderungen in einem (oder mehreren) anderen Kriterium aufgewogen werden. Dies vollzieht sich in der Weise, daß diese Änderungen zu keinem neuen Ergebnis im skalaren Gesamtnutzenmaß führen.
- Unter Interpretierbarkeit versteht man, daß man die Gesamtnutzenwerte geometrisch anschaulich deuten kann. Bei der konventionellen Methode war dies nicht möglich, da sie sich der Methode des gewogenen arithmetischen Mittels bediente.

Deswegen wurde nach neuen Lösungsansätzen gesucht, die diese Schwachstellen der konventionellen Methode zu eliminieren versuchen. Es gibt dabei zwei unterschiedliche Ansätze, die jedoch auf ein und derselben Grundidee beruhen, nämlich - die Teilnutzenwerte zu einem Gesamtnutzwertvektor zusammenzufassen und dessen Ausprägung mit der des Maximalnutzwertvektors zu vergleichen. Der Maximalnutzwertvektor ist der Vektor, der sich ergeben würde, wenn alle Erfüllungsgrade, die auf das Intervall [0;1] normiert sind, den Wert 1 (= volle Erfüllung) hätten. Durch die Intervallnormierung ist der Maximalnutzwertvektor gleich dem Gewichtsvektor, der als Referenzvektor herangezogen wird. Die beiden Ansätze sollen nachfolgend noch einmal kurz dargestellt werden.

- Die **Subtraktionsmethode**: Sie verwendet als Vergleichsmaß die Entfernungen der jeweiligen Gesamtnutzwertvektoren der einzelnen Alternativen zum Referenzvektor, woraus die Bezeichnung **Abstandsmaß** resultiert. Je geringer dieser Abstand ist, desto größer ist die Ähnlichkeit zum Maximalnutzwertvektor als Referenzvektor. Als Ähnlichkeitsmaß wird dann die Länge (Betrag) des Entfernungsvektors zu der Länge des Referenzvektors ins Verhältnis gesetzt. Durch die Subtrahierung dieser Längenrelation von 1 wird das Ähnlichkeitsmaß umgedreht, d. h. die größte Ähnlichkeit wird bei einem Wert von 1 erzielt.
- Die **Projektionsmethode**: Sie verwendet als Vergleichsmaß die Länge (Betrag) der Komponente des Gesamtnutzwertvektors in Richtung des Referenz-

vektors (**Orthogonalprojektion**). Das Ähnlichkeitsmaß ergibt sich dann, indem man die Länge der Komponente des Gesamtnutzwertvektors in Richtung des Referenzvektors in das Verhältnis zu der Länge des Referenzvektors setzt. Dadurch wird die maximale Ähnlichkeit durch den Wert 1 ausgedrückt.

Durch diese Vorgehensweise hat man ein gut interpretierbares, geometrisch anschauliches skalares Nutzwertmaß, dessen Teilnutzen nicht einfach substituierbar sind, da durch Änderung der Erfüllungsgrade die Ähnlichkeit zum Maximalnutzwertvektor in sehr einfacher und übersichtlicher Weise beeinflußt wird.

Durch die eben beschriebenen Methoden konnte die „Richtigkeit" und „Aussagefähigkeit" der Ergebnisse einer Nutzwertanalyse bedeutend gesteigert werden. Daß die neuen Methoden in der Wirtschaft anerkannt werden, haben die Präsentationen und Diskussionen bei der Firma Grammer AG bewiesen. Für die Akzeptanz dieser Methoden in der Industrie wird es von fundamentaler Bedeutung sein, daß die Anwender über den mathematischen Hintergrund informiert werden und diesen verstehen.

Als abschließende Bemerkung zur Nutzwertanalyse soll noch folgendes gesagt werden:
Die Nutzwertanalyse sollte als entscheidungsunterstützendes System (DSS) verstanden werden. Die Ergebnisse sollten nicht wie das Amen in der Kirche interpretiert werden. Wie bereits angesprochen, handelt es sich um eine subjektive Methode. Zwar wird durch Entscheidungsregeln angestrebt, Objektivität in die Operationalisierung zu bringen, dies ändert jedoch nichts daran, daß das Grundmodell subjektiv geprägt ist. Das fängt bei der Aufstellung des Kriterienbaums an, geht weiter über die Präferenzenbeurteilung (Gewichte) bis hin zur Aufstellung der Wertefunktionen und zur Alternativenbeurteilung.

Ein weiterer wichtiger Aspekt, der den entscheidungsunterstützenden Gedanken unterstreicht, ist ein Faktor, der bisher noch gar nicht angesprochen wurde, die sogenannte „Unsicherheit". Es gibt wohl kein Unternehmen, das Entscheidungen mit absoluter Sicherheit treffen kann. Sicher ist nur, daß eben nichts sicher ist. Der Faktor Unsicherheit kann die Ergebnisse einer jeden Nutzwertanalyse in Frage stellen. Unternehmergeist ist dadurch gekennzeichnet, Risiken bewußt in Kauf zu nehmen. Nur wer bereit ist, Risiko zu tragen, wird in unserer heutigen Wettbewerbsgesellschaft auf Dauer eine Existenzberechtigung haben.

Verdeutlicht werden soll dieser Unternehmergeist an folgendem Beispiel:
Man stelle sich vor, eine Gebrauchtwagenkette hätte im Jahr 1988 eine Nutzwertanalyse bezüglich eines neuen Standorts durchgeführt. Dabei wurden viele Kriterien berücksichtigt. Eines davon, welches auch ziemlich hoch gewichtet gewesen sein dürfte, war sicherlich das Absatzpotential. Eine Nutzwertanalyse hätte wohl niemals das Ergebnis gebracht, einen Standort im ehemaligen Grenzgebiet zur damaligen Deutschen Demokratischen Republik (DDR) zu errichten (von der Zonenrandförderung wird abgesehen). Hätte die Gebrauchtwagenkette jedoch Mut gezeigt und eine Niederlassung z. B. bei Hof errichtet, hätte sie 2 Jahre später auf Grund der Wiedervereinigung wahrscheinlich Probleme damit bekommen, genügend Gebrauchtwagen für die kaufwütigen Ost-Kunden aufzutreiben.

Ein weiteres Beispiel soll die Bereitschaft zum Risiko verdeutlichen. Wenn man die Gewinnchancen errechnet, beim Lotto sechs Richtige zu haben, dürfte eigentlich kein Mensch Lotto spielen. Trotzdem werden jede Woche Millionen von Lottoscheinen ausgefüllt. Warum ist das so? Warum gehen die Deutschen trotz der absolut geringen Wahrscheinlichkeit das Risiko ein und investieren nicht nur Pfennigbeträge, um ihr Ziel, sechs Richtige, zu erreichen? Ist ein Großteil der Deutschen etwa spielsüchtig?

Die beiden Beispiele sollen beim Leser nicht den Eindruck erwecken, daß eine Nutzwertanalyse überflüssig ist, daß man einfach „Russisches Roulett“ spielen soll, um betriebliche Entscheidungen zu fällen. Vielmehr soll durch die Beispiele nur aufgezeigt werden, daß man manche Entscheidungen trotzdem aus anderen Erwägungen heraus treffen sollte, auch wenn die Zahlen und Fakten offensichtlich dagegen sprechen.

**Die Nutzwertanalyse als mathematisch begründetes Verfahren stellt in der KGVL® eine wesentliche Unterstützung dar**. Mit ihr können komplexe Problemstellungen in kleinere, handhabbarere Einzelprobleme zerlegt und somit besser bewertet werden. Das Ergebnis sind dabei ganzheitliche Entscheidungen, die das Unternehmen mit seinen Wechselwirkungen und Abhängigkeiten zu erfassen vermögen. Die Praxis zeigt, daß noch viel zu wenige Unternehmen bei Entscheidungen auf derartige Werkzeuge zurückgreifen. Instrumente wie die Nutzwertanalyse mit ihren modernen Ausprägungen (z. B. der Balanced Scorecard) müssen in Zukunft vermehrt in den Unternehmen ihren Einsatz finden. Denn durch sie wird das System Unternehmung als Ganzes erfaßt und global optimiert, was wiederum im Sinne des Kunden ist.

Unternehmen, die sich wehren, diese neuen bzw. weiterentwickelten Instrumente einzusetzen, werden auf Dauer im Kampf um den Kunden verlieren. Der Kunde wird durch seine Kaufentscheidung darüber richten, ob die Mitarbeiter, die Organisation, die Prozesse und Abläufe in seinem Sinne ganzheitlich und vernetzt, d. h. im Sinne einer KGVL® optimiert worden sind.

Abschließend wollen wir noch darauf hinweisen, dass in weiteren Bänden der Schriftenreihe *Economy and Labour* nicht nur auf die mathematischen Grundlagen der Vorgehensweise bei der Projektionsmethode zur Nutzwertanalyse eingegangen wird sondern auch weitere Anwendungsbeispiele vorgestellt werden. Folgende Bände sind hier zu nennen: [59] (S. 107-160), [60] (S. 180-206).

# ANHANG:

## Anhang 1: Frühwarnsysteme

Generelle externe Beobachtungsbereiche:

- **Wirtschaftliches Umsystem:**
  - Konjukturelle Entwicklungen:
    - Auftragseingänge
    - Auftragsbestände
    - Beurteilung der Fertigwarenläger
    - Geschäftsklima (Ifo-Indikator)
    - Investitionsneigung
    - Kreditzusagen von Banken
    - Konsumentenstimmungen
  - Strukturelle Entwicklungen (nach Ländern, Regionen):
    - Investitionstendenzen
    - Bevölkerungsdichte
    - Bruttosozialprodukt pro Kopf
    - Berichte über sonstige relevante Veränderungen (z. B. Aufnahme neuer Partner in die EG)
- **Soziopolitisches Umsystem:**
  - Politische Entwicklungen (nach Ländern, Regionen):
    - Wahlergebnisse
    - Informationen aus politischen Parteien und Verbänden
    - Informationen aus Ausschüssen, Ministerien
    - Politischer Risiko-Index
  - Soziale Entwicklungen (nach Ländern, Regionen):
    - Bevölkerungszahlen/-strukur
    - Lebensqualität (Ifo-Indikator)
- **Technologisches Umsystem:**
    - Informationen über mögliche Änderungen der Verfahrenstechnologie bei Wettbewerbern/Forschungsinstituten
    - Informationen über mögliche Änderungen der Produkttechnologie bei Wettbewerbern/Forschungsinstitutionen
    - Informationen über signifikante Änderungen von Verbrauchergewohnheiten

Unternehmungsindividuelle externe Beobachtungsbereiche:

- Absatzmarkt:
  - Produkte/Regionen der Unternehmung:
    - Auftragseingänge
    - Auftragsbestände
  - Kunden der Unternehmung:
    - Bestellverhalten
    - Zahlungsverhalten
    - Nachfragevolumen wichtiger Kunden
    - Auftragseingänge bei wichtigen Kunden

  - Investitionen bei wichtigen Kunden
  - Kennzahlen aus Jahresabschlüssen wichtiger Kunden
- Konkurrenten der Unternehmung:
  - Preispolitik
  - Programmpolitik
  - Investitionen
- Beschaffungsmarkt (insbesondere für Rohstoffe):
  - Produkte/Regionen:
    - Volumen bekannter Vorkommen je Rohstoff
    - Durchschnittlicher Jahresverbrauch je Rohstoff
    - Termingeschäfte an Rohstoffbörsen
    - Kursnotierungen an Rohstoffbörsen
    - Vorratshaltung je Rohstoff
  - Lieferanten:
    - Termintreue
    - Qualitätsniveau
    - Preise/Konditionen
    - Angebotsvolumen
    - Kennzahlen aus Jahresabschlüssen wichtiger Lieferanten
  - Arbeitsmarkt:
    - Zahl offener Stellen (nach Berufsgruppen/Regionen)
    - Zahl zukünftiger Erwerbstätiger (nach Berufsgruppen/Regionen)
    - Gewerkschaftsforderungen
  - Kapitalmarkt:
    - Zinsen
    - Wechselkurse
    - Inflationsraten

Gesamtunternehmungsbezogene interne Beobachtungsbereiche

- Produktionsprogramm:
  - Altersstruktur
  - Programmbreite
  - Programmtiefe
  - Anteil der Nachwuchs-, Star-, Cash- und Problemprodukte
- Mitarbeiter:
  - Altersstruktur
  - Fluktuationsraten
  - Krankenstände
- Maschinelle Ausrüstung:
  - Altersstruktur/Technologiestand
  - Energieverbrauch
  - Umweltbelastung
  - Instandhaltungskosten
- Ergebnis- und Finanzlage:
  - Kalkulatorisches Ergebnis (Hochrechnung)
  - Bilanzielles Ergebnis (Hochrechnung)
  - Cash-flow (Hochrechnung)

- Liquiditätsreserve (Hochrechnung)
- Bilanzkennzahlen

Funktionsorientierte interne Beobachtungsbereiche:

- Forschung und Entwicklung:
  - FuE-Kapazität
  - Anzahl eigener Patente
  - Anzahl vergebener Lizenzen
  - Anzahl erworbener Lizenzen
  - FuE-Kosten
- Absatz:
  - Umsätze (Hochrechnung)
  - Umsätze pro Absatzmitarbeiter
  - Lagerbestände
  - Gemeinkostenanteil (Hochrechnung)
- Produktion und Beschaffung:
  - Ausstoß (Hochrechnung)
  - Ausschußquote
  - Lohnkosten (Hochrechnung)
  - Lohnkostenanteil
  - Beschaffungspreis
- Verwaltung:
  - Verwaltungskosten
- Großprojekte:
  - Verhältnis von erhaltenen Anfragen zu weltweit vorgesehen Projekten
  - Verhältnis von Anfragen zu Aufträgen
  - Zahl der Aktionsfolgeänderungen gegenüber Plan
  - Zahl der zeitlichen Abweichungen gegenüber Plan ([42], S. 78)

Im Finanzbereich könnte es wie folgt aussehen(exemplarische Darstellung in Anlehnung an [1], S .31):

**Multiple Diskriminanzanalyse (vereinfacht)**

| | Kennzahl | × | Gewichtungsfaktor |
|---|---|---|---|
| X 1 = | Cash-flow p. a. / Verbindlichkeiten | × | 1,50 |
| X 2 = | Bilanzsumme / Verbindlichkeiten | × | 0,08 |
| X 3 = | Ergebnis vor Ertragsteuer p. a. / Bilanzsumme | × | 10,00 |
| X 4 = | Ergebnis vor Ertragsteuer p. a. / Betriebsleistung p. a. | × | 5,00 |
| X 5 = | Vorräte / Betriebsleistung p. a. | × | 0,30 |
| X 6 = | Betriebsleistung p. a. / Bilanzsumme | × | 0,10 |

Hinweise zur Interpretation:

Trennwert .................................. 0
insolvenzgefährdet ........................ negative Werte
nicht insolvenzgefährdet ............... positive Werte
mittelmäßig gut ............................ ab + 1
sehr gut ...................................... ab + 2

# Anhang 2: Bewertung von Arbeitssystemen (exemplarisch)

**Sachbezogene Aspekte**
- Flexibilität bezüglich Stückzahländerungen und geändertem Personaleinsatz
- Flexibilität bezüglich Typen-/Variantenvielfalt und neuen oder geänderten Erzeugnissen
- Flexibilität bezüglich neuen oder geänderten Fertigungsverfahren, Möglichkeit der Mechanisierung
- Fertigungssicherheit
- Störungsauswirkungen

**Personenbezogene Kriterien**
- Spielraum bezüglich Arbeitsumfang, -ablauf, -weise
- Möglichkeit zu individueller Leistungsentfaltung
- Möglichkeit zu Kommunikation
- Möglichkeit zu Belastungswechsel ([43], Seite 67)

# Anhang 3: Bewertung möglicher Varianten bei der Fabrikplanung (exemplarisch)

- Produktionsfluß:
  - Materialfluß
  - Energiefluß
  - Personalfluß
  - Informationsfluß
- Produktionsgestaltung
  - Organisatorische Einflüsse
  - Produktionsmittel
  - Produktionsbedingungen
  - Arbeitsbedingungen
- Gebäudebedingte Einflußfaktoren
  - Grundstücksbedingte Einflußfaktoren
  - Bauliche Einflußfaktoren
  - Gebäudenutzung ([44], S. 238)

# Anhang 4: Investitionsentscheidungen (exemplarisch)

- Wirtschaftliche Bewertungskriterien:
  - Absatzbezogene Bewertungskriterien:
    - Marktanteil
    - Marktsättigung
    - Marktstrategie
    - Distributionsfähigkeit
    - Werbewirksamkeit
    - Preisangemessenheit

- Beschaffungsbezogene Bewertungskriterien
    - Fortschrittlichkeit
    - Kundendienst
    - Garantie
    - Kulanz
    - Lieferzeit
    - Bonität
    - Pünktlichkeit
    - Zuverlässigkeit
    - Elastizität
- Personalbezogene Bewertungskriterien
    - Qualitative Beschaffbarkeit
    - Quantitative Beschaffbarkeit
    - Entwicklungsfähigkeit
- Finanzbezogene Bewertungskriterien
    - Sicherheit
    - Fungibilität
    - Kursrisiko
    - Zinsrisiko
- Technische Bewertungskriterien
    - Betriebsmittelbezogene Bewertungskriterien
        - Universalität
        - Spezialisierungsgrad
        - Automationsgrad
        - Genauigkeitsgrad
        - Kapazität(sreserve)
        - Ergänzbarkeit
        - Störungsanfälligkeit
        - Energieverbrauch
        - Arbeitsgeschwindigkeit
        - Arbeitsdruck
        - Arbeitstemperatur
        - Werkstückdimension
    - Arbeitsphysiologische Bewertungskriterien
        - Unfallsicherheit
        - Staubentwicklung
        - Lärmentwicklung
        - Bedienbarkeit
        - Geistige Anforderungen
        - Körperliche Anforderungen
    - Infrastrukturelle Bewertungskriterien
        - Transportmöglichkeit
        - Energieversorgung
        - Lagermöglichkeit
        - Abfallentsorgung
- Soziale Bewertungskriterien
    - Arbeitsmonotonie

- Arbeitsstreß
- Arbeitszufriedenheit
- Arbeitsinteresse
- Arbeitsautonomie
- Arbeitsplatzerhaltung
- Qualifikationssicherung
- Umweltfreundlichkeit
- Ästhetik
- Rechtliche Bewertungskriterien
  - Unfallverhütungsvorschriften
  - Umweltschutzvorschriften
  - Patente
  - Lizenzen
  - Kartellgesetze
  - Bauvorschriften ([33], Seite 276-278)

## Anhang 5: Nutzwertanalyse als Instrument zur Risikoanalyse von Projekten

- Projektgröße
  - Gesamtaufwand in Manntagen
  - Projektlaufzeit
  - Anzahl zu koordinierender Teilprojekte
  - Die meisten Teilprojekte fallen in die Kategorie:
    - bis 200 MT
    - 200 bis 600 MT
    - mehr als 12 MT
  - Durchschnittliche Laufzeit pro Teilprojekt:
    - weniger als 6 Monate
    - 6 bis 12 Monate
    - mehr als 12 Monate
  - Zeit bis zum ROI:
    - weniger als 12 Monate
    - 12 bis 24 Monate
    - mehr als 24 Monate
  - Ort der Leistungserbringung:
    - meist vor Ort
    - hoher Anteil vor Ort
    - wenig Anteil vor Ort
  - Zahl der beteiligten Abteilungen/Organisationen beim Kunden:
    - eine
    - zwei
    - drei oder mehr
  - Wie viele Anwender sind an der Projektarbeit beteiligt?
    - bis zu 20

  - 20 bis 50
  - mehr als 50
- An wie vielen Orten wird das System eingesetzt?
  - ein
  - zwei
  - drei oder mehr
- Wie viele Interfaces zu anderen Systemen?
  - keines oder eines
  - zwei
  - drei oder mehr

• Bewertung der Projektstruktur
  - Das System kann beschrieben werden als:
    - ganz neu
    - Ersatz eines manuellen Systems
    - Ersatz eines existierend. EDV Systems
  - Wenn eine Ersatzsystem vorgeschlagen wird, wieviel Prozent der existierenden Funktionen werden eins zu eins ersetzt?
    - 0 bis 24
    - 25 bis 50
    - 50 bis 100
  - Wie stark sind die Prozeßänderungen des vorgeschlagenen Systems?
    - niedrig
    - mittel
    - hoch
  - Wie stark sind die Prozeßänderungen des vorgeschlagenen Systems?
    - niedrig
    - mittel
    - hoch
  - Neuigkeitsgrad?
    - neues Feld für IT, für Anwender, Durchbruch erforderlich für Anwenderakzeptanz, Durchbruch erforderlich für Implementierung
    - keines
  - Prozeß-Reeingineering erforderlich?
    - nein
    - minimal
    - einiges
    - vieles
  - Ist neue/unbekannte Hardware erforderlich?
    - keine
    - der Anwender kann sich leicht einarbeiten
    - der Anwender benötigt eine umfangreiche Anwenderschulung
  - Wie vertraut ist der Entwickler mit den angestrebten Ergebnissen?
    - 0 bis 33 % - sehr gering
    - 34 bis 66 % mittelmäßig
    - 67 bis 100 % sehr hoch
  - Wie vertraut ist der Entwickler/Designer mit den Funktionen?
    - 0 bis 33 % - sehr gering

  - 34 bis 66 % mittelmäßig
  - 67 bis 100 % sehr hoch
- Wie vertraut ist der Entwickler/Designer mit den Datenstrukturen?
  - 0 bis 33 % - sehr gering
  - 34 bis 66 % mittelmäßig
  - 67 bis 100 % sehr hoch
- Wie strukturiert ist das System?
  - hochstrukturiert Umgebung - erfordert wenig oder keine Prozeßänderungen auf der Anwenderebene
  - mittelmäßig strukturierte Umgebung
  - niedrig strukturierte Umgebung – erfordert hohe Anzahl an Prozeßänderungen und Anwenderschulungen
- Gibt es ein anderes Projekt, von dem das System teilweise oder völlig abhängig ist?
  - nein
  - ja, aber das Projekt beinhaltet ein niedriges oder normales Risiko
  - ja, und das Projekt beinhaltet voraussichtlich ein hohes Risiko
- Wie viele Fragen in der Schätzung blieben unbeantwortet oder wurden mit einem unsicheren Gefühl beantwortet?
  - keine
  - 1 – 10
  - 11- 20
  - mehr als 20
- Wie ist die Grundeinstellung der Anwender?
  - unzufriedenstellend – gegen EDV-Lösungen
  - zufriedenstellend – etwas skeptisch
  - gut – weiß den Wert einer EDV-Lösung zu schätzen
- Wie engagiert sind die Anwender des gehobenen Managements in Bezug auf das System?
  - skeptisch gegenüber Unbekanntem
  - ausreichend
  - sehr engagiert
- Wurde ein Team bestehend aus EDV-Spezialisten und EDV-Anwendern gebildet?
  - nein
  - Anwendervertreter (Teilzeit)
  - Anwendervertreter (Vollzeit)

- Bewertung der Projekttechnologie
  - Benötigen wir individuelle Hardware?
    - keine
    - Doppelrechner, Peripherie- bzw. zusätzlicher Speicherplatz, spezielle Bildschirme, LAN speziell, BDE-Terminals
    - Datenfunk, anderes
  - Wie viele Hardwarelieferanten gibt es?
    - einen
    - zwei
    - drei oder mehr

- Ist das System vernetzt?
  - nein
  - ja, mit einem Bildschirmplatz verbunden
  - ja, mit mehreren Bildschirmplätzen verbunden
- Ist der Erfolg des Systems von der neuen Hardware abhängig?
  - nein
  - geringfügig
  - sehr
- Ist die Basissoftware (nicht das Betriebssystem) für das EDV-Team neu?
  - nein
  - Programmiersprache, Datenbank
- Ist die Software für den Lieferanten neu?
  - ja
  - nein
- Werden Softwarepakete benutzt?
  - nein
  - ja, teilweise
  - ja, größtenteils
- Wie gut ist die Unterstützung des Softwarepakets durch den Lieferanten?
  - nicht bekannt
  - ausreichend, gut
  - nicht vorhanden
- Wie sind die EDV-Kenntnisse der Anwender?
  - keine Vorkenntnisse
  - begrenzte Vorkenntnisse
  - vertiefte Kenntnisse
- Wie sind die Kenntnisse des Anwendervertreters im neuen Anwendungsbereich?
  - begrenzt
  - versteht das Konzept, hat aber keine Erfahrung
  - hat Erfahrung von früheren Implementationsversuchen
- Wie sind die Kenntnisse des EDV-Teams im neuen Anwendungsbereich?
  - begrenzt
  - versteht das Konzept, hat aber kein Erfahrung
  - hat Erfahrung von früheren Implementationsversuchen [56].

# Anhang 6: Lösung spezieller linearer Gleichungssysteme

Im folgenden werden die Ergebnisse aus ([57]) zur Lösung spezieller linearer Gleichungssysteme, die bei der Berechnung von Stufengewichten nach dem Trade-off-Verfahren auftreten, betrachtet.

Für n Kriterien gilt die Normierungsbedingung der Gewichte:

(1) $$\sum_{i=1}^{n} g_i = 1$$

**Fall I:**

Alle übrigen Gewichte lassen sich durch ein Bezugsgewicht $g_1$ ausdrücken gemäß:

(2) $$g_{i+1} = c_i * g_1 \quad , \quad \mathrm{i} = 1,2,...,(\mathrm{n}-1)$$

mit den (nach dem Trade-off-Verfahren gewonnenen) Konstanten $c_i$.

(2) in (1) eingesetzt liefert:

$1 = g_1 + c_1 g_1 + c_2 g_1 + ... + c_{n-1} g_1$

$1 = g_1 (1 + c_1 + c_2 + ... + c_{n-1}) \Rightarrow$

(3) $$g_1 = \frac{1}{1 + \sum_{i=1}^{n-1} c_i} \quad ; \quad g_2, g_3, ..., g_n \text{ folgt aus (2) unter Verwendung der Lösung (3)}$$

**Fall II**

Die Verhältnisse „benachbarter" Gewichte sind gegeben gemäß:

(4) $$\frac{g_{i+1}}{g_i} = a_i \Leftrightarrow g_{i+1} = a_i * g_i \quad , \quad \mathrm{i} = 1,2,...,(\mathrm{n}-1)$$

Dieser Fall läßt sich durch Auflösung der Rekursion (4) auf den Fall I zurückführen.

(4) $\Rightarrow$ $$g_{i+1} = a_i * g_i$$

$$g_{i+1} = a_i * (a_{i-1} * g_{i-1}) = .... = (a_i * a_{i-1} * ... * a_1) * g_1$$

$$g_{i+1} =: c_i * g_1$$

Dies ist Fall I mit

(5) $$c_i = a_1 * a_2 * ... * a_i \equiv \prod_{j=1}^{i} a_j$$

Diese Werte können auch rekursiv berechnet werden gemäß

(6) $$c_i = (a_1 * a_2 * ... * a_{i-1}) * a_i$$

$$c_i = c_{i-1} * a_i \qquad \textit{für } i = 2,3,...,(n\text{-}1)$$

beginnend mit $c_1 = a_1$

Die Gewichte erhält man dann aus (3) zusammen mit (2) oder (4).

**Fall III:**

Jedes Gewicht läßt sich als Linearkombination der in der Reihenfolge der Numerierung davor stehenden Gewichte ausdrücken:

(7) $$g_{i+1} = b_{i1} g_1 + b_{i2} * g_2 + ... + b_{ii} * g_i \quad , \ i = 1,2,...,(n-1)$$

oder ausführlich:

$$g_2 = b_{11} * g_1$$

$$g_3 = b_{21} * g_1 + b_{22} * g_2$$

$$g_n = b_{n-1,1} * g_1 + b_{n-1,2} * g_2 + ... + b_{n-1,n-1} * g_{n-1}$$

Bei Anwendung im Rahmen des Trade-off-Verfahrens verschwinden für jede Nr. i (jede Zeile) alle Koeffizienten $b_{ij}$ bis auf einen $b_{ij_0}$, weil immer nur 2 Gewichte in Beziehung gesetzt werden.

Der Ansatz:

(8)

$$g_{i+1} = c_i * g_1 \quad , \quad \mathrm{i} = 1,2,...,(\mathrm{n}-1)$$

führt den vorliegenden Fall auf den Fall I zurück.

Einsetzen des Ansatzes (8) in (7) ergibt für die (unbekannten) Parameter $c_i$ die Rekursion:

(9a) $c_1 = b_{11}$

$$c_i * g_1 = b_{i1} * g_1 + b_{i2} * c_1 * g_1 + ... + b_{ii} * c_{i-1} * g_1 \quad , \quad i = 2,3,...,(n-1)$$

⇒(9b) $c_i = b_{i1} + b_{i2} * c_1 + b_{i3} * c_2 + ... + b_{ii} * c_{i-1}$

Die Auflösung der Rekursion beginnt mit (9a) und schreitet dann fort mit der Berechnung von $c_2,c_3,...,c_{n-1}$ aus der Gleichung (9b) gemäß:

$$c_2 = b_{21} + b_{22} * c_1$$

$$c_3 = b_{31} + b_{32} * c_1 + b_{33} c_2$$

. . . . . . . . .

$$c_{n-1} = b_{n-1,1} + b_{n-1,2} * c_1 + b_{n-1,3} * c_2 + ... + b_{n-1,n-1} * c_{n-2}$$

Mit der Lösung (3) für $g_1$ und dem Ansatz (8) für $g_2,g_3,...,g_n$ erhält man die Gewichte [57].

# Anhang 7: Zwei Beziehungen für die EUKLIDische Vektornorm

Es sollen zwei Beziehungen für die EUKLIDische Norm

$$\|a\|^2 := \langle a|a\rangle := \sum_{i=1}^{n} a_i^2$$

bewiesen werden.

**Beziehung 1:**

Es seien $|a_k\rangle$, $k = 1,2,...N$ n-dimensionale Vektoren, die paarweise aufeinander senkrecht stehen. Somit gelten die Orthogonalitätsbedingungen

(x) $\langle a_k|a_j\rangle = 0 \text{ für } k \neq j$

Dann ist das Normquadrat der Summe der Vektoren gleich der Summe der Normquadrate der Summanden, d. h.

(B1) $\left\|\sum_{k=1}^{N} a_k\right\|^2 = \sum_{k=1}^{N}\|a_k\|^2.$ („Satz von PYTHAGORAS")

Beweis:

Unter Verwendung der Linearitätseigenschaft des Skalarprodukts:

$$\langle a|\lambda b + \mu c\rangle = \lambda\langle a|b\rangle + \mu\langle a|c\rangle \ , \quad \lambda,\mu \in R$$

gilt:

$$\left\|\sum_{k} a_k\right\|^2 = \left\langle \sum_{k=1}^{N} a_k \middle| \sum_{j=1}^{N} a_j \right\rangle = \sum_{k=1}^{N}\sum_{j=1}^{N}\langle a_k|a_j\rangle$$

Mit den Orthogonalitätsbedingungen (x) folgt die behauptete Beziehung (B1).

**Beziehung 2:**

Es seien die Vektoren $|a_k\rangle$ ; $k = 1,2,...,N$ gegeben, für die die Orthogonalitätsbedinungen (x) gelten, ferner ein beliebiger n-dimensionaler Vektor $|g\rangle$.

Dann gilt für das Normquadrat des Entfernungsvektors (Differenzvektors) der Vektorsumme der $|a_k\rangle$ von dem (beliebigen) Vektor $|g\rangle$ die folgende Beziehung:

(B2) $$\left\|\sum_{k=1}^{N} a_k - g\right\|^2 = \sum_{k=1}^{N}\|a_k - g\|^2 - (N-1)\|g\|^2.$$

Beweis:

$$\left\|\sum_{k=1}^{N} a_k - g\right\|^2 = \left\|\sum_{k=1}^{N}(a_k - g) + (N-1)g\right\|^2$$

$$= \left\langle \sum_{k=1}^{N}(a_k - g) + (N-1)g \,\middle|\, \sum_{j=1}^{N}(a_j - g) + (N-1)g \right\rangle$$

$$= \left\langle \sum_{k=1}^{N}(a_k - g) \,\middle|\, \sum_{j=1}^{N}(a_j - g) \right\rangle + 2(N-1)\sum_{k=1}^{N}\langle a_k - g | g\rangle + (N-1)^2\langle g|g\rangle$$

$$= \sum_{k=1}^{N}\sum_{j=1}^{N}\langle a_k - g | a_j - g\rangle + 2(N-1)\sum_{k=1}^{N}\langle a_k | g\rangle - 2(N-1)N\langle g|g\rangle + \left(N^2 - 2N + 1\right)\langle g|g\rangle$$

$$= \sum_{k=1}^{N}\|a_k - g\|^2 + \sum_{k=1}^{N}\sum_{\substack{j=1\\ j\neq k}}^{N}\langle a_k - g | a_j - g\rangle + 2(N-1)\sum_{k=1}^{N}\langle a_k | g\rangle - \left(N^2 - 1\right)\|g\|^2$$

$$\Rightarrow \qquad \left\|\sum_{k=1}^{N} a_k - g\right\|^2 - \sum_{k=1}^{N}\|a_k - g\|^2 = \sum_{k=1}^{N}\sum_{\substack{j=1\\ j\neq k}}^{N}\langle a_k | a_j\rangle - \sum_{k=1}^{N}\sum_{\substack{j=1\\ j\neq k}}^{N}\left(\langle a_k | g\rangle + \langle a_j | g\rangle\right)$$

$$+ \left(N^2 - N\right)\langle g|g\rangle + 2(N-1)\sum_{k=1}^{N}\langle a_k | g\rangle - \left(N^2 - 1\right)\|g\|^2$$

Der erste Term rechts verschwindet wegen der Orthogonalitätsbedingung (x) $\langle a_k | a_j \rangle = 0$ für $j \neq k$, und der zweite Term hebt sich gegen den vorletzten weg, denn

$$-\sum_{k=1}^{N}\sum_{\substack{j=1\\j\neq k}}^{N}\left(\langle a_k | g\rangle + \langle a_j | g\rangle\right) = -\sum_{k=1}^{N}\sum_{\substack{j=1\\j\neq k}}^{N}\langle a_k | g\rangle - \sum_{k=1}^{N}\sum_{\substack{j=1\\j\neq k}}^{N}\langle a_j | g\rangle$$

$$= -(N-1)\sum_{k=1}^{N}\langle a_k | g\rangle - (N-1)\sum_{j=1}^{N}\langle a_j | g\rangle$$

$$= -2(N-1)\sum_{k=1}^{N}\langle a_k | g\rangle$$

Damit erhält man :

$$\left\|\sum_{k=1}^{N} a_k - g\right\|^2 - \sum_{k=1}^{N}\|a_k - g\|^2 = (1-N)\|g\|^2$$

Bemerkung:

Die Beziehung (B1) ergibt sich aus der allgemeinen Beziehung als Spezialfall für

$|g\rangle = |0\rangle$ , also den Nullvektor [57].

# Anhang 8: Grundsätzliches zu Excel

Die nachfolgende Ausführungen zu Zellen- und Bereichsbezüge in Excel wurden direkt aus [45] entnommen.

Wissenswertes über das Verwenden von Zell- und Bereichsbezügen

Ein Bezug bezeichnet eine Zelle oder einen Zellbereich in einem Tabellenblatt und teilt Microsoft Excel mit, wo sich die in einer Formel zu verwendenden Werte oder Daten befinden. Mit Hilfe von Bezügen können Sie Daten aus unterschiedlichen Teilen eines Tabellenblatts in einer einzigen Formel verwenden oder den Wert einer Zelle in verschiedenen Formeln verwenden. Sie können ebenfalls Bezüge auf Zellen in anderen Tabellenblättern derselben Arbeitsmappe, auf andere Arbeitsmappen und auf Daten in anderen Programmen erstellen. Bezüge auf Zellen in anderen Arbeitsmappen werden als externe Bezüge bezeichnet. Bezüge auf Daten in anderen Programmen werden als Fernbezüge bezeichnet.

Microsoft Excel verwendet standardmäßig die A1-Bezugsart. Bei dieser Bezugsart werden die Spalten mit Buchstaben (A bis IV, insgesamt 256 Spalten) bezeichnet, die Zeilen werden numeriert (1 bis 65536). Wenn Sie einen Bezug auf eine Zelle erstellen möchten, geben Sie den Buchstaben der Spalte vor der Zeilennummer ein. Beispielsweise bezieht sich D50 auf die Zelle am Schnittpunkt der Spalte D mit der Zeile 50. Um einen Bezug auf einen Zellbereich zu erstellen, geben Sie den Bezug auf die Zelle in der oberen linken Ecke des Bereichs ein, dahinter einen Doppelpunkt (:) und anschließend den Bezug auf die Zelle in der unteren rechten Ecke des Bereichs. Beispiele für Bezüge:

| Erstellen eines Bezugs auf: | Eingabe: |
|---|---|
| Die Zelle in Spalte A und Zeile 10 | A10 |
| Den Bereich der Zellen, der in Spalte A zwischen den Zeilen 10 und 20 liegt | A10:A20 |
| Den Bereich der Zellen, der sich in Zeile 15 über die Spalten B bis E erstreckt | B15:E15 |
| Alle Zellen in Zeile 5 | 5:5 |
| Alle Zellen in den Zeilen 5 bis 10 | 5:10 |
| Alle Zellen in Spalte H | H:H |
| Alle Zellen in den Spalten H bis J | H:J |

Sie können auch eine Bezugsart verwenden, bei der sowohl die Zeilen als auch die Spalten im Tabellenblatt numeriert sind. Diese Z1S1-Bezugsart genannte Bezeichnungsart eignet sich insbesondere zur Berechnung von Zeilen- und Spaltenpositionen in Makros sowie in bestimmten Fällen zum Anzeigen von relativen Zellbezügen. Bei der Z1S1-Bezugsart kennzeichnet Microsoft Excel die Position einer Zelle mit dem Buchstaben "Z" (und eine Zeilennummer) und dem Buchstaben "S" (und eine Spaltennummer).

Anmerkungen

· In Abhängigkeit von der Aufgabe, die Sie in Microsoft Excel ausführen möchten, können Sie entweder relative Zellbezüge oder absolute Zellbezüge verwenden. Relative Zellbezüge sind Bezüge auf Zellen, die relativ zur Position der Formel angegeben werden, absolute Bezüge sind Zellbezüge, die immer auf Zellen an einer bestimmten Position verweisen.

· Sie können die Beschriftungen der Spalten und Zeilen in einem Tabellenblatt verwenden, um einen Bezug auf Zellen innerhalb dieser Spalten und Zeilen zu erstellen; weiterhin können Sie beschreibende Namen für Zellen, Zellbereiche, Formeln oder Konstanten erstellen.

· Wenn Sie Daten analysieren möchten, die sich innerhalb einer Arbeitsmappe in verschiedenen Tabellenblättern jeweils in derselben Zelle oder in demselben Zellbereich befinden, verwenden Sie einen 3D-Bezug. Ein 3D-Bezug besteht aus einem Bereich von Tabellennamen und der entsprechenden Zelle bzw. dem Zellbereich. Microsoft Excel bezieht alle Tabellenblätter in die Berechnung ein, die zwischen dem ersten und dem letzten Tabellennamen des Bezugs gespeichert sind.

Unterschiede zwischen relativen und absoluten Bezügen

Wenn Sie eine Formel erstellen, werden die Bezüge auf Zellen bzw. auf Bereiche normalerweise relativ zu der Position der Zelle dargestellt, die die Formel enthält. In dem folgenden Beispiel enthält die Zelle B6 die Formel =A5; Microsoft Excel sucht den Wert in der Zelle, die sich eine Zelle oberhalb und eine Zelle links von B6 befindet. Bezüge in diesem Format werden als relative Bezüge bezeichnet.

Wenn Sie eine Formel kopieren, in der relative Bezüge verwendet werden, werden die Bezüge nach dem Einfügen der Formel aktualisiert und verweisen damit auf andere Zellen relativ zur Position der Formel gesehen. In dem folgenden Beispiel wurde die Formel aus der Zelle B6 in die Zelle B7 kopiert. Die Formel in der Zelle B7 wurde folglich in =A6 geändert und verweist damit auf die Zelle, die sich eine Zelle oberhalb und eine Zelle links von der Zelle B7 befindet.

Wenn Sie verhindern möchten, daß sich die Bezüge beim Kopieren einer Formel in eine andere Zelle ändern, verwenden Sie einen absoluten Bezug. Wenn eine Formel beispielsweise die Zelle A5 mit der Zelle C1 multipliziert (=A5*C1), und die Formel dann in eine andere Zelle kopiert wird, ändern sich beide Bezüge. Sie können einen absoluten Bezug auf die Zelle C1 erstellen, indem Sie vor den Teilen des Bezugs, die nicht geändert werden sollen, ein Dollarzeichen ($) eingeben. Um beispielsweise einen absoluten Bezug auf die Zelle C1 zu erstellen, geben Sie in der Formel wie folgt Dollarzeichen ein [45]:

=A5*$C$1

# Anhang 9: Abbildung des Algorithmus der Projektionsmethode in Access

| 3. (Abschnitt 7.3, Abb. 105, 107)<br>Abbildung des Algorithmus der Projektionsmethode |
|---|
| 3.1<br>Erstellung einer Abfrage, die die Gewichte mit sich selbst multipliziert (Name: gixgi) |
| 3.2<br>Erstellung einer Abfrage, die die Summe aus den quadrierten Gewichten der Abfrage *gixgi* bildet (Name: Summe aus gixgi) |
| 3.3<br>Erstellung einer Abfrage, die die Produkte aus der Abfrage *gixgi* durch das Ergebnis der Abfrage *Summe aus gixgi* dividiert (Name: Gamma) |
| 3.4<br>Erstellung einer Abfrage, die die Noten aus der Tabelle *Bewertungstabelle* in das Intervall [0,1] umrechnet (Name: Intervallumrechnung) |
| 3.5<br>Erstellung einer Abfrage, die die Abfragen *Gamma* und *Intervallumrechnung* verknüpft und durch Multiplikation der beiden Größen den Wert y berechnet. Danach kann durch die Aggregation der Werte y für jede Alternative das skalare Nutzenmaß w berechnet werden (Name: Nutzwert w) |
| 3.6<br>Erstellung einer Abfrage, die die Alternativen aus der Abfrage *Nutzwert w* bezüglich ihrer Nutzwerte absteigend sortiert (Name: Nutzwert w(Sortierung)) |
| 3.7<br>Erstellung einer Abfrage, die den ersten Datensatz der *Abfrage Nutzwert w(Sortierung)*, der mit der Alternative mit dem höchsten Nutzwert belegt ist, herausfiltert (Name: Bestwertfilter) |
| 3.8<br>Erstellung einer Abfrage, die die beiden Abfragen *Nutzwert w(Sortierung)* und *Bestwertfilter* verbindet, um die Abweichung der schlechteren Alternativen zu der Alternative mit dem höchsten Nutzwert zu berechnen |

**Abbildung 118: Vorgehensweise bei der Abbildung des Algorithmus der Projektionsmethode in MS-Access**

# Anhang 10: Definition der logischen Sichten

| 4. (Abschnitt 7.3, Abb. 105, 108)<br>Erstellung der logischen Sichten |
|---|
| 4.1<br>Erstellung eines Formulars, das in tabellarischer Form aufgebaut ist und die Ergebnisse der Verbindungsabfrage ausgibt (Name: Nutzwertberechnung w Unterformular) |
| 4.2<br>Erstellung eines Hauptformulars, das als Unterformular das Formular *Nutzwertberechnung w Unterformular* beinhaltet |
| 4.3<br>Erstellung eines Berichts, der sich ebenfalls auf die *Verbindungsabfrage* bezieht und benutzerspezifische Ausdruckoptionen enthält |
| 4.4<br>Erstellung einer Abfrage, die sich auf das aktive Feld des Formulars *Nutzwertberechnung w Unterformular* als Selektionsparamter bezieht und eine Verbindung zur *Bewertungstabelle* herstellt |
| 4.5<br>Erstellung eines Formulars, das die benutzerspezifischen Zusatzinformationen zum Datensatz im Pop-up-Format ausgibt und über ein Icon, das sich beim jeweiligen Datensatz befindet, angesteuert werden kann |

**Abbildung 119: Vorgehensweise bei der Erstellung von logischen Sichten in MS-Access**

# Anhang 11: Aufzeigen der Möglichkeiten von Sensitivitätsanalysen

| 6. (Abschnitt 7.3, Abb. 105, 110)<br>Erstellung von Add-ons wie z. B. Sensitivitätsanalysemöglichkeiten |
|---|
| 6.1<br>Erstellung einer Tabellenerstellungsabfrage, die sich auf die Verbindungsabfrage bezieht und deren Inhalte in einer Tabelle (Sensitivitätstabelle 1) speichert (Name Sensitivitätsabfrage 1) |
| 6.2<br>Erstellung eines Makros, das den Befehl zur Ausführung der Tabellenerstellungsabfrage *Sensitivitätsabfrage 1* erteilt (Name: Makro 1) |
| 6.3<br>Erstellung eines Formulars (Sensitivitätsformular) und eines darauf liegenden Icons, das mit dem Befehl: Ausführen Makro beim Klicken, versehen ist (Name: Datenspeicherung 1) |
| 6.4<br>Erstellung einer Tabellenerstellungsabfrage, die sich auf die *Verbindungsabfrage* bezieht und deren Inhalte in einer Tabelle (Sensitivitätstabelle 2) speichert (Name Sensitivitätsabfrage 2) |
| 6.5<br>Erstellung eines Makros, das den Befehl zur Ausführung der Tabellenerstellungsabfrage *Sensitivitätsabfrage 2* erteilt (Name: Makro 2) |
| 6.6<br>Programmierung eines Moduls in Access-Basic zur Zuordnung der Rangfolgezahlen gemäß den Nutzwerten der einzelnen Alternativen für die *Sensitivitätstabelle 1* |
| 6.7<br>Programmierung eines Moduls in Access-Basic zur Zuordnung der Rangfolgezahlen gemäß den Nutzwerten der einzelnen Alternativen für die *Sensitivitätstabelle 2* |
| 6.8<br>Erstellung zweier Icons, die mit einer Ereignisprozedur belegt sind, welche die jeweiligen Module aus 6.6 und 6.7 startet |
| 6.9<br>Erstellung einer Abfrage, die sich sowohl auf die Tabelle *Sensitivitätstabelle 1* als auch *Sensitivitätstabelle 2* bezieht. Eine Verknüpfung muß über den Primärschlüssel der Datensätze hergestellt werden. In dieser Abfrage kann die Abweichung der Nutzwerte vom Bestwert berechnet werden (Name: Sensitivitätsabfrage) |
| 6.10<br>Erstellung eines Formulars, das die Ergebnisse der Abfrage *Sensitivitätsabfrage* in tabellarischer Form ausgibt (Name: Sensitivitätsanalyse Unterformular) |
| 6.11<br>Erstellung eines Formulars, das das Formular *Sensitivitätsanalyse Unterformular* als Unterformular einbettet |

**Abbildung 120: Vorgehensweise bei d. Erstellung einer Sensitivitätsanalyse in MS-Access**

# Anhang 12: Bedienungsanleitung für ONUWAA1 / LBG1

# Bedienungsanleitung

**Produkt:** **ONUWAA1 / LBG1**
**Programmierer:** **Uli Gottfried**
**Erstellungsdatum: Juni 1999**

## 1. Das Hauptmenü

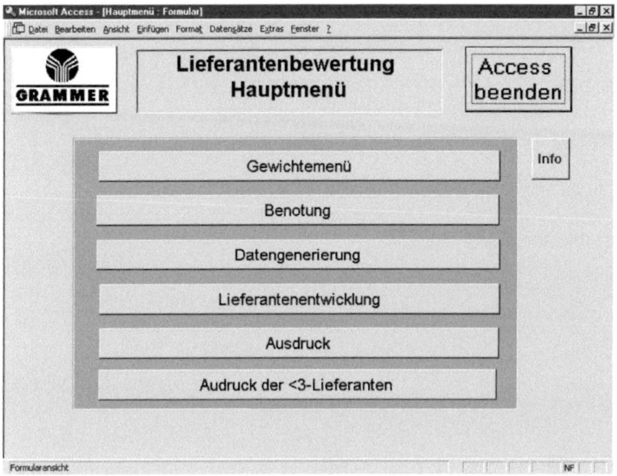


Das Hauptmenü ist gemäß der Vorgehensweise einer Lieferantenbewertung aufgebaut, d. h. man durchläuft das Formular von oben beginnend (Gewichtemenü) nach unten hin zum Icon „Ausdruck“. Infoicons, die auf jedem Formular angebracht sind, informieren über den Zweck und die Aufgabe der jeweiligen Formulare und geben weitere Auskünfte über deren Bedienung.

**Abbildung 121: Hauptmenü ONUWAA1 / LBG1**

## 2. Das „Gewichtemenü“

In diesem Formular müssen die Knotengewichte für die jeweiligen Kriterien eingetragen werden. Über die Icons, die sich jeweils rechts neben den einzelnen Kriterien befinden, kommt man in tiefere Ebenen des Kriterienbaumes. Gemäß der Normierungsvorschrift der Knotengewichte für die Kindknoten eines jeden Vaterknotens muß die Summe der Kriteriengewichte eines jeden Formulars „1“ betragen.

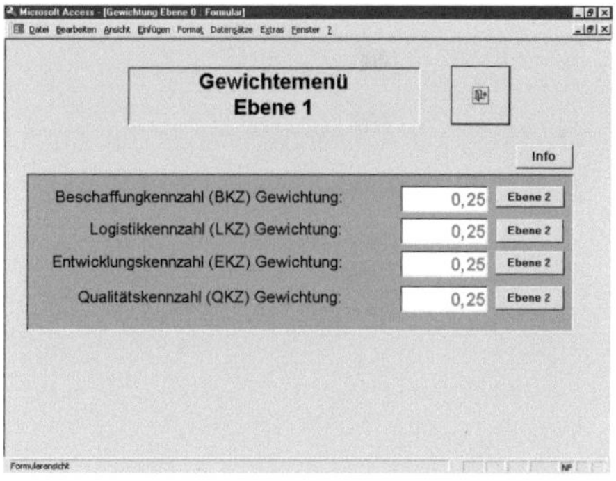


**Abbildung 122: Menü Gewichtungen ONUWAA1 / LBG1**

Nachdem die Gewichtungen für die einzelnen Kriterien festgelegt sind, muß der Lieferantenstamm gemäß den aufgestellten Wertefunktionen benotet werden. Wenn dabei Daten von Subsystemen (wie z. B. SAP/R3) generiert werden sollen, müssen diese direkt in die Tabelle „Benotungen“ integriert werden. Innerhalb von ONUWAA1 / LBG1 brauchen dann „nur“ noch die fehlenden Noten für nicht automatisch generierbare Kriterien (z. B. EKZ) eingetragen werden.

# 3. Das Menü „Benotungen“

Das Menü „Benotungen“ ist gemäß den beteiligten Abteilungen der Lieferantenbewertung aufgeteilt. Dabei kann jeder Bewerter einer Abteilung je nach seiner Präferenz zwischen verschiedenen Eingabemasken wählen. Neben den nach Abteilungen differenzierten Eingabemasken befindet sich noch eine weitere Formularoption im Menü „Benotungen“, nämlich die „interdisziplinäre Übersicht“. Diese ermöglicht das Einsehen und Benoten von Lieferanten quer über die Abteilungen hinweg.

## 3.1 Das Formular „Benotung Formular (neuer Durchlauf)“

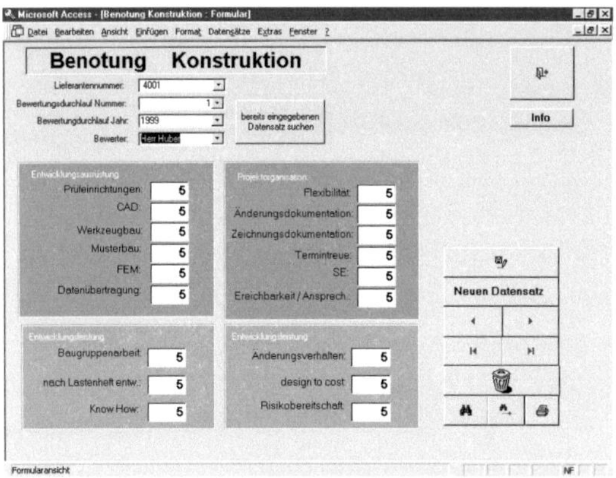


Dieses Formular dient zum Anlegen von noch nicht bewerteten Lieferanten. Um nun einen neuen Lieferantendatensatz anzulegen, müssen erst die Selektionsfelder im linken oberen Bereich ausgefüllt werden. Die Bewertungsdurchlaufnummer gibt die Anzahl der Lieferantenbewertungen in dem betreffenden Jahr an.

**Abbildung 123: Benotungsformular ONUWAA1 /LBG1**

Die Eingabe der Bewertungsdurchlaufnummer und des Bewertungsjahrs sind unbedingt erforderlich, da es sich um ein Selektionskriterium für weitere logische Sichten und Ausdruckoptionen handelt. Ist dieser Arbeitsschritt abgearbeitet, kann mit der Benotung des Lieferanten begonnen werden. Um von einem zum anderen Kriterium zu gelangen, benutzt man am besten die Tabulatortaste. Im rechten unteren Formularbereich befinden sich die Bedienungsschaltflächen: Speichern, Löschen, Springen, Anlegen eines neuen Datensatzes sowie die Such- und Druckoption. Sollte beim Abspeichern des Datensatzes folgende Fehlermeldung erscheinen:

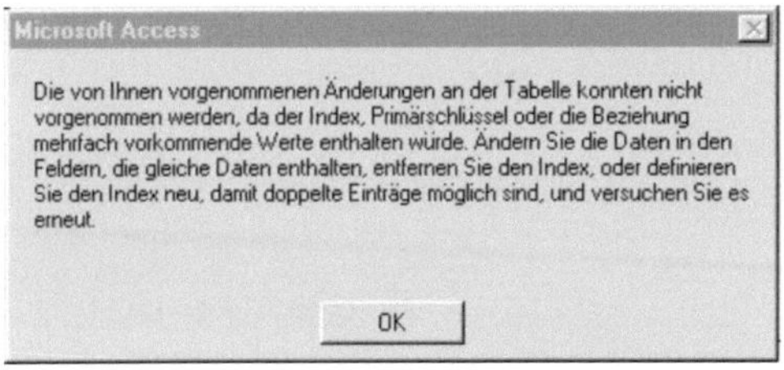


so ist der Datensatz bereits angelegt. In diesem Fall kann man über das Icon „Bereits eingegebenen Datensatz suchen" direkt zu dem Datensatz springen, den man gerade vergeblich anzulegen versucht hat.

**Abbildung 124: Fehlermeldung ONUWAA1 / LBG1**

## 3.2 Das Formular „Benotung bereits angelegter Lieferanten"

Der Unterschied zum ersten Formular im Menü „Benotung" (siehe 3.1) ist, daß man sich bei diesem Formular schon vorher sicher ist, daß der Datensatz bereits angelegt worden ist. Man kann über die Suchfelder und anschließendes Betätigen des Icons „Suchen" direkt den betreffenden Datensatz einsehen und entsprechende Benotungen vornehmen.

## 3.3 Das Formular „Liste"

Das Formular „Liste" bezieht sich ebenfalls auf bereits angelegte Datensätze. Gemäß den Selektionskriterien kann man sich in diesem Formular mehrere Datensätze in tabellarischer Form anzeigen lassen. Der Einsatz dieses Formulars ist insbesondere bei der Überprüfung bereits vergebener Noten notwendig.

# 4. Das Formular „Datengenerierung"

Aufgabe dieses Formulars ist es, den Verarbeitungsprozeß der Datengenerierung gemäß der Projektionsmethode vorzubereiten und anschließend durchzuführen. Nach einem ersten Formular, das den Benutzer kurz über die Projektionsmethode informiert öffnet sich ein Dialogformular, das vom Benutzer Informationen über das Bewertungsjahr und die Durchlaufnummer abfragt. Mit diesen Daten kann die Berechnung des skalaren Projektionsmaßes gestartet werden. Nachdem die Datengenerierung gestartet ist, öffnen sich insgesamt 12 Sicherheitsabfragen, die allesamt mit „Ja" bestätigt werden müssen. Nach diesen Sicherheitsabfragen öffnet sich ein weiteres Formular, das den Prozeß der Reihenfolgezuweisung aktiviert. Nach einem PopUp, das den Prozeß für erfolgreich abgeschlossen deklariert, sind die notwendigen Berechnungen durchgeführt und gespeichert.

# Das Menü „Lieferantenentwicklung“

Ebenso wie das Formular „Benotungen“ ist auch das Formular „Lieferantenentwicklung“ gemäß den beteiligten Abteilungen aufgebaut. Zusätzlich befindet sich ein Formular „<3-Filter“ innerhalb dieses Menüs. Aufgabe dieses Formulars ist es, die vorselektierten Datensätze zu überprüfen, ob in einem oder in mehreren Kriterien eine Note vergeben wurde, die kleiner als die „3“ ist. Lieferanten, die derartige Schwächen aufweisen, müssen auf jeden Fall Verbesserungen herbeiführen, egal wie gut ihr Gesamtnutzwert im Endeffekt auch sein mag.

Die Formulare für die entsprechenden Abteilungen (z. B. Konstruktion) sind wie folgt aufgebaut:

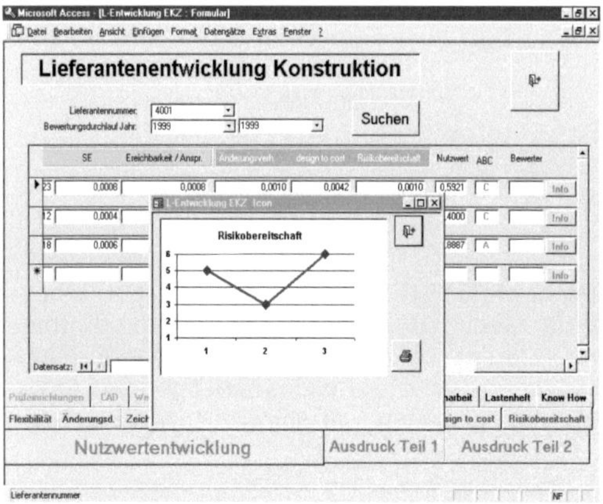


Im oberen Teil befinden sich die bekannten Selektionsfelder zum Suchen der gewünschten Lieferantendatensätze. Die Ergebnisse werden im mittleren Bildschirmbereich tabellarisch ausgegeben. Für weitere Informationen zum Datensatz befindet sich bei jedem dieser Datensätze ein Icon, mit dem man ein Info-Formular aufrufen kann. Im unteren Bildschirmbereich kann die Entwicklung der Benotung des selektierten Lieferanten in den einzelnen Kriterien im Liniendiagramm verfolgt werden.

**Abbildung 125: Menü Lieferantenentwicklung ONUWAA1 / LBG1**

Die Entwicklung des Gesamtnutzwertes des Lieferanten kann ebenfalls über ein Icon gestartet werden. Für den Ausdruck der Entwicklung der Lieferanten gibt es eine weitere Option, die eine Aufstellung der aktuellen Entwicklungscharts zum Drucker sendet.

Um zu überprüfen, ob die getroffenen Maßnahmen der Lieferantenentwicklung zu Verbesserungen des Lieferantenstamms geführt haben, ist im Menü „Lieferantenentwicklung“ ein weiteres Untermenü (Lieferantenstamm in der Übersicht) programmiert worden. Das Menü dient zum Starten von insgesamt 4 Formularen, die unterschiedliche logische Sichten auf den Mittelwert der Nutzwerte aller Lieferanten definieren.

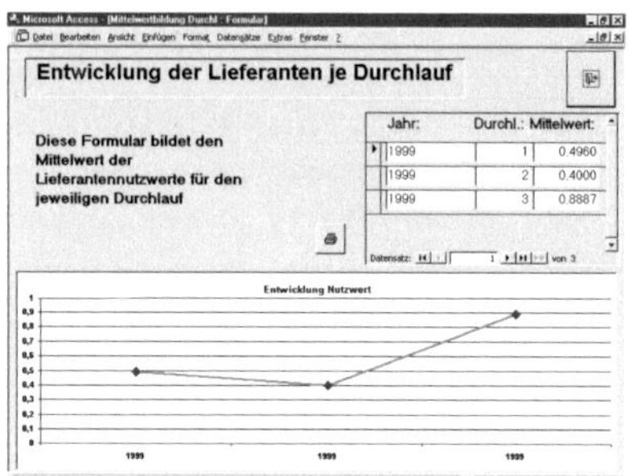


**Abbildung 126: Lieferantenmittelwert ONUWAA1 / LBG1**

## 5. Das Formular „Ausdruck“

Zweck dieses Formulars ist es, einen Sammelausdruck der benoteten Lieferanten zu starten. Dazu erscheint erst ein Kontextmenü in dem der Benutzer die geforderten Felder einzugeben hat:

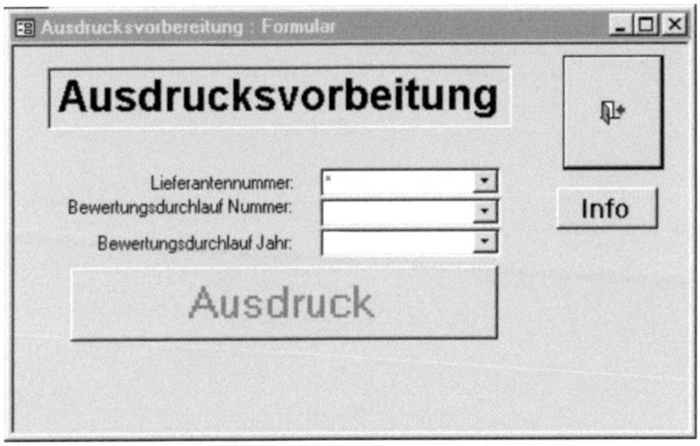


**Abbildung 127: Ausdruckvorbereitung ONUWAA1 / LBG1**

Bei einem Komplettausdruck sollte die Voreinstellung (*) im Feld Lieferantennummer bestehen bleiben. Die beiden anderen Felder müssen aber unbedingt ausgefüllt werden. Danach kann mit einem Klick auf das Icon „Ausdruck“ die Generierung des Berichts gestartet werden. Wichtig ist noch, daß dieses Fenster immer geöffnet sein muß, wenn man den Druckauftrag im Bericht startet. Der Grund liegt darin, daß sich Access bei jedem Seitenwechsel wieder auf dieses Formular bezieht. Würde man es schließen, käme es zu einer Fehlermeldung. Über das Icon „Minimieren“ kann das Formular in den Hintergrund geschoben werden, so daß es in der Berichtsdarstellung nicht störend wirkt.

## 6. Der Bericht „Ausdruck <3-Lieferanten“

Mit dem Icon „Ausdruck <3-Lieferanten“ werden die Anschreiben ausgedruckt, die die Lieferanten darüber informieren, daß sie in einem oder mehreren Kriterien die Mindestanforderungen von mindestens 3 Punkten nicht erfüllen. Der Bericht listet dem Lieferanten dabei noch einmal seine Noten auf und bittet nach Prüfung um Kontaktaufnahme mit der Grammer AG.

# Anhang 13: Ausdruck aus ONUWAA1 / LBG1

## Lieferantenentwicklung

GRAMMER

ACMOS CHEM.FABRIK
INDUSTRIESTR. 37/49
28199 BREMEN

| | |
|---|---|
| Lieferantennummer: | 4001 |
| Jahr: | 1999 |
| Bewertung Nr.: | 3 |

erreichte ABC-Klassifizerung:

**erreichter Nutzwert 0,8785**

Dieser Nutzwert ergibt den Rang: **1 von 145** Lieferanten

**A**

### Einzelergebnisse:

| **Beschaffung:** | Note: | Teilnutzen: |
|---|---|---|
| Realisierung der Zielwerte: | 5 | 0,0374 |
| Preisreduzierung: | 6 | 0,1299 |
| Internationalisierung: | 5 | 0,0042 |
| KVP-Prozess | 6 | 0,0052 |
| **Konstruktion:** | | |
| Prüfeinrichtungen: | 4 | 0,0003 |
| CAD: | 4 | 0,0011 |
| Werkzeugbau: | 4 | 0,0018 |
| Musterbau: | 5 | 0,0008 |
| FEM: | 5 | 0,0015 |
| Datenübertragung: | 6 | 0,0005 |
| Baugruppenarbeit: | 5 | 0,0015 |
| nach Lastenheft entw.: | 3 | 0,0013 |
| Know How: | 5 | 0,0015 |

| **Logistik:** | Note: | Teilnutzen: |
|---|---|---|
| Termintreue: | 6 | 0,1299 |
| Mengentreue: | 6 | 0,1299 |
| **Qualität:** | | |
| PPM: | 5 | 0,4158 |
| Flexibilität: | 6 | 0,0042 |
| Änderungsdok.: | 3 | 0,0002 |
| Zeichnungsdok.: | 6 | 0,0001 |
| Termintreue: | 6 | 0,0029 |
| SE: | 4 | 0,0006 |
| Erreichbarkeit / Anspr.: | 5 | 0,0008 |
| Änderungsverhalten: | 5 | 0,0010 |
| design to cost: | 6 | 0,0052 |
| Risikobereitschaft: | 4 | 0,0008 |

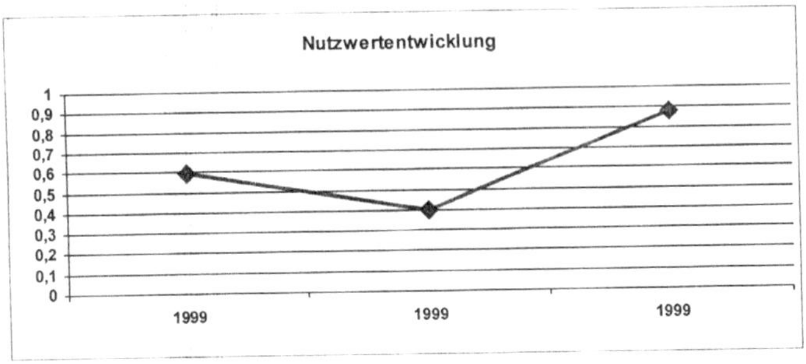

# LITERATUR- UND QUELLENVERZEICHNIS


1. Kolata, Burkhard: Betriebliche Früherkennungssysteme und deren strategische Bedeutung. Rainer Hampp Verlag, München, 1987

2. Schröder, Schiffer, Winkens: Das Projekt FASTPRO untersucht die Bedeutung der Frühaufklärung für kleine und mittelgroße Unternehmen.
   In: RWTHTEMEN. Heft 7 oder 8, 1998

3. Schloz: Nutzwertanalyse und Umweltschutz.
   Verlag Informationszentrum Raum und Bau der Fraunhofer-Gesellschaft, Stuttgart, 1990

4. Die Grammer-Story: ohne Titel.
   ohne Verlag, ohne Ort, ohne Jahr

5. „Logik", Microsoft® Encarta® 98 Enzyklopädie. © 1993-1997 Microsoft Corporation

6. Broggi: Logistik im Wandel der Zeit, Ursprung und Geschichte.
   ohne Verlag, ohne Ort, ohne Datum

7. „Logistik", Microsoft® Encarta® 98 Enzyklopädie. © 1993-1997 Microsoft Corporation

8. Schulte: Logistik.
   Verlag Franz Vahlen GmbH, München, 1995

9. Albach, Pfohl: Unternehmensführung und Logistik.
   Betriebswirtschaftlicher Verlag Dr. Th. Gabler GmbH, Wiesbaden, 1984

10. Nollau: Kundenorientierte, Ganzheitliche, Vernetzte Logistik.
    In: 1. Bayrisches Logistikforum, Hof, 1997

11. IEL-Youngsters: 1. Bayrisches Logistikforum, Logistiklehrpfad Station 2, Regensburg, 1997

12. Jakobi: Moderne Unternehmensformen durch Organisationslogistik.
    In: 2. Bayrisches Logistikforum, Regensburg, 1998

13. Jakobi: Ganzheitliches Logistikmanagement. Reihe „Economy and Labour“, Band 4
    Josef Eul Verlag, Lohmar – Köln, 2004

14. Eichholz: Unternehmens- und Mitarbeiterführung.
    Bd. I. Verlag C.H. Beck, München,1998.

15. REFA-Verband für Arbeitsgestaltung, Betriebsorganisation und Unternehmensentwicklung e. V.. Arbeitsbelastung und Arbeitsbeanspruchung, Darmstadt, 1996

16. Nollau: Die Bedeutung software-ergonomischer Entwurfs- und Bewertungskriterien.
Vorlesung Materialwirtschaft. FH Regensburg

17. Gollup: Mit Knowledge-Management zur Prozeßberatung.
In: 2. Bayrisches Logistikforum, Regensburg, 1998

18. Jünemann: Materialfluß und Logistik.
Springerverlag, Heidelberg, 1989

19. Wildemann: Das Just-In-Time Konzept, Produktion und Zulieferung auf Abruf.
Verlag Industrielle Organisation, Zürich, 1988

20. Multhaup, Plümer: Entsorgungslogistik.
Verlag TÜV Rheinland GmbH, Köln, 1990

21. Gabriel: CALS.
In: 1. Bayerischen Logistikforum zur Ganzheitlichen Vernetzten Logistk, Hof, 10. März 1997

22. Piontek: Das virtuelle Unternehmen, Anspruch und Wirklichkeit.
In: 2. IEL Symposium, Die neue Herausforderung – das virtuelle Unternehmen.
Rieden-Kreuth, 1998

23. Kuhn: Prozeßkette in der Logistik, Entwicklungstrends und Umsetzungsstrategien.
Verlag Praxiswissen, Dortmund, 1995

24. http://home.t-online.de/home/dietmar.weiss

25. Birmelin: Change-Management und der Mensch im erfolgreichen Unternehmen, Quo Vadis Personalentwicklung.
In: 1. IEL Symposium: Change-Management und der Mensch im erfolgreichen Unternehmen. Rieden-Kreuth, 1998

26. Wassermann: Der Weg zum innovativen, intelligenten Unternehmen.
In: 1. IEL Symposium: Change-Management und der Mensch im erfolgreichen Unternehmen. Rieden-Kreuth, 1998

27. Eibner: Simulationsanwendung in der Logistik
In: 1. Bayrisches Logistikforum, Hof, 1997

28. Nollau, März, Wolf: Prozeßsimulation mit der Software DOSIMIS.
Reihe „Economy and Labour", Band 13
Josef Eul Verlag, Lohmar – Köln, 2008

29. Utermark: Anwendung der Nutzwertanalyse im Beschaffungsbereich des Industriebetriebs. Verlag Jan Utermarck, Northeim, 1996

30. Rinza, Schmitz: Nutzwert-Kosten-Analyse.
VDI Verlag GmbH, Düsseldorf, 1992

31. von Nitzsch: Entscheidungslehre, „Der Weg zur besseren Entscheidung".
Wissenschaftsverlag Mainz in Aachen, Aachen, 1998

32. "Nutzen (Wirtschaft)", Microsoft® Encarta® 98 Enzyklopädie. © 1993-1997 Microsoft Corporation

33. Olfert: Investition.
Friedrich Kiehl Verlag GmbH, Ludwigshafen (Rhein), 1998

34. Grob: Erweiterte Wirtschaftlichkeits- und Nutzenrechnung.
Verlag TÜV Rheinland GmbH, Köln, 1984

35. Scharnbacher: Statistik im Betrieb.
Betriebswirtschaftlicher Varlag Dr. Th. Gabler GmbH, Wiesbaden, 1994

36. Womack, Jones, Roos: Die zweite Revolution in der Autoindustrie.
Campus Verlag, 1994, 8. Auflage.

37. Günther, Tempelmeier: Produktion und Logistik.
Springer-Verlag, Berlin, 1997

38. Tempelmeier: Übungsbuch Produktion und Logistik.
Springer-Verlag, Berlin, 1996

39. Gottfried, Klier: Projekt SIP-Logistikmodul, Vorstellung der Anbieter.
unveröffentlichter Projektbericht der Fa. Grammer AG, Amberg, 1997

40. Kaplan, Norton: Balanced Scorecard: Strategien erfolgreich umsetzen.
Schäffer-Poeschel Verlag Stuttgart, 1997

41. Beuthne: Balanced Scorecard, Unternehmensziele unter Kontrolle.
In: Informationsweek, Informationstechnologie im Unternehmen.
2-1999. ohne Ort, 21. Januar 1999

42. Karalicek: Grundlagen der Finanzwirtschaft, Bilanzen, Gewinn- und Verlustrechnung, Cash-flow, Kalkulationsgrundlagen, Frühwarnsysteme, Finanzplanung.
Verlag Carl Ueberreuter, Wien, 1991

43. Labonde: Die Bedeutung der Nutzwert-Wirtschaftlichkeits-Analyse als Instrument zur stofflichen und finanzökonomischen Bewertung von Arbeitssystemen.
ohne Verlag, Köln, 1986

44. Kettner, Schmidt, Greim: Leitfaden der systematischen Fabrikplanung.
Carl Hanser Verlag München, Wien, 1984

45. MS-Excel Online-Hilfe: Suchbegriff „Zellenbezüge“

46. Grammer AG: Geschäftsbericht 1998.
GFD Gesellschaft für Finanzkommunikation mbH, Frankfurt am Main, 1999

47. Weber: Logistikkostenrechnung.
Springer-Verlag, Berlin, 1987

48. Hartmann, Pahl, Spohrer: Lieferantenbewertung ~ aber wie?, Lösungsansätze und erprobte Verfahren.
Deutscher Betriebswirte Verlag, Gernsbach, 1992

49. Interview mit Herrn Steinbach (Vorstandsmitglied der Grammer AG) am 09.06.99
Adresse: Grammer AG
Postfach 14 54
92204 Amberg
Tel. (0 96 21) 880-213

50. Interview mit Herrn Gröschl (Abteilungsleiter Beschaffungsmarketing) am 07.06.99
Adresse: Grammer AG
Postfach 14 54
92204 Amberg
Tel. (0 96 21) 880-220

51. ohne Autor: Microsoft normiert den Datenzugriff.
In: Computer Zeitung. 30. Jahrgang Nr. 22, ohne Ort, ohne Verlag, Juni 1999

52. Momber, Zachau: Kosten senken durch professionelles Lieferantenmanagement.
In: Beschaffung Aktuell. 5-1999, Konradin Verlag, Leinfelden, Mai 1999

53. Schlotterer: Möglichkeiten bei der Auswahl strategischer Lieferanten.
In: Beschaffung Aktuell. 5-1999, Konradin Verlag, Leinfelden, Mai 1999

54. Hoechst Procurement International: DV-gestützte Auswahl strategischer Lieferanten.
In: Beschaffung Aktuell. 5-1999, Konradin Verlag, Leinfelden, Mai 1999

55. Nollau: Kundenorientierte, Ganzheitliche, Vernetzte Logistik.
In: 3. Bayrisches Logistikforum, Hof, 1999

56. Management – Circle.
Tagungsunterlagen, Frankfurt am Main, 1999

57. Nollau: Beiträge zur Nutzwertanalyse.
(unveröffentlicht) FH-Regensburg, FB-Betriebswirtschaft, 1999

58. Interview mit Frau Seebauer (Bereich Controlling) am 15.07.199
Adresse: Grammer AG
Postfach 14 54
92204 Amberg
Tel. (0 96 21) 880-321

59. Nollau, Bucher: Geschäftsprozessoptimierung im Mittelstand.
Reihe „Economy and Labour", Band 5
Josef Eul Verlag, Lohmar – Köln, 2004.

60. Nollau, Keller, Merkel: Risikoprävention durch Logistik-Controlling.
Reihe „Economy and Labour", Band 8
Josef Eul Verlag, Lohmar – Köln, 2005.

# ECONOMY AND LABOUR

Herausgegeben von EUR ING Prof. Dr.-Ing. Hans-Georg Nollau FBCS, Roßdorf

Band 8
Hans-Georg Nollau, Josef Anton Keller, Torsten Merkel
**Risikoprävention durch Logistik-Controlling**
Lohmar – Köln 2005 • 276 S. • € 48,- (D) • ISBN 3-89936-343-4

Band 9
Eva Nollau
**Ein Unternehmensmodell zur ganzheitlichen Gesundheitsberatung**
Lohmar – Köln 2006 • 214 S. • € 45,- (D) • ISBN 3-89936-459-7

Band 10
Andreas Tiemann
**Internetbasiertes Projektmanagement am Beispiel des Bauwesens**
Lohmar – Köln 2006 • 212 S. • € 45,- (D)
ISBN-13: 978-3-89936-504-7 • ISBN-10: 3-89936-504-6

Band 11
Amelie Heerd
**Beschaffungslogistik in Beispielen**
Lohmar – Köln 2006 • 134 S. • € 38,- (D)
ISBN-13: 978-3-89936-532-1 • ISBN-10: 3-89936-532-0

Band 12
Hans-Georg Nollau, Matthias Neumeier und Emilio Sabatino
**Dokumentenmanagement in der Logistik**
Lohmar – Köln 2006 • 200 S. • € 44,- (D)
ISBN-13: 978-3-89936-533-7 • ISBN-10: 3-89936-533-X

Band 13
Hans-Georg Nollau, Stefan März und Andreas Wolf
**Prozesssimulation mit der Software DOSIMIS**
Lohmar – Köln 2008 • 210 S. • € 55,- (D) • ISBN 978-3-89936-717-1

Band 14
Hans-Georg Nollau, Uli Gottfried
**Entscheidungskompetenz durch Anwendung der Vektor-Nutzwertanalyse**
Lohmar – Köln 2009 • 268 S. • € 57,- (D) • ISBN 978-3-89936-761-4

JOSEF EUL VERLAG